高等教育轨道交通“十二五”规划教材·机车车辆类

测试技术

彭俊彬　主　编
岳建海　副主编

北京交通大学出版社
·北京·

内 容 简 介

本书内容包括信号描述、测试装置的基本特性、常用传感器、信号的调理与记录、信号分析与处理、测试技术的工程应用、计算机测试系统与虚拟仪器等。本书着重基本概念和原理的阐述，突出理论知识的应用，加强了针对性和实用性。

本书可作为高等学校机械类和相近专业本科生教材，也适于作为各类职业学院、职工大学等有关专业的教学用书，还可供相关专业研究生和工程技术人员参考。

图书在版编目（CIP）数据

测试技术/彭俊彬主编. —北京：北京交通大学出版社，2012.12（2017.6 重印）
（高等教育轨道交通"十二五"规划教材）
ISBN 978-7-5121-1324-4

Ⅰ. ①测…　Ⅱ. ①彭…　Ⅲ. ①测试技术－高等学校－教材　Ⅳ. ①TB4

中国版本图书馆 CIP 数据核字（2012）第 313373 号

责任编辑：杨　硕　田秀青
出版发行：北京交通大学出版社　　电话：010－51686414　　http://press.bjtu.edu.cn
　　　　　北京市海淀区高梁桥斜街 44 号　　邮编：100044
印 刷 者：北京时代华都印刷有限公司
经　　销：全国新华书店
开　　本：185×260　　印张：11.25　　字数：275 千字
版　　次：2013 年 1 月第 1 版　　2017 年 6 月第 2 次印刷
书　　号：ISBN 978-7-5121-1324-4/TB·33
印　　数：3 001～4 000 册　　定价：26.00 元

本书如有质量问题，请向北京交通大学出版社质监组反映。对您的意见和批评，我们表示欢迎和感谢。
投诉电话：010－51686043，51686008；传真：010－62225406；E-mail：press@bjtu.edu.cn。

高等教育轨道交通“十二五”规划教材·机车车辆类

总 序

我国是一个内陆深广、人口众多的国家。随着改革开放的进一步深化和经济产业结构的调整，大规模的人口流动和货物流通使交通行业承载着越来越大的压力，同时也给交通运输带来了巨大的发展机遇。作为运输行业历史最悠久、规模最大的龙头企业，铁路已成为国民经济的大动脉。铁路运输有成本低、运能高、节省能源、安全性好等优势，是最快捷、最可靠的运输方式，是发展国民经济不可或缺的运输工具。改革开放以来，中国铁路积极适应社会的改革和发展，狠抓制度改革，着力技术创新，抓住了历史发展机遇，铁路改革和发展取得了跨越式的发展。

国家对铁路的发展始终予以高度重视，根据国家《中长期铁路网规划》（2005—2020年）：到2020年，中国铁路网规模达到12万千米以上。其中，时速200千米及以上的客运专线将达到1.8万千米。加上既有线提速，中国铁路快速客运网将达到5万千米以上，运输能力满足国民经济和社会发展需要，主要技术装备达到或接近国际先进水平。铁路是个远程重轨运输工具，但随着城市建设和经济的繁荣，城市人口大幅增加，近年来城市轨道交通也正处于高速发展时期。

城市的繁荣相应带来了交通拥挤、事故频发、大气污染等一系列问题。在一些大城市和一些经济发达的中等城市，仅仅靠路面车辆运输远远不能满足客运交通的需要。城市轨道交通节约空间、耗能低、污染小、便捷可靠，是解决城市交通的最好方式。未来我国城市将形成地铁、轻轨、市域铁路构成的城市轨道交通网络，轨道交通将在我国城市建设中起着举足轻重的作用。

但是，在我国轨道交通进入快速发展的同时，解决各种管理和技术人才匮乏的问题已迫在眉睫。随着高速铁路和城市轨道新线路的不断增加以及新技术的开发与引进，管理和技术人员的队伍需要不断壮大。企业不仅要对新的员工进行培训，对原有的职工也要进行知识更新。企业急需培养出一支能符合企业要求、业务精通、综合素质高的队伍。

北京交通大学是一所以运输管理为特色的学校，拥有该学科一流的师资和科研队伍，为我国的铁路运输和高速铁路的建设作出了重大贡献。近年来，学校非常重视轨道交通的研究和发展，建有“轨道交通控制与安全”国家级重点实验室、“城市交通复杂系统理论与技术”教育部重点实验室，“基于通信的列车运行控制系统（CBTC）”取得了关键技术研究的突破，并用于亦庄城轨线。为解决轨道交通发展中人才需求问题，北京交通大学组织了学校有关院系的专家和教授编写了这套“高等教育轨道交通‘十二五’规划教材”，以供高等学校学生教学和企业技术与管理人员培训使用。

本套教材分为交通运输、机车车辆、电力牵引和土木工程四个系列，涵盖了交通规划、运营管理、信号与控制、机车与车辆制造、土木工程等领域，每本教材都是由该领域的专家执笔，教材覆盖面广，内容丰富实用。在教材的组织过程中，我们进行了充分调研，精心策划和大量论证，并听取了教学一线的教师和学科专家们的意见，经过作者们的辛勤耕耘以及编辑人员的辛勤努力，这套丛书得以成功出版。在此，我们向他们表示衷心的谢意。

希望这套系列教材的出版能为我国轨道交通人才的培养贡献绵薄之力。由于轨道交通是一个快速发展的领域，知识和技术更新很快，教材中难免会有诸多的不足和欠缺，在此诚请各位同仁、专家予以不吝批评指正，同时也方便以后教材的修订工作。

编委会

2013 年 1 月

出版说明

为促进高等轨道交通专业机车车辆类教材体系的建设，满足目前轨道交通类专业人才培养的需要，北京交通大学机械与电子控制工程学院、远程与继续教育学院和北京交通大学出版社组织以北京交通大学从事轨道交通研究教学的一线教师为主体、联合其他交通院校教师，并在有关单位领导和专家的大力支持下，编写了本套“高等教育轨道交通‘十二五’规划教材·机车车辆类”。

本套教材的编写突出实用性。本着“理论部分通俗易懂，实操部分图文并茂”的原则，侧重实际工作岗位操作技能的培养。为方便读者，本系列教材采用“立体化”教学资源建设方式，配套有教学课件、习题库、自学指导书，并将陆续配备教学光盘。本系列教材可供相关专业的全日制或在职学习的本专科学生使用，也可供从事相关工作的工程技术人员参考。

本系列教材得到从事轨道交通研究的众多专家、学者的帮助和具体指导，在此表示深深的敬意和感谢。

本系列教材从2012年1月起陆续推出，首批包括：《互换性与测量技术》、《可靠性工程基础》、《液压与气动技术》、《测试技术》、《单片机原理与接口技术》、《计算机辅助机械设计》、《控制理论基础》、《机械振动基础》、《动车组网络控制》、《动车组运行控制》、《机车车辆设计与装备》、《列车传动与控制》、《机车车辆运用与维修》。

希望本套教材的出版对轨道交通的发展、轨道交通专业人才的培养，特别是轨道交通机车车辆专业课程的课堂教学有所贡献。

编委会

2013年1月

前　言

21 世纪机械制造业正经历着飞速的发展，但我国在该领域还远远落后于世界发达国家，特别在高技术含量、大型高效或精密、复杂的机电新产品开发方面，缺乏现代设计理论和知识的积累，实验研究和开发能力较弱，仍需依靠进口或引进技术。造成这种情况的重要原因之一是缺乏掌握现代设计理论知识、具有实验研究和创新开发能力的人才。

对现有人员进行网络继续教育是目前解决人才不足最方便快捷的方式。为了在“机械设计制造及其自动化专业（机车车辆方向)”（专升本）培养掌握现代设计理论知识、具有试验研究和创新开发能力的人才，我们编写了本书。在教材编写过程中，结合多年的教学经验，不仅继承了传统知识，而且根据我国机械工程测试技术的发展，注入新的内容。本书注重基本理论、基本方法与实际应用相结合，力求简明扼要，通俗易懂。书中图文并茂，内容由浅入深，便于读者自学。本书主要内容包括以下方面。

① 信号描述：主要介绍信号的分类与描述及周期信号和瞬变非周期信号的频谱。

② 测试装置的基本特性：主要介绍测量系统的主要性质、静态与动态特性，测量系统的频率响应特性及其在典型输入下的响应，实现不失真测量的条件、动态特性的测试、抗干扰性与负载效应。

③ 常用传感器：主要介绍传感器的分类及电阻式、电容式、电感式、压电式、磁电式、热电式、光电式和半导体等传感器的工作原理与结构特点。

④ 信号的调理与记录：主要介绍电桥工作原理、调制与解调、信号的放大与衰减、滤波器、信号的显示与记录。

⑤ 信号分析与处理：主要介绍数字信号处理系统的基本组成、随机信号、相关分析、功率谱分析及应用。

⑥ 测试技术的工程应用：主要介绍应变、力与力矩的测量及温度的测量。

⑦ 计算机测试系统与虚拟仪器：主要介绍自动测试系统、智能仪器和虚拟仪器。

本书各章还附有思考题与习题，有利于学生复习巩固所学知识，提高学生分析和解决问题的能力。

本书由北京交通大学彭俊彬主编，岳建海副主编。岳建海编写绪论、第 1 章和第 4 章，彭俊彬编写第 2 章、第 3 章和第 5 章、第 6 章、第 7 章。

限于学识和经验，书中缺点错误在所难免，望同行专家和读者不吝指教。

编　者

2012 年 12 月

目 录

绪　论

1. 测试与测试系统

测试是人们认识客观事物的方法，其目的是获取研究对象中有用的信息。它的基本过程是检测出被测对象的有用信息并加以处理，然后将其结果提供给观察者或其他信息处理装置、控制系统。

信息总是蕴涵在某些物理量之中并依靠它们来传递的，这些物理量就是信号。在科学研究和工程技术上所要测量的参数大多为非电量，如机械量的位移、速度和加速度，热工量的温度、压力和流量，成分量的化学成分和浓度及状态量的颜色、磨损量和裂纹等。这些参数的物理特性或化学特性千差万别，在测量过程中，测量结果的传输、保存及显示非常不便。由于电测技术具有测量精度高、反应速度快、数据传输和变换方便及能够连续自动记录等优点，因而成为目前使用最广泛的信号。各种非电信号（如各种被测的机械量）往往被转换成电信号，以便于传输、处理和运用，这样就形成了非电量的电测技术。非电量的电测技术具有两个方面的内容：一方面是研究用电测手段测量非电量的仪器和仪表，另一方面是研究如何能正确和快速地进行非电量的测试。

在测试工作的许多场合中，并不考虑信号的物理性质，而是将其抽象为变量之间的函数关系，特别是时间函数或空间函数，从数学上加以分析研究，从中得出一些具有普遍意义的理论。这些理论就是信号的分析和处理技术，它们极大地发展了测试技术，并成为测试技术的重要组成部分。

测试系统要完成对被测量的测试，首先要获得被测量的信息，并根据被测量信息的物理学特性，将其转换成容易处理和传输的电量信号；然后将电量信号所表示的信息进行变换或放大，再用指示仪或记录仪将信息显示或记录下来；有时还需对信息进行处理，以获得反映实际被测量数值大小的测试结果。一般的测试系统包括传感器（信息的获得）、测量电路、放大器（信息的变换和调理）、数据处理装置（信息的处理）、显示与记录装置（信息的显示）。这些组成部分之间的关系如图 1 所示。

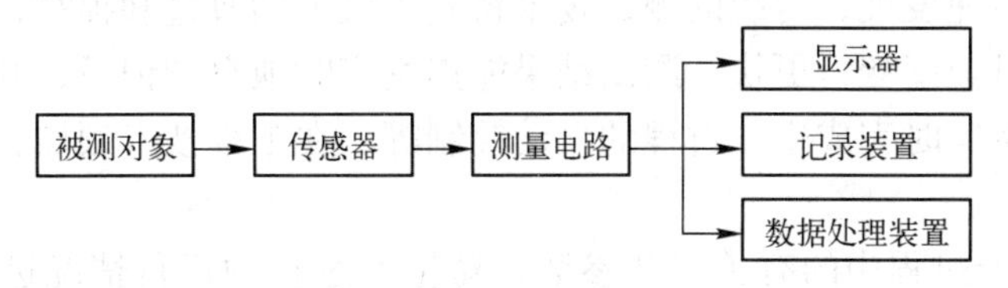

图 1　测试系统的组成

传感器处于被测对象与测试系统的接口位置，它是将被测量的非电信息变换成电信号的装置，因此是一个获得测试系统信号输入的重要元件。传感器直接从被测对象中提取被测量的信息，感受其变化并将其变换成便于测量的其他电量信号，例如将速度变换成电压，将应变变换成电阻，将流量变换成压力等。因此，传感器获得信息的正确与否直接影响着整个测试系统的精度。

测量电路又称中间转换器，它的作用是将传感器输出的电信号进行传输、放大和转换等。测量电路的种类根据传感器的类型而定，如电阻式传感器需采用一个电桥电路把电阻值的变化变换成电流或电压的变化输出，所以它属于测试信号的转换电路。由于测量电路的输出信号一般都比较小，不能直接驱动显示或记录装置工作，故常常需将信号加以放大，因此在测量电路中通常装有放大器。为了使被测量信号易于传输和处理，测量电路中有时还装有调制与解调器、模/数转换器等。

测试结果的显示目前通常有三种方式，即模拟显示、数字显示和图像显示。模拟显示是利用指针相对标尺的位置来读数；数字显示是用数字形式来显示测试结果的数值大小；图像显示是用屏幕显示读数或者被测参数的变化曲线。在实际测试过程中，有时不仅要读出被测量的具体数值，而且还要了解它的变化过程，特别是在动态测试过程中，测试结果随时变化，无法用显示仪器指示，在这种情况下，就必须将测量信号送入记录装置中自动记录下来。目前常用的自动记录装置有笔式记录仪、光线示波器、磁带记录仪及阵列式记录仪等。

以计算机为基础，配备部分外设装置组成测试信号的记录和处理系统，是近年来测试系统的发展趋势。测试系统中的计算机既可以完成测试结果的记录或显示，同时又能对测试结果进行计算处理，并且对测试结果的分析处理方式可根据测试者的要求编写不同的程序，使得测试系统的功能大大加强。

2. 测试技术的地位和作用

在科学研究中，任何科学理论的建立和科学研究成果的提出都必须通过大量的试验与测量，并对通过测量所获得的数据进行分析和计算，以验证科学理论及研究成果的正确性和可靠性。在工农业生产过程中，为了保证生产的正常进行，必须对生产过程中的各种参数进行测量，并在分析测量结果的基础上，对生产过程进行监视和控制，以保证产品的质量。在这些测量过程中所应用的测量手段就是测量仪器或仪表，而应用测量仪器或仪表来实现测量目的的技术工艺则称为测试技术。现代化的测试仪器是科学研究和生产实践的必要手段，它的水平高低是科学技术发展的重要标志，同时也是科学研究和生产技术发展的一个重要技术基础。

测试技术的发展是随着科学技术和生产实践的发展而前进的，因为科学技术和生产实践向前发展，就要求提供新的测试手段以满足需要，这样又促进了测试仪器及测试技术的发展，而科学技术的发展又为研制新型的测试仪器提供了条件。近 30 年来，随着电子技术和计算机应用技术的飞速发展，传统的测试技术得到了较大的改进和提高，如测试准确度和灵敏度得到提高，测试速度变得更快，测试结果能连续实时地自动记录，并可用计算机对测试结果进行分析计算及实时完成生产过程的自动控制等。在工程技术领域，测试技术的作用有如下几个方面。

① 通过测量生产过程中的有关工艺参数，对生产过程的运行情况进行监视，使之保持在最佳的工作状态；或者对生产设备在运转过程中的有关技术参数进行测量，并对测试结果进行分析，判断设备的工作状态。

② 将生产过程中各种工艺参数的测量结果与要求的数值相比较，并且根据偏差的大小

范围要求进行反馈，以对工艺参数进行调整和控制，保证生产过程的要求。

③ 根据对工艺过程参数和设备性能参数测试结果的分析评价，找出存在的问题，并提出改进工艺过程和设备性能的措施。在改进措施实施以后，是否达到了改进的效果，仍需进行测试来分析和评定。这些测试结果是工艺过程参数及设备性能参数进一步改进设计的基础。

④ 通过测试技术手段研究机械系统的响应特性和系统参数及进行载荷识别，为机械系统的动态设计提供依据。

随着近代科学技术的发展，特别是机械、电子、生物、海洋、航天、气象、地质、通信和控制等，都离不开测试技术，测试技术在这些领域中也起着越来越重要的作用。并且随着科技和生产的发展，测试技术越来越多地从静态测量向动态测量方向发展，从而对测试仪器和测试手段提出了更高的要求。

3. 测试技术的发展趋势

科学技术的快速发展和生产实践领域的不断扩大，对测试技术提出了越来越高的要求，因此也促进了测试技术的迅速发展。现代测试技术除了进一步提高测试的精度和可靠性外，总的发展趋势是测试系统的小型化、智能化、多功能化及无接触化，其特点主要表现在下述几个方面。

① 测试仪器应用范围的扩大随着科学技术的不断发展，对测试仪器的性能要求也在不断提高，特别是对生产实际和科学研究过程中极端参数的测量，要求原有测试仪器的技术指标得以提高，以扩大其应用范围。例如连续测量液态金属的温度、连续长时间测量超高温介质的温度（2 500℃～3 000℃），超低温温度的连续测量，超高压的测量及超精度质量测量等。这些极端参数的测试要求测试仪器具有较大的测量范围，并且具有足够高的精度和可靠性。

② 新型传感器的研究。测试技术的应用领域随着生产和科学研究的发展在不断扩大，需要测量的参数种类也在不断增加，如颜色、味觉、化学成分、超高温、超低温等。因此，促使人们不断地探讨新型的测量机理，研制新型的传感器及测量系统。这方面研究除了采用新的物理效应、化学反应及生物功能外，还不断地研究具有仿生功能的新型传感器。在新型传感器的开发研究过程中，新型传感器敏感元件材料的开发与应用具有十分重要的意义。目前，半导体材料、陶瓷材料及高分子聚合材料作为传感器敏感元件材料的研究正在不断深入，开发出了仿生化、智能化及生物化的传感器。

③ 多功能测试仪器的开发。传统的传感器大多是进行一个点的单参数测试，这已不能满足生产实际和科学研究发展的需要。在有些场合，希望在某一测量点测得多个参数，因此需要具有多种参数同时变换的传感器，并且测量电路能够将不同参数的电信号同时处理和记录，也就是要求测试系统的多参数测量和多功能化。例如要同时测量一点的温度和湿度，就必须寻求一种能同时感受温度和湿度的敏感元件材料，并将其制造成同时将温度和湿度变换成不同电量的传感器，并互不影响。由钛酸钡和钛酸锶组成的多孔陶瓷的电容量与温度有关，而其电阻值与湿度呈函数关系，这样就可以通过测量电容和电阻值间接获得温度和湿度的数值。

多功能化测试系统的另一层含义是指除传感器之外的其他测试部分具有普遍的通用性，即测量电路对电信号的转换和放大及测试系统的显示和记录可应用于多种场合下不同种类参数的测量。对于不同参数的测量，只是对测试系统连接相应的合适传感器。这样，就使得测试系统的功能和应用范围得到了扩大。

④ 测试系统的智能化。随着微电子技术的发展和计算机技术在测试领域的应用，微处理器与传感器的相互结合及与测试信号处理过程的结合，使得测试系统具有一定的智能化功能。微电子处理器的信号调节与微机接口电路和信号处理电路可与传感器封装成一体，使得传感器不仅仅具有信号的检测能力，同时还可以对信号进行判断和处理，并且根据测试信号的变化自动调节信号处理电路的信号放大和传递方式。这样，可以使测量精度得到较大的提高，并且可以消除测试过程中的随机因素干扰，以得到精确的测试结果。

4. 课程的主要内容

测试技术课程研究的对象是机械工程领域测试过程中常用的传感器、中间变换电路及显示和记录装置的结构和工作原理，测试系统的静态和动态特性及评价方法，测试信号的分析及测量数据处理方法，常见物理量的测试过程及测试方法。

对高等学校机械类的各个专业而言，测试技术是一门技术基础课。通过本课程的学习，使学生掌握合理选用测试装置并初步掌握静、动态测量和常用工程实验所需的基本知识和技能，为进一步学习、研究和处理工程技术问题打下基础。学生在学完本课程之后，应具备下述六方面的知识和能力。

① 掌握信号的时域及频域的描述方法，建立明确的信号频谱结构的概念；掌握频谱分析和相关分析的基本原理和方法；掌握数字信号分析中的一些基本概念。

② 掌握测试装置基本特性的评定方法，包括测试装置传递特性的时域、频域描述，脉冲响应函数和频率响应函数，一阶、二阶系统的动态特性及其参数的测量方法和不失真的测试条件。

③ 掌握常用传感器的种类、结构、工作原理及传感器的典型应用，并具备根据实际测试要求选择合适传感器的能力。

④ 熟悉传感器输出信号的常用处理方法及中间变换电路的结构、工作原理、适用特点，具备根据不同种类传感器选用适宜中间变换电路，进而设计中间变换电路的能力。

⑤ 了解和掌握各种常用显示与记录装置的结构、工作原理及适用特点，并能根据实际需要选用合理的显示与记录装置。

⑥ 在掌握测试系统特性的基础上，具备根据实际被测量的特点，将传感器、中间变换电路和显示记录装置正确地组成测试系统的能力。

测试技术是一门多学科交叉的技术学科，需要多种学科知识的综合运用。与本课程直接相关的基础知识包括高等数学、物理学、工程力学、机械振动、电工学、电子学、计算机及自动控制等。同时，测试技术又是一门实践性很强的应用学科，只有在学习过程中加强理论与实践的结合，注重实验课对理论知识理解和掌握的作用，才能使学生通过课程的学习，具备处理实际测试工作的能力。

第1章

信号描述

【本章内容概要】

本章主要介绍信号的分类、时域描述与频域描述、周期信号与傅里叶级数、周期信号的离散频谱、周期信号的强度表达、非周期信号与傅里叶变换、非周期信号的连续频谱。

【本章学习重点与难点】

学习重点：信号的分类、信号的频域描述。

学习难点：信号的频谱分析。

信息是客观存在的物体或物理过程的本质特征。为了观测到这些特征，人们采用各种技术手段来表达所需信息，以供人们记录和分析。这种对信息的表达形式就是信号。

测试就是要观测、记录和分析各种机械在运行中的物理现象和参数变化，一般是借助测试装置或仪器，把待测的力、速度、加速度、位移和温度等非电量信号变换成容易测量、记录和分析的电信号，如电流、电压等。这些信号包含着反映某个物理系统状态和特性的有用信息，是人们认识客观事物内在规律、研究事物之间相互关系及预测事物未来发展的依据。因此，了解各类信号及其描述是工程测试的基础。

1.1 信号分类及描述

1.1.1 信号的分类

信号可按不同的标准进行分类。根据信号随时间的变化规律，可把信号分为确定性信号与非确定性信号；根据时间变量的取值是否连续，可分为连续信号和离散信号；根据信号在有限区间具有有限的能量还是功率，可分为能量信号和功率信号。

1. 确定性信号与随机信号

1）确定性信号

若信号可表示为一个确定的时间函数，任何时刻都有确定的值，这种信号称为确定性信号。确定性信号又可分为周期信号和非周期信号。

(1) 周期信号

按一定时间间隔周而复始、重复出现的信号称为周期信号，其数学表达式为：

$$x(t)=x(t+nT_0)\ (n=1,2,3,\cdots) \tag{1-1}$$

式中 T_0——信号的周期。

例如，一个单自由度无阻尼的质量－弹簧振动系统（如图 1-1 所示）的位移信号 $x(t)$ 就是一种最典型的周期信号，可用下式来确定质点的瞬时位置：

$$x(t) = A\cos\left(\sqrt{\frac{k}{m}}t + \varphi_0\right) = A\cos(\omega_0 t + \varphi_0) \tag{1-2}$$

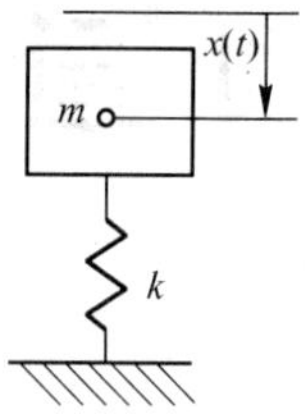

式中 A——振幅的最大值；

k——弹簧刚度；

m——质量；

φ_0——初始相角；

$\omega_0 = \sqrt{\frac{k}{m}}$——振动系统的固有圆频率。

图 1-1　单自由度振动系统

也可以用 $x(t)$—t 曲线来描述这一位移随时间变化的过程（如图 1-2 所示）。工程上将这种按正弦（或余弦）规律变化的最简单的周期信号称为谐波信号，它具有单一的频率 $f_0 = \frac{\omega_0}{2\pi}$。

由若干个频率比为有理数的正弦信号叠加而成，合成后仍存在公共周期的信号称为一般周期信号或复杂周期信号（如图 1-3 所示）。

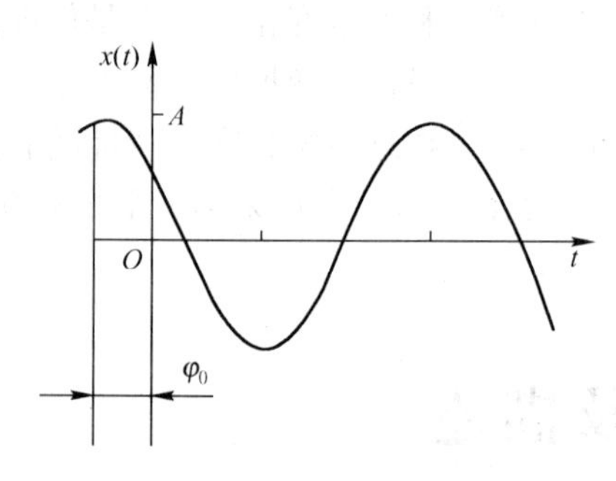

图 1-2　单一频率的周期信号波形

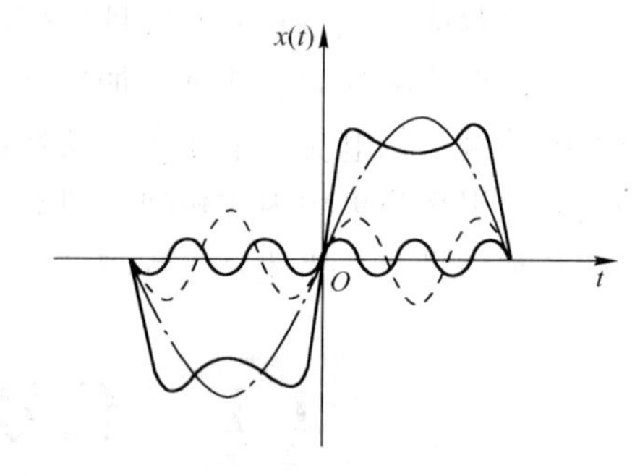

图 1-3　由 1，3，5 次谐波叠加的方波波形

（2）非周期信号

确定性信号中不具有周期重复性的信号称为非周期信号，它分为准周期信号和瞬变非周期信号两种。

准周期信号是由两种以上的周期信号叠加而成的，但其组成分量之间无法找到公共周期，因而无法按某一时间间隔周而复始重复出现。除准周期信号之外的其他非周期信号是一些在一定时间区间内存在，或随着时间的增长而衰减至零的信号，统称为瞬变非周期信号或指数衰减瞬变信号。图 1-1 所示的振动系统若加上阻尼装置，其质点位移 $x(t)$ 可用下式表示：

$$x(t) = Ae^{-at}\sin(\omega_0 t + \varphi_0) \tag{1-3}$$

其波形如图 1-4 所示，它是一种常见的瞬变非周期信号，为指数衰减振荡信号，随时间的无限增加而衰减至零。

虽然任何确定性信号都可以用一个时间函数（或表达式）来描述，但由于工程实际中的信号一般都是比较复杂的，所以当直接对其原始时间函数进行分析描述有困难时，可以将

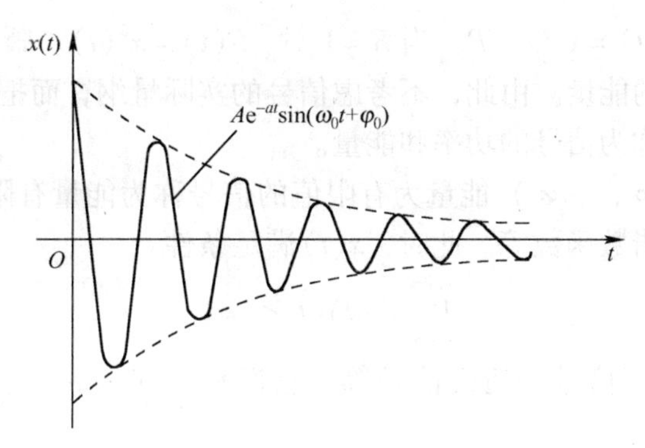

图1-4　指数衰减振荡信号波形

其分解成某种基本函数之和的形式或按某种级数展开，所采用的基本函数必须是易于实现和分析的简单函数。正弦函数就是广泛应用的一种基本函数。

2）随机信号

无法用明确的数学解析关系式描述的信号称为非确定性信号，这种信号通常又称为随机信号。

随机信号在客观世界中普遍存在，在工程测试中更是大量出现，如在道路上行驶的车辆所受到的振动、切削材质不均匀的工件时所产生的切削力都属于这类信号。它们的特点是每次的观测结果都不一样，只是许多可能的结果中的一种，未来任何瞬时的精确值均不能预测，所以也无法用实验的方法重复再现，但其值的变动服从统计规律。所以，这类信号需要用统计的特征参数来描述，这些统计特征参数主要有均值、方差、概率密度函数等一些数字特征量及相关函数和功率谱密度函数等。根据某统计特征参数的特点，随机信号可分为平稳随机信号和非平稳随机信号两类。其中，平稳随机信号又可分为各态历经随机信号和非各态历经随机信号。

2. 连续信号与离散信号

无论周期信号还是非周期信号，从时间变量的取值是否连续出发，又可分为连续信号和离散信号。如信号在所有连续时间上均有定义，则称为连续信号（如图1-5所示）；若信号的取值仅在一些离散的时间点上有定义，则称离散信号（如图1-6所示）。

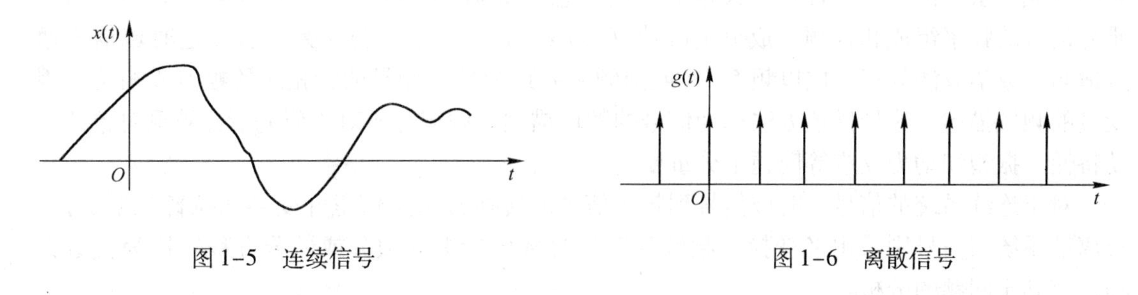

图1-5　连续信号　　图1-6　离散信号

若连续信号的幅值也是连续的，称为模拟信号；若离散信号的幅值也是离散的，则称为数字信号。数字计算机的输入、输出都是数字信号。在实际应用中，连续信号和模拟信号两个名词常常不予区分，离散信号和数字信号也往往通用。

3. 能量信号与功率信号

在非电量测量中，常把被测信号转换为电压或电流信号来处理。电压信号 $x(t)$ 加到电

阻 R 上，其瞬时功率 $P(t)=x^2(t)/R$。当 $R=1$ 时，$P(t)=x^2(t)$。瞬时功率对时间的积分就是信号在该积分时间内的能量。由此，不考虑信号的实际量纲，而把信号 $x(t)$ 的平方 $x^2(t)$ 及其对时间的积分分别称为信号的功率和能量。

在所分析区间（$-\infty$，$+\infty$）能量为有限值的信号称为能量有限信号，简称能量信号，如矩形脉冲信号、衰减指数函数等。此时，$x(t)$ 满足条件

$$\int_{-\infty}^{+\infty} x^2(t)\,\mathrm{d}t < \infty \tag{1-4}$$

有许多信号，如周期信号、随机信号等，它们在区间（$-\infty$，$+\infty$）能量不是有限值，即

$$\int_{-\infty}^{+\infty} x^2(t)\,\mathrm{d}t \to \infty \tag{1-5}$$

但它们在有限区间（t_1，t_2）的平均功率是有限的，即

$$\frac{1}{t_2 - t_1}\int_{t_1}^{t_2} x^2(t)\,\mathrm{d}t < \infty \tag{1-6}$$

这种信号称为功率有限信号，或功率信号。

图 1-1 所示振动系统的位移信号 $x(t)$ 就是能量无限的正弦信号，但在一定时间区间内其功率却是有限的。如该系统加上阻尼装置，其振动能量随时间而衰减（如图 1-4 所示），这时，位移信号就变成能量有限信号了。

需要注意的是信号的能量和功率，未必具有真实物理功率和能量的量纲。

1.1.2 信号的时域描述和频域描述

为了从信号中提取某种有用的信息，需要对其进行必要的分析和处理。所谓“信号分析”，就是采取各种物理的或数学的方法提取有用信息的过程。为了实现这个过程，需要对原始信号进行各种不同变量域的数学变换，以研究信号的构成或特征参数的估计等。

通常以时间域（简称时域）和频率域（简称频域）来描述信号。直接观测或记录的信号一般是随时间变化的物理量，即以时间作为独立变量，称为信号的时域描述。时域描述是信号最直接的描述方法，它只能反映信号的幅值随时间变化的特征，而不能明确揭示信号的频率组成关系。而机械工程中，大量的有用信息（如振动、噪声等）均与频率有关。为了研究信号的频率组成和各频率成分的幅值（或能量）大小、相位关系，就要把时域信号通过适当的数学方法处理变成以频率 f（或圆频率 ω）为独立变量的，相应的幅值或相位为因变量的频域描述，这种描述方法称为信号的频域描述。频域分析对于研究诸如被测对象的振动特性、振型和动力反应等问题十分重要。

对于连续系统的信号，时域信号到频域信号的转换常采用傅里叶变换和拉普拉斯变换；对离散系统的信号则采用 Z 变换。频域分析将时域分析中的微分或差分方程转换为代数方程，有利于问题的分析。

信号的各种描述方法仅是从不同的角度去认识同一事物，它们相互间可以通过一定的数学关系进行转换。图 1-7 形象地表示出由一系列幅值和频率不等、相角为零的正弦信号叠加而成的周期方波信号的时域和频域描述方法之间的关系。

需要指出的是，由于电子计算机及其软件的发展，特别是快速傅里叶变换（FFT）的应用，“信号分析”这一过程在今天已基本上由以计算机为核心的测试仪器来完成。

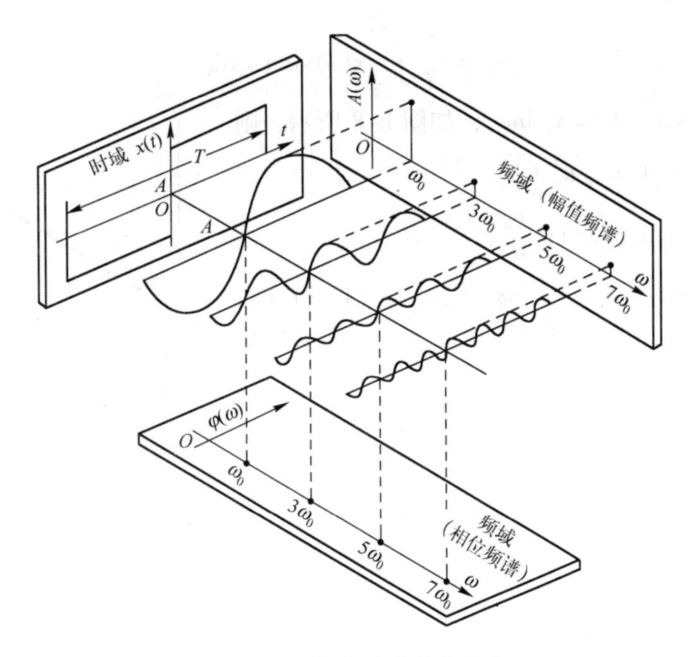

图 1-7　周期方波信号的描述

1.2　周期信号的频谱

在动态测试技术中往往需要将时间域信号变换到频率域上加以分析，从频率角度来反映和揭示信号的变化规律，这种频率分析的方法又称为频谱分析法。常用的频谱分析法有频率分析和功率谱分析两种，本书重点介绍频率分析。

信号的频率分析是把一个复杂信号分解成某种类型的多个基本信号之和，所采用的基本信号应是一些易于实现、分析和处理的信号，最常用的基本信号是正（余）弦信号（或称谐波信号）。每个正（余）弦信号的频率是唯一和确定的，它可表征某一个“频率成分”。所以，把一个复杂信号分解成多个频率不同的正（余）弦信号之和，即认为在这个复杂信号中就有多少个频率成分。傅里叶分析法将时域上的周期信号分解为傅里叶级数，为在频域中认识信号的特征提供了重要手段。

1.2.1　傅里叶级数的三角函数展开式

在有限区间上，若周期函数 $x(t)$ 满足狄里赫利条件，即可展开成傅里叶级数。

傅里叶级数的三角函数展开式为

$$x(t) = a_0 + \sum_{n=1}^{\infty}(a_n\cos n\omega_0 t + b_n\sin n\omega_0 t) \tag{1-7}$$

$$a_0 = \frac{1}{T}\int_{-\frac{T}{2}}^{\frac{T}{2}} x(t)\,\mathrm{d}t \tag{1-8}$$

$$a_n = \frac{2}{T}\int_{-\frac{T}{2}}^{\frac{T}{2}} x(t)\cos n\omega_0 t\,\mathrm{d}t \tag{1-9}$$

$$b_n = \frac{2}{T}\int_{-\frac{T}{2}}^{\frac{T}{2}} x(t)\sin n\omega_0 t\mathrm{d}t \tag{1-10}$$

若设 $a_n = A_n\cos\varphi_n$，$b_n = A_n\sin\varphi_n$，如图 1-8 所示，则

$$A_n = \sqrt{a_n^2 + b_n^2},$$

$$\varphi_n = \arctan\frac{b_n}{a_n},$$

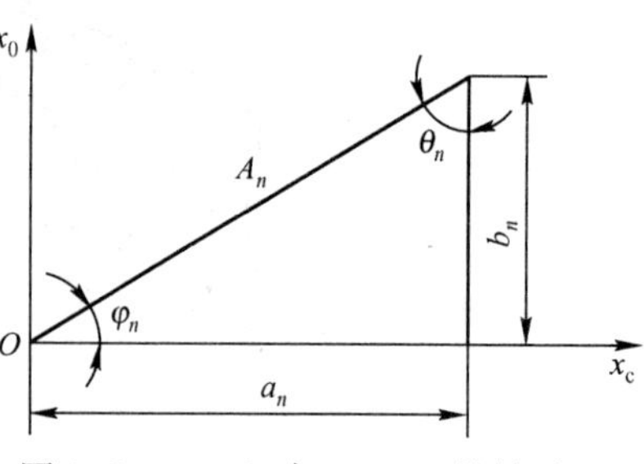

图 1-8 a_n、b_n 与 A_n、θ_n 的关系

当把 $a_n = A_n\cos\varphi_n$，$b_n = A_n\sin\varphi_n$ 代入式（1-7）时，同频的正弦、余弦函数之和可合并成一项，故得到傅里叶级数的另一种表达形式，为

$$\left.\begin{aligned} x(t) &= a_0 + \sum_{n=1}^{\infty} A_n\cos(n\omega_0 t - \varphi_n) \\ x(t) &= a_0 + \sum_{n=1}^{\infty} A_n\sin(n\omega_0 t + \varphi_n) \end{aligned}\right\} \tag{1-11}$$

或

$$\begin{aligned} A_n &= \sqrt{a_n^2 + b_n^2} \\ &= \sqrt{\left[\frac{2}{T}\int_{-\frac{T}{2}}^{\frac{T}{2}} x(t)\cos n\omega_0 t\mathrm{d}t\right]^2 + \left[\frac{2}{T}\int_{-\frac{T}{2}}^{\frac{T}{2}} x(t)\sin\omega_0 t\mathrm{d}t\right]^2}, \end{aligned}$$

$$\varphi_n = \arctan\frac{b_n}{a_n} = \arctan\frac{\int_{-\frac{T}{2}}^{\frac{T}{2}} x(t)\sin\omega_0 t\mathrm{d}t}{\int_{-\frac{T}{2}}^{\frac{T}{2}} x(t)\cos n\omega_0 t\mathrm{d}t},$$

$$\theta_n = 90° - \varphi_n,$$

式中 n——正整数（$n = 1, 2, 3, \cdots$）；

T——周期信号的周期；

ω_0——圆频率，周期信号的基频，$\omega_0 = 2\pi/T$。

从上述公式中可看出，A_n 和 φ_n（或 θ_n）都是谐波频率 $n\omega_0$ 的函数。周期信号的傅里叶级数展开式实质上就是求式（1-7）和式（1-11）中各项的系数，即 a_0、a_n、b_n 或 A_n、φ_n。

从式（1-11）可看到，任何周期信号都可由一个或几个乃至无穷多个不同频率的谐波叠加而成。以圆频率 $n\omega_0$ 为横坐标，以各次谐波的振幅 A_n 和谐波的初始相位角 φ_n 为纵坐标所做的图称为频谱图，如图 1-9 所示。其中 $A_n - n\omega_0$ 图形（如图 1-9a 所示）称为幅值频谱图；$\varphi_n - n\omega_0$ 图形（如图 1-9b 所示）称为相位频谱图。通过傅里叶级数、频谱函数及其表

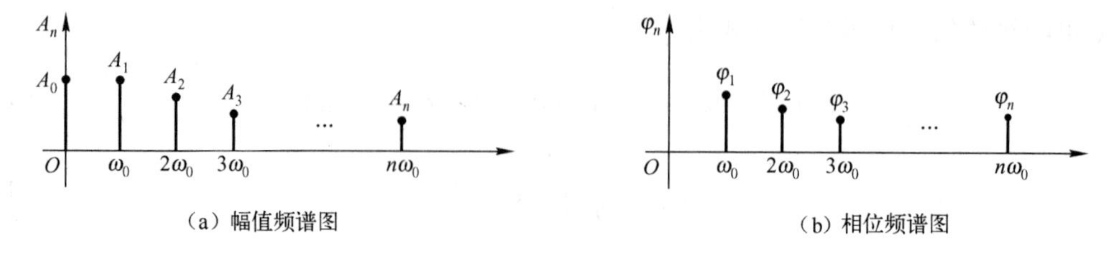

图 1-9 频谱图

达图形——频谱图，可以一目了然地知道周期信号的频率成分、各频率成分的幅值和初始相位角、各次谐波的幅值在周期信号中的比例。这些统称为周期信号的频域描述。

【例 1-1】 求周期性非对称方波（如图 1-10 所示）的傅里叶级数及其频谱，其周期为 T，幅值为 A。

解：该方波的时域表达式为

$$x(t)=\begin{cases}A,0\leqslant t\leqslant \dfrac{T}{2},\\ -A,-\dfrac{T}{2}\leqslant t\leqslant 0\end{cases}$$

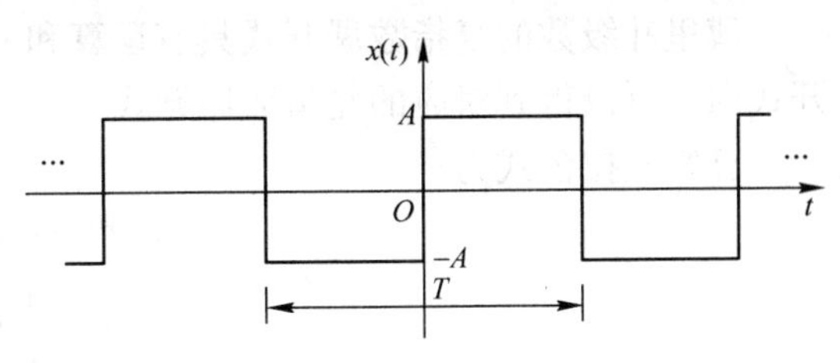

图 1-10　周期性非对称方波的时域波形

由于此方波为奇函数，所以 $a_0=0$，$a_n=0$，其 b_n 值为

$$\begin{aligned}b_n&=\frac{2}{T}\int_{-\frac{T}{2}}^{\frac{T}{2}}x(t)\sin n\omega_0 t\mathrm{d}t\\&=\frac{2A}{T}\left[\int_{-\frac{T}{2}}^{0}(-\sin n\omega_0 t)\mathrm{d}t+\int_{0}^{\frac{T}{2}}\sin nn\omega_0 t\mathrm{d}t\right]\\&=\frac{4A}{n\omega_0 T}\left[1-\cos\left(n\omega_0\frac{T}{2}\right)\right]\end{aligned}$$

由于 $\omega_0 T=2\pi$，故有

$$b_n=\frac{2A}{n\pi}\ (1-\cos n\pi)$$

$$b_1=\frac{4A}{\pi},\ n=1$$

$$b_2=0,\ n=2$$

$$b_3=\frac{4A}{3\pi},\ n=3$$

$$b_4=0,\ n=4$$

$$b_5=\frac{4A}{5\pi},\ n=5$$

其傅里叶级数展开式为

$$x(t)=\frac{4A}{\pi}(\sin\omega_0 t+\frac{1}{3}\sin 3\omega_0 t+\frac{1}{5}\sin 5\omega_0 t+\cdots)$$

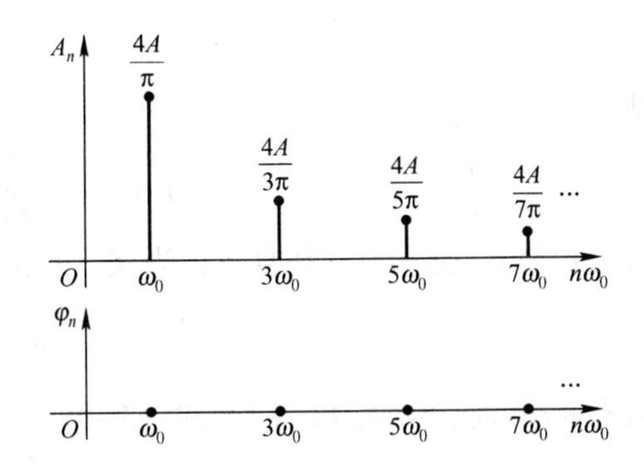

图 1-11　周期性非对称方波的频谱图

周期性非对称方波的频谱图如图 1-11 所示，其幅值频谱只包含基波（ω_0）及奇次谐波（$n=3,5,7,\cdots$）的频率分量，各次谐波的幅值以$\frac{1}{n}$的规律收敛，相位频谱均为零。

信号的时域和频域描述号是从不同的领域来说明同一个信号，由图 1-10 和图 1-11 可看出，周期方波在时域可分解成许多不同频率和幅值的奇次谐波，而在频域则表达了这些谐波的幅值与初始相位角随频率的变化情况。

周期信号的频谱具有三个特点：

① 周期信号的频谱是离散的；

② 每条谱线只出现在基波频率整倍数的离散点处，不存在非整倍数的频率分量；

③ 常见周期信号的幅值频谱具有收敛性，它们各自按照不同的规律收敛。因此，在频谱分析中没有必要取谐波次数过高的谐波分量。

1.2.2 傅里叶级数的复指数展开式

傅里叶级数的复指数展开式具有运算和分析简便的特点，若将欧拉公式引入三角函数展开式内，可以得到对应的复指数展开式。

已知欧拉公式为

$$e^{\pm j\omega t} = \cos\omega t \pm j\sin\omega t \tag{1-12}$$

$$\cos\omega t = \frac{1}{2}(e^{-j\omega t} + e^{j\omega t}) \tag{1-13}$$

$$\sin\omega t = j\frac{1}{2}(e^{-j\omega t} - e^{j\omega t}) \tag{1-14}$$

将式（1-13）和式（1-14）代入式（1-7），得

$$\begin{aligned} x(t) &= a_0 + \sum_{n=1}^{\infty}(a_n\cos n\omega_0 t + b_n\sin n\omega_0 t) \\ &= a_0 + \sum_{n=1}^{\infty}\left[\frac{1}{2}(a_n - jb_n)e^{jn\omega_0 t} + \frac{1}{2}(a_n + jb_n)e^{-jn\omega_0 t}\right] \end{aligned} \tag{1-15}$$

令

$$\left.\begin{aligned} c_0 &= a_0 \\ c_n &= \frac{1}{2}(a_n - jb_n) \\ c_{-n} &= \frac{1}{2}(a_n + jb_n) \end{aligned}\right\} \tag{1-16}$$

则

$$x(t) = c_0 + \sum_{n=1}^{\infty}(c_n e^{jn\omega_0 t} + c_{-n}e^{-jn\omega_0 t}) \tag{1-17}$$

由于 c_n 与 c_{-n} 是一对共轭复数，当式（1-17）中第三项的 n 从 $-\infty \to -1$ 变化时，有

$$\sum_{n=1}^{\infty} c_{-n}e^{-jn\omega_0 t} = \sum_{n=-1}^{-\infty} c_n e^{jn\omega_0 t}$$

另当 $n=0$ 时，由式（1-8）、式（1-9）、式（1-10）可得

$$b_n = 0$$

$$a_n = \frac{2}{T}\int_{-\frac{T}{2}}^{\frac{T}{2}} x(t)\,dt$$

将上述结果代入式（1-16），可得

$$c_{n=0} = c_0 = \frac{1}{2}\left[\frac{2}{T}\int_{-\frac{T}{2}}^{\frac{T}{2}} x(t)\,dt + 0\right] = \frac{1}{T}\int_{-\frac{T}{2}}^{\frac{T}{2}} x(t)\,dt = a_0$$

所以 c_0 与 $n=0$ 时的 c_n 是一致的。于是，可将式（1-17）中的各项合并，得到傅里叶级数的复指数展开式，为

$$x(t) = \sum_{n=-\infty}^{\infty} c_n e^{jn\omega_0 t}, n = 0, \pm 1, \pm 2, \pm 3, \cdots \tag{1-18}$$

由于 n 取正值、负值，故式（1-18）中的各次谐波频率 $n\omega_0$ 将出现“负频率”，这完全是由于引入复指数的结果，是数学运算上的需要。“频率”本身只能是正实数，因此，其“正”和“负”仅是运算符号。

系数 c_n 称为傅里叶系数，将式（1-8）、式（1-9）、式（1-10）代入式（1-16）可求得 c_n，即

$$c_n = \frac{1}{T}\int_{-\frac{T}{2}}^{\frac{T}{2}} x(t)\,\mathrm{e}^{-\mathrm{j}n\omega_0 t}\mathrm{d}t \tag{1-19}$$

或

$$c_n = \frac{1}{T}\int_{-\frac{T}{2}}^{\frac{T}{2}} x(t)\,\mathrm{e}^{-\mathrm{j}n2\pi f_0 t}\mathrm{d}t \tag{1-20}$$

式中，$n=0,\ \pm1,\ \pm2,\ \pm3,\ \cdots$。

由式（1-20）可知，c_n 完全由原函数 $x(t)$ 确定，故 c 含有原函数 $x(t)$ 的全部信息。

c_n 一般是复数，可表达为实部与虚部之和，有

$$c_n = \mathrm{Re}c_n + \mathrm{jIm}c_n = |c_n|\mathrm{e}^{\mathrm{j}\varphi_n} \tag{1-21}$$

模 $|c_n|$ 代表了各次谐波的幅值，其幅角 φ_n 代表了各次谐波的初始相位角，所以 c_n 包括了周期信号所含的各次谐波的幅值和初始相位角的信息，因此，它同样是周期信号的频谱函数。它与傅里叶级数三角函数展开式的关系为

$$c_0 = a_0$$

$$|c_n| = \sqrt{\mathrm{Re}c_n^2 + \mathrm{Im}c_n^2} = \frac{1}{2}\sqrt{a_n^2 + b_n^2} = \frac{A_n}{2} \tag{1-22}$$

$$\varphi_n = \arctan\frac{b_n}{a_n} \tag{1-23}$$

由傅里叶级数的复指数展开式和三角函数展开式可知，两者的相位谱是一致的；各次谐波的幅值在量值上有确定的关系，即 $|c_n| = \frac{A_n}{2}$。应注意的是 $|c_n|$ 和 A_n 中 n 的取值范围不同，前者 $n\in(-\infty,+\infty)$，而后者 $n\in(0,+\infty)$，采用三角函数形式展开频谱时，$\sin n\omega_0 t$（或 $\cos n\omega_0 t$）仅在各 $n\omega_0$ 处有条谱线，如图 1-12（a）所示，故称三角函数展开式的频谱为单边频谱。采用复指数形式展开频谱时，由于

$$A_n\cos n\omega_0 t = \frac{A_n}{2}(\mathrm{e}^{-\mathrm{j}n\omega_0 t} + \mathrm{e}^{\mathrm{j}n\omega_0 t})$$

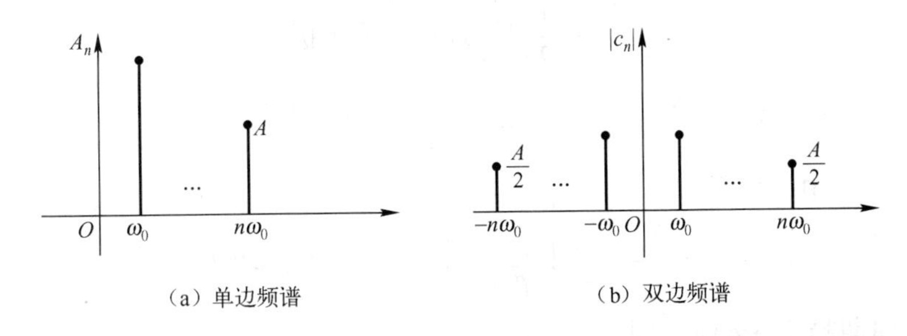

图 1-12　单边频谱和双边频谱

所以，在 $n\omega_0$ 和 $-n\omega_0$ 两处各有一条谱线，如图 1-12（b）所示，故称复指数展开式的频谱为双边频谱。

1.3 瞬变非周期信号的频谱

1.3.1 傅里叶变换与连续频谱

常见的非周期信号的时域描述如图 1-13 所示。图 1-13（a）至 1-13（d）分别为矩形脉冲信号、指数衰减信号、被截出一段的余弦信号和单一脉冲信号。下面研究它们的频域描述。

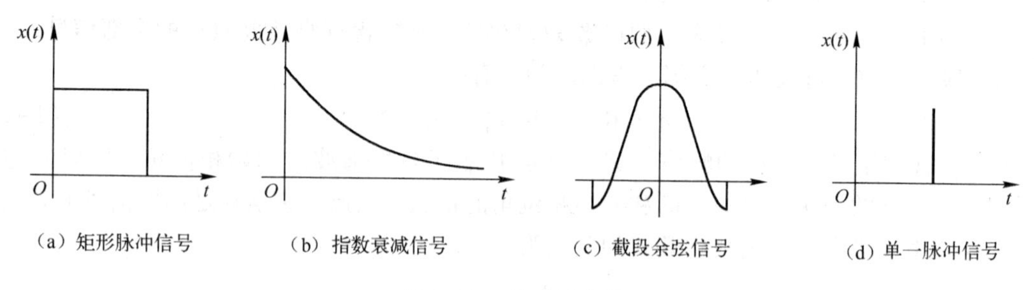

图 1-13 非周期信号

非周期信号不能按傅里叶级数分解成许多正弦信号之和，而必须应用傅里叶积分变换的数学方法进行分解。为便于理解，仍把非周期信号当作周期信号处理，只是认为这个信号的周期无穷大，信号只在无限远处才重复出现。如图 1-14 所示，当周期矩形信号的周期 T 增大时，相邻频谱线的频率间隔 $\Delta\omega=\omega_0=2\pi/T$ 将减小，其谱线变密，如果 $T\to\infty$，则意味着周期矩形信号变成单个矩形信号，成为非周期信号，这时谱线无限变密，谱线间隔 $\Delta\omega\to 0$，离散频谱最后变成一条连续曲线，成为连续频谱。

综上所述，非周期信号是由无限多个频率极其接近的频率成分合成的。由此可推导出非周期信号的频域表达式。

由周期信号的傅里叶级数复指数形式表达式可知

$$x(t)=\sum_{n=-\infty}^{\infty}c_n\mathrm{e}^{\mathrm{j}n\omega_0 t}$$

$$c_n=\frac{1}{T}\int_{-\frac{T}{2}}^{\frac{T}{2}}x(t)\mathrm{e}^{-\mathrm{j}n2\pi f_0 t}\mathrm{d}t$$

$$\omega_0=\frac{2\pi}{T}$$

将 c_n 代入 $x(t)$ 中，可得

$$x(t)=\sum_{n=-\infty}^{\infty}\left[\frac{1}{T}\int_{-\frac{T}{2}}^{\frac{T}{2}}x(t)\mathrm{e}^{-\mathrm{j}n2\pi f_0 t}\mathrm{d}t\right]\mathrm{e}^{\mathrm{j}n\omega_0 t}$$

当信号的周期趋 $T\to\infty$ 时，则

① 谱线的间隔趋于无穷小，$\omega_0=\Delta\omega\to\mathrm{d}\omega$；

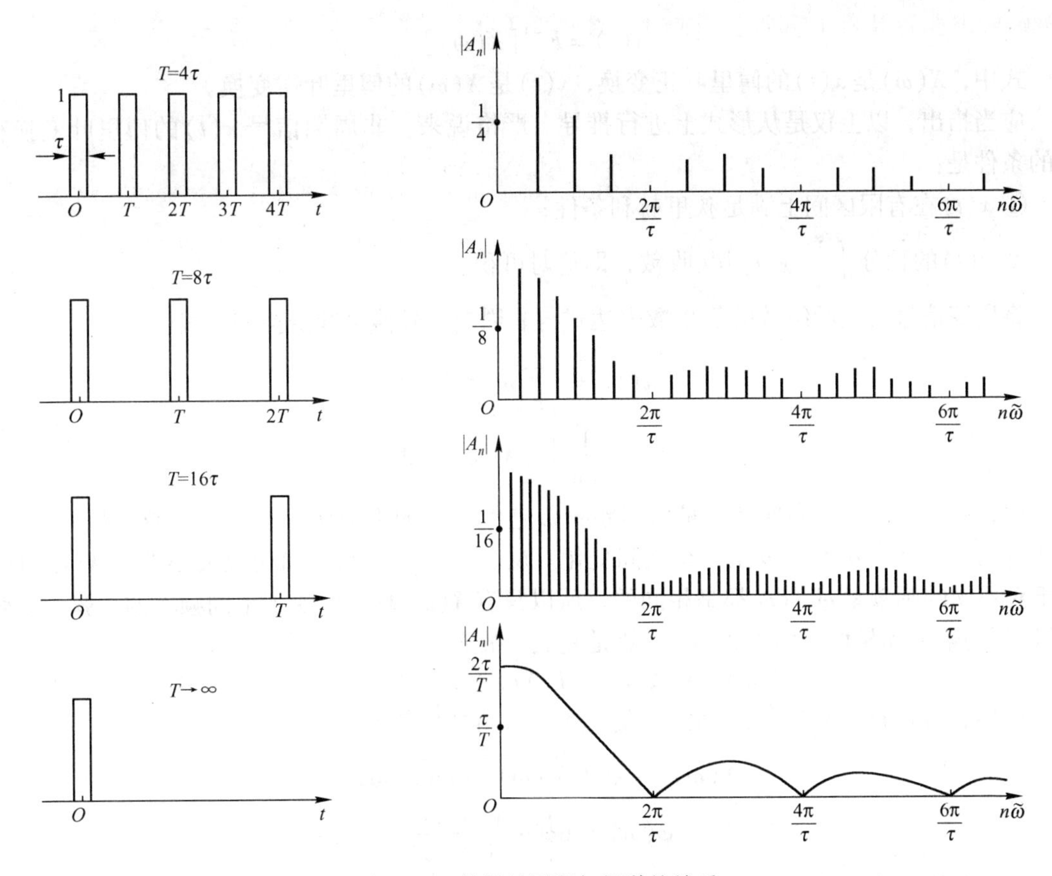

图 1-14　信号的周期与频谱的关系

② 离散频率变成连续频率，$n\omega_0 = n\Delta\omega \to \omega$；

③ 求和变为求积；

④ $\frac{1}{T} = \frac{\omega_0}{2\pi} = \frac{\mathrm{d}\omega}{2\pi}$。

上式可改写为

$$x(t) = \int_{-\infty}^{+\infty} \left[\frac{\mathrm{d}\omega}{2\pi} \left(\int_{-\infty}^{\infty} x(t)\,\mathrm{e}^{-\mathrm{j}\omega t}\mathrm{d}t \right) \right] \mathrm{e}^{\mathrm{j}\omega t}$$

$$= \frac{1}{2\pi} \int_{-\infty}^{+\infty} \left(\int_{-\infty}^{\infty} x(t)\,\mathrm{e}^{-\mathrm{j}\omega t}\mathrm{d}t \right) \mathrm{e}^{\mathrm{j}\omega t}\mathrm{d}\omega$$

由于时间 t 是积分变量，故圆括号内的项积分后仅是 ω 的函数，可记为 $X(\omega)$。于是上式可写为

$$x(t) = \frac{1}{2\pi} \int_{-\infty}^{+\infty} X(\omega)\,\mathrm{e}^{\mathrm{j}\omega t}\mathrm{d}\omega \tag{1-24}$$

而

$$X(\omega) = \int_{-\infty}^{+\infty} x(t)\,\mathrm{e}^{-\mathrm{j}\omega t}\mathrm{d}t \tag{1-25}$$

这样，$x(t)$ 就与 $X(\omega)$ 建立了确定的对应关系，这种对应关系称为傅里叶变换对，简记为

$$X(\omega) = F[x(t)]$$

$$x(t)=F^{-1}[X(\omega)]$$

式中，$X(\omega)$是$x(t)$的傅里叶正变换，$x(t)$是$X(\omega)$的傅里叶逆变换。

应当指出，以上仅是从形式上进行推导。严格说来，非周期信号$x(t)$的傅里叶变换存在的条件是：

① $x(t)$在有限区间上满足狄里赫利条件；

② $x(t)$的积分$\int_{-\infty}^{+\infty}|x(t)|\mathrm{d}t$收敛，即绝对可积。

将周期信号傅里叶级数的复指数表达式与非周期信号傅里叶变换表达式

$$x(t)=\sum_{n=-\infty}^{\infty}c_n\mathrm{e}^{\mathrm{j}n\omega_0 t},$$

$$x(t)=\frac{1}{2\pi}\int_{-\infty}^{+\infty}X(\omega)\mathrm{e}^{\mathrm{j}\omega t}\mathrm{d}\omega$$

进行比较可知，一个非周期信号是由圆频率ω连续变化的无穷多个正弦、余弦分量$\mathrm{e}^{\mathrm{j}\omega t}$连续叠加得到的，其中$\omega$在$-\infty$至$+\infty$之间变化。反映每一分量幅值和相位大小的是$X(\omega)\mathrm{d}\omega$，由于对不同的圆频率$\omega$，$\mathrm{d}\omega$都是相同的，所以只有$X(\omega)$真正反映了不同频率的正弦、余弦分量$\mathrm{e}^{\mathrm{j}\omega t}$的幅值和相位。由于$X(\omega)$一般是复数，故有

$$X(\omega)=\mathrm{Re}X(\omega)+\mathrm{Im}X(\omega)=|X(\omega)|\mathrm{e}^{\mathrm{j}\varphi(\omega)} \tag{1-26}$$

称$|X(\omega)|$为$x(t)$的连续幅值谱，$\varphi(\omega)$为$x(t)$的连续相位谱。其中

$$X(\omega)|=\sqrt{\mathrm{Re}X(\omega)^2+\mathrm{Im}X(\omega)^2}$$

$$\varphi(\omega)=\arctan\frac{\mathrm{Im}X(\omega)}{\mathrm{Re}X(\omega)}$$

与周期信号的频谱函数c_n相比，虽然$|X(\omega)|$与$|c_n|$都表示频谱的幅值，但二者的量纲不同。由式（1-18）和式（1-24）可知，由于$x(t)$与$|c_n|$和$X(\omega)\mathrm{d}\omega$的量纲相同，所以$|X(\omega)|$与$\frac{x(t)}{\mathrm{d}\omega}$的量纲相同。因此，若$|c_n|$称为幅值频谱函数，则$|X(\omega)|=\frac{X(\omega)\mathrm{d}\omega}{\mathrm{d}\omega}\rightarrow\frac{x(t)}{\mathrm{d}\omega}\rightarrow\frac{c_n}{\mathrm{d}\omega}$的量纲是单位频宽上的幅值，有密度的含义，故称$|X(\omega)|$为幅值频谱密度函数，它反映了信号能量沿频率域的分布情况。

若用式$2\pi f=\omega$代入式（1-24），可消除公式中的常数项$\frac{1}{2\pi}$，则可得傅里叶变换对的另一种表达形式，为

$$X(f)=\int_{-\infty}^{+\infty}x(t)\mathrm{e}^{-\mathrm{j}2\pi ft}\mathrm{d}t \tag{1-27}$$

$$x(t)=\int_{-\infty}^{+\infty}X(f)\mathrm{e}^{\mathrm{j}2\pi ft}\mathrm{d}f \tag{1-28}$$

非周期信号频谱的特点是：

① 非周期信号也可分解成许多不同频率的正弦、余弦分量之和，但它包含了从零到无限高的所有频率分量；

② 非周期信号的频谱是连续的；

③ $|X(\omega)|$与$|c_n|$的量纲不同，$|c_n|$具有与原信号$x(t)$幅值相同的量纲，而$|X(\omega)|$的量纲是单位频宽上的幅值（即单位频宽内所含有的能量）；

④ 非周期信号频域描述的基础是傅里叶变换。

1.3.2 傅里叶变换的基本性质

信号的时域描述和频域描述依靠傅里叶变换来确立彼此一一对应的关系。傅里叶变换的基本性质主要反映了信号函数在一个域中的特征、变化和运算在另一个域中会产生什么相应的特征、变化和运算。熟悉这些性质，有助于对复杂工程问题的分析及使计算工作简化。

傅里叶变换的主要性质列于表 1–1，其证明可参阅有关工程数学专著。表中所列内容的基本假设前提是

$$x(t) \Leftrightarrow X(f)$$
$$y(t) \Leftrightarrow Y(f)$$

表 1–1　傅里叶变换的主要性质

性　质	时　域	频　域	性　质	时　域	频　域
函数的奇偶虚实性	实偶函数	实偶函数	频移	$x(t)\mathrm{e}^{\mp \mathrm{j}2\pi f_0 t}$	$X(f \pm f_0)$
	实奇函数	虚奇函数	翻转	$x(-t)$	$X(-f)$
	虚偶函数	虚偶函数	共轭	$x^*(t)$	$X^*(-f)$
	虚奇函数	实奇函数	时域卷积	$x_1(t) * x_2(t)$	$X_1(f)X_2(f)$
线性叠加	$ax(t)+by(t)$	$aX(f)+bY(f)$	频域卷积	$x_1(t)x_2(t)$	$X_1(f) * X_2(f)$
对称	$X(t)$	$x(-f)$	时域微分	$\dfrac{\mathrm{d}^n x(t)}{\mathrm{d}t^n}$	$(\mathrm{j}2\pi f)^n X(f)$
尺度改变	$x(kt)$	$\dfrac{1}{k}X\left(\dfrac{f}{k}\right)$	频域微分	$(-\mathrm{j}2\pi t)^n x(t)$	$\dfrac{\mathrm{d}^n X(f)}{\mathrm{d}f^n}$
时移	$x(t-t_0)$	$X(f)\mathrm{e}^{-\mathrm{j}2\pi f t_0}$	积分	$\int_{-\infty}^{t} x(t)\mathrm{d}t$	$\dfrac{1}{\mathrm{j}2\pi f}X(f)$

1.3.3 几种典型非周期信号的频谱

1. 单边指数衰减函数的频谱

单边指数衰减函数的时域表达式为

$$x(t)=\begin{cases} E\mathrm{e}^{-\alpha t}, t \geqslant 0, \alpha>0 \\ 0, t<0 \end{cases} \tag{1–29}$$

其函数曲线如图 1–15（a）所示，其频域函数为

$$\begin{aligned} X(\omega) &= \int_{-\infty}^{+\infty} x(t)\mathrm{e}^{-\mathrm{j}\omega t}\mathrm{d}t = \int_{0}^{+\infty} E\mathrm{e}^{-\alpha t}\mathrm{e}^{-\mathrm{j}\omega t}\mathrm{d}t \\ &= \frac{E}{\alpha+\mathrm{j}\omega} = \frac{E}{\alpha^2+\omega^2}(\alpha-\mathrm{j}\omega) \end{aligned} \tag{1–30}$$

其幅值频谱和相位频谱分别为

$$|X(\omega)| = \frac{E}{\sqrt{\alpha^2+\omega^2}} \tag{1–31}$$

$$\varphi(\omega) = \arctan\left(-\frac{\omega}{\alpha}\right) \tag{1–32}$$

它们的频谱如图 1–15（b）、（c）所示。

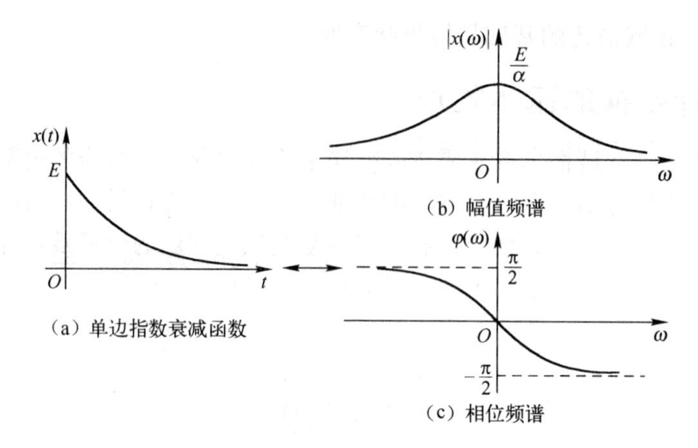

图 1-15 单边指数衰减函数及其频谱

2. 矩形脉冲（矩形窗函数）的频谱

矩形脉冲的时域表达式为

$$w_R(t)=\begin{cases}1, & |t|<\dfrac{\tau}{2}\\[2mm] 0, & |t|>\dfrac{\tau}{2}\end{cases} \tag{1-33}$$

其时域函数曲线如图 1-16（a）所示，其频域函数为

$$\begin{aligned}W_R(f)&=\int_{-\infty}^{+\infty}w_R(t)\mathrm{e}^{-\mathrm{j}2\pi f\tau}\mathrm{d}t=\int_{-\frac{\tau}{2}}^{\frac{\tau}{2}}1\cdot\mathrm{e}^{-\mathrm{j}2\pi f\tau}\mathrm{d}t\\&=\tau\frac{\sin\pi f\tau}{\pi f\tau}=\tau\mathrm{sinc}(\pi f\tau)\end{aligned} \tag{1-34}$$

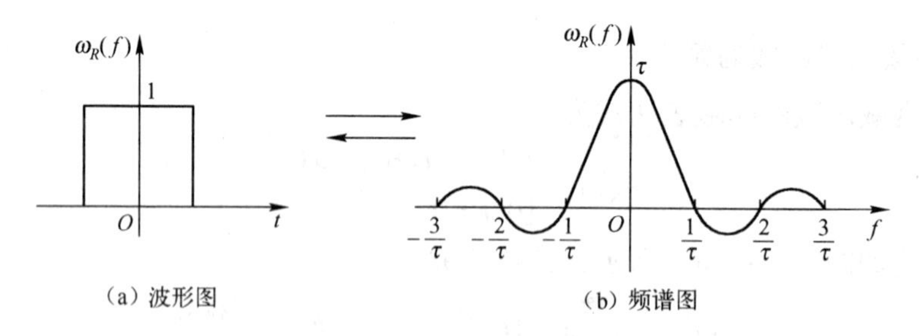

图 1-16 矩形脉冲及其频谱

式中的 $\mathrm{sinc}(x)=\dfrac{\sin x}{x}$（用 x 来表示 $\pi f\tau$）是一种特定的表达函数，其图形如图 1-17 所示。这种形式的函数在测试信号的分析中具有广泛的应用，函数值可在专门的数学用表中查到。由图可以看出，它是以 2π 为周期的衰减振荡，且为偶对称，曲线在 $n\pi$ 处（$n=\pm1$，±2，…）的值为零。对照 $\mathrm{sinc}x$ 的图形，可以作出相应的矩形脉冲的频谱图形，如图 1-16（b）所示。因 $\varphi(f)=0$，故图中未画其相位图。

3. 单位脉冲函数$\delta(t)$及其频谱

单位脉冲函数$\delta(t)$是一个广义函数，它在系统响应、离散傅里叶变换理论及求解某些典型函数的频谱等方面有着十分重要的作用。

1) $\delta(t)$函数的定义

在ε时间内激发一个矩形脉冲$S_\varepsilon(t)$（或其他形式的脉冲），脉冲下面的面积为1。当$\varepsilon\to0$时，$S_\varepsilon(t)$的极限状态就是$\delta(t)$函数，如图1-18所示。

$\delta(t)$函数的特点如下。

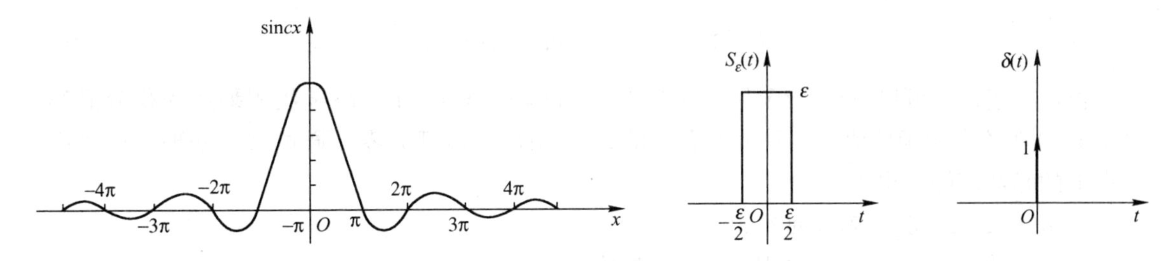

图1-17 函数sinc$x$的图形

图1-18 $\delta(t)$函数的定义

从函数值极限的角度看

$$\delta(t)=\begin{cases}\infty, & t=0\\0, & t\neq0\end{cases}\tag{1-35}$$

从面积角度看

$$\int_{-\infty}^{+\infty}\delta(t)\,\mathrm{d}t=\lim_{\varepsilon\to0}\int_{-\infty}^{+\infty}S_\varepsilon(t)\,\mathrm{d}t=\lim_{\varepsilon\to0}\int_{-\infty}^{+\infty}\frac{1}{\varepsilon}\mathrm{d}t=1\tag{1-36}$$

当有时延t_0时，定义为

$$\delta(t\pm t_0)=\begin{cases}\infty, & t=\pm t_0\\0, & t\neq\pm t_0\end{cases}$$

$$\int_{-\infty}^{+\infty}\delta(t\pm t_0)\,\mathrm{d}t=1\tag{1-37}$$

若把脉冲下面的面积看成脉冲强度，则$\delta(t)$函数即为幅值无限大、强度仅为1的脉冲。从而$K\delta(t)$函数便可看作强度为K的$\delta(t)$函数。

2) $\delta(t)$函数的筛选（抽样）性质

$\delta(t)$函数的筛选性质是指任何一个函数$x(t)$与$\delta(t)$相乘的积分值，等于此函数在$t=0$处的函数值$x(0)$，即

$$\int_{-\infty}^{+\infty}\delta(t)x(t)\,\mathrm{d}t=x(0)\tag{1-38}$$

证

$$\begin{aligned}\int_{-\infty}^{+\infty}\delta(t)x(t)\,\mathrm{d}t&=\int_{-\infty}^{+\infty}[\lim_{\varepsilon\to0}S_\varepsilon(t)]x(t)\,\mathrm{d}t\\&=\lim_{\varepsilon\to0}\int_0^{\varepsilon}\frac{1}{\varepsilon}x(t)\,\mathrm{d}t\\&=\lim_{\varepsilon\to0}\frac{1}{\varepsilon}\int_0^{\varepsilon}x(t)\,\mathrm{d}t\end{aligned}$$

由于 $x(t)$ 是连续函数，根据积分中值定理，有

$$\begin{aligned}\int_{-\infty}^{+\infty}\delta(t)x(t)\mathrm{d}t &= \lim_{\varepsilon\to 0}\frac{1}{\varepsilon}\int_{0}^{\varepsilon}x(t)\mathrm{d}t \\ &=\lim_{\varepsilon\to 0}\frac{1}{\varepsilon}(\varepsilon-0)x(\theta) \\ &=\lim_{\varepsilon\to 0}x(\theta)=x(0),0<\theta<\varepsilon\end{aligned}$$

同理，任一函数 $x(t)$ 与具有时移 t_0 的单位脉冲函数 $\delta(t-t_0)$ 相乘的积分值，是该时移点上此函数的函数值 $x(t_0)$，即

$$\int_{-\infty}^{+\infty}\delta(t-t_0)x(t)\mathrm{d}t = x(t_0) \tag{1-39}$$

根据上述性质可以看出，函数 $x(t)$ 与处于时间轴上某点的 $\delta(t)$ 函数相乘后的积分值都等于 $x(t)$ 在该点的函数值，而其他所有点的 $x(t)$ 函数的值都为零。通过这一处理，可将任一点上的函数值筛选出来。

3）$\delta(t)$ 函数与其他函数的卷积

任一函数 $x(t)$ 与 $\delta(t)$ 的卷积仍是此函数本身，即

$$x(t)*\delta(t)=x(t) \tag{1-40}$$

证

根据卷积定义，$x(t)*\delta(t)=\int_{-\infty}^{+\infty}x(\tau)\delta(t-\tau)\mathrm{d}\tau$，若令 $t-\tau=t'$，则 $\tau=t-t'$，$\mathrm{d}\tau=-\mathrm{d}t'$。代入式（1-39）并换积分限，整理后得

$$\begin{aligned}\int_{-\infty}^{+\infty}x(\tau)\delta(t-\tau)\mathrm{d}\tau &= \int_{-\infty}^{+\infty}x(t-t')\delta(t')\mathrm{d}t' \\ &=x(t-0)=x(t)\end{aligned}$$

同理，任一函数 $x(t)$ 与具有时移 t_0 的单位脉冲材函数 $\delta(t\pm t_0)$ 的卷积，也是时移后的该函数 $x(t\pm t_0)$，即

$$x(t)*\delta(t\pm t_0)=x(t\pm t_0) \tag{1-41}$$

根据这一性质可看出，一个对 x 轴对称的三角脉冲 $x(t)$ 与无时移的单位脉冲函数 $\delta(t)$ 的卷积，是将该函数进行搬移，其搬移量为单位脉冲函数所在的时轴值（如图 1-19 所示）。若此三角脉冲 $x(t)$ 与具有时移的两个单位脉冲函数 $\delta(t+t_0)$ 和 $\delta(t-t_0)$ 作卷积，其结果是 $x(t)$ 被搬移至两个单位脉冲函数所在的时轴点 t_0 和 $-t_0$ 处（如图 1-20 所示）。

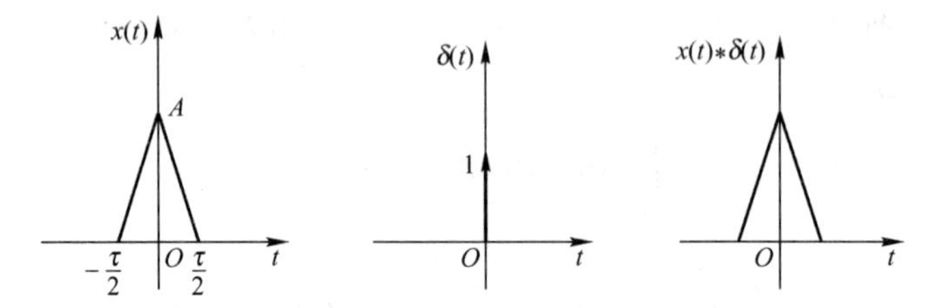

图 1-19　三角脉冲函数与无时移的单位脉冲函数的卷积

4）$\delta(t)$ 函数的频谱

对 $\delta(t)$ 函数进行傅里叶变换，并根据 $\delta(t)$ 函数的筛选性质，可求得其频谱为

$$\Delta(f) = \int_{-\infty}^{+\infty}\delta(t)\mathrm{e}^{-\mathrm{j}2\pi ft}\mathrm{d}t = \mathrm{e}^{-\mathrm{j}2\pi f0} = 1 \tag{1-42}$$

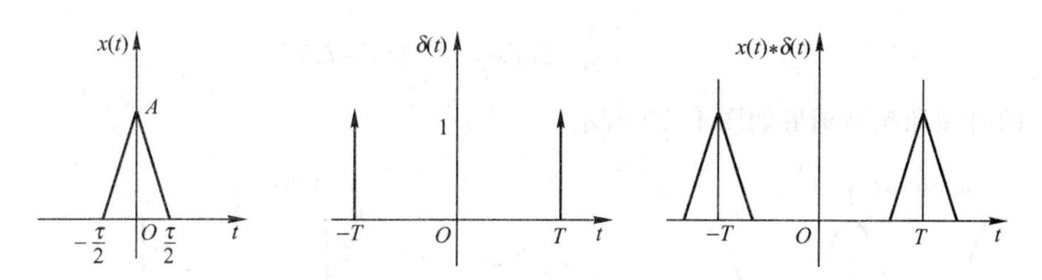

图 1-20 三角脉冲函数与具有时移的单位脉冲函数的卷积

可见，时域的单位脉冲函数 $\delta(t)$ 具有无限广的频谱，且在所有频段上都是等强度的，如图 1-21 所示，这种频谱称为理想的白噪声频谱。

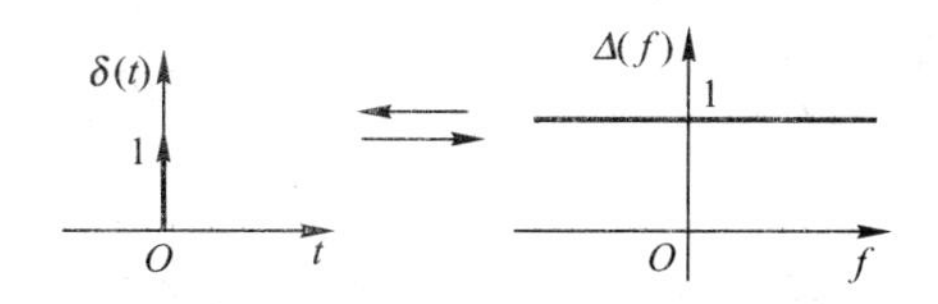

图 1-21 $\delta(t)$ 函数的频谱

根据傅里叶变换的对称性质和时移、频移性质，可得到 $\delta(t)$ 函数的傅里叶变换对，如表 1-2 所示。

表 1-2 $\delta(t)$ 函数的傅里叶变换对

时域	频域
单位瞬时脉冲 $\delta(t)$	1 均匀频谱密度函数
幅值为 1 的直流分量 1	$\delta(f)$ 在 $f=0$ 处有脉冲谱线
$\delta(t)$ 函数时移 t_0　$\delta(t-t_0)$	各频率成分分别相移 $2\pi f t_0$ 角
复指数函数 $e^{j2\pi f_0 t}$	$\delta(f-f_0)$ 将 $\delta(f)$ 频移 f_0

4. 正、余弦函数的频谱

这两种周期函数不符合绝对可积的条件，故不能直接作傅里叶变换，但可通过 $\delta(t)$ 函数的一些特点求出其频域表达式。

根据欧拉公式，可将正、余弦函数改写为

$$\sin 2\pi f_0 t = j\frac{1}{2}(e^{-j2\pi f_0 t} - e^{j2\pi f_0 t}),$$

$$\cos 2\pi f_0 t = \frac{1}{2}(e^{-j2\pi f_0 t} + e^{j2\pi f_0 t})$$

根据表 1-2 中的关系，可求得上述两式等号两侧的傅里叶变换为

$$F(\sin 2\pi f_0 t) = \frac{j}{2}F(e^{-j2\pi f_0 t}) - \frac{j}{2}F(e^{j2\pi f_0 t})$$

$$= j\frac{1}{2}[\delta(f+f_0) - \delta(f-f_0)] \tag{1-43}$$

$$F(\cos 2\pi f_0 t) = \frac{1}{2}F(e^{-j2\pi f_0 t}) + \frac{1}{2}F(e^{j2\pi f_0 t})$$

$$=\frac{1}{2}[\delta(f+f_0)+\delta(f-f_0)]$$

它们的时域和频域图形如图 1-22 所示。

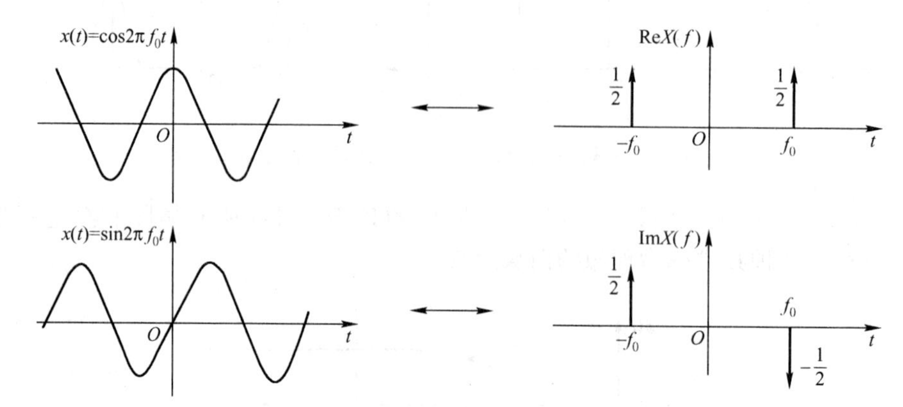

图 1-22　正、余弦函数及其频谱

5. 周期单位脉冲序列的频谱

设周期单位脉冲序列的周期为 T，则有

$$g(t)=\sum_{n=-\infty}^{+\infty}\delta(t-nT),(n=\pm 1,\pm 2,\cdots)$$

因 $g(t)$ 是周期函数，根据式（1-18），有

$$g(t)=\sum_{n=-\infty}^{+\infty}c_n e^{j2\pi n f_0 t},$$

式中，

$$f_0=\frac{1}{T}$$

根据式（1-20）可求得

$$c_n=\frac{1}{T}\int_{-\frac{T}{2}}^{\frac{T}{2}}g(t)e^{-j2\pi n f_0 t}dt=\frac{1}{T}\int_{-\frac{T}{2}}^{\frac{T}{2}}\delta(t)e^{-j2\pi n f_0 t}dt=\frac{1}{T}$$

因此，

$$g(t)=\frac{1}{T}\sum_{n=-\infty}^{+\infty}e^{j2\pi n f_0 t}$$

根据表 1-2 中所列关系，对等号两边进行傅里叶变换，可得

$$F[g(t)]=G(f)=F\left(\frac{1}{T}\sum_{n=-\infty}^{+\infty}e^{j2\pi n f_0 t}\right)$$

$$=\frac{1}{T}\sum_{n=-\infty}^{+\infty}\delta(f-nf_0)$$

或

$$G(f)=\frac{1}{T}\sum_{n=-\infty}^{+\infty}\delta\left(f-\frac{n}{T}\right)$$

由图 1-23 可见，若时域中周期脉冲序列的间隔（周期）为 T，则在频域中周期脉冲序

列的间隔为$\frac{1}{T}$；时域中周期脉冲序列的幅值为 1，则其频域中的幅值为$\frac{1}{T}$；周期脉冲序列的频谱是离散的。

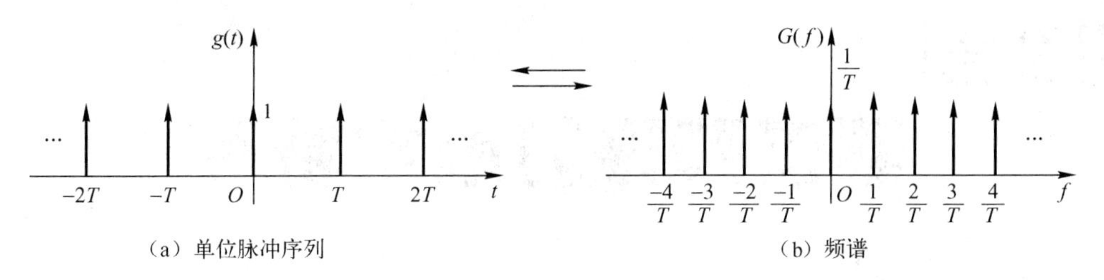

图 1-23 单位脉冲序列及其频谱

复习参考题

1. 信号的分类及特点是什么？
2. 什么是信号的频域描述，有什么重要意义？
3. 求被截断的余弦函数 $\cos\omega_0 t$ 的傅里叶变换。

$$x(t)=\begin{cases}\cos\omega_0 t, & (|t|<T)\\ 0, & (|t|\geqslant T)\end{cases}$$

4. 什么是单位脉冲函数？求它的傅里叶级数及频谱。
5. 正弦信号有什么特点？如何求其频谱？
6. 求指数函数的频谱和双边指数函数的频谱。

第2章 测试装置的基本特性

【本章内容概要】

本章主要介绍测量系统的主要性质、静态与动态特性；测量系统的频率响应特性及其在典型输入下的响应；实现不失真测量的条件、动态特性的测试、抗干扰性与负载效应。

【本章学习重点与难点】

学习重点：测试装置的静态特性及求取；一阶、二阶测试装置的频率响应特性；测试装置的不失真测试条件。

学习难点：测试装置动态特性的数学描述。

测试是具有实验性质的测量，是从客观事物取得有关信息的过程。在这一过程中，借助专门的设备——测试装置，通过合适的实验方法和必要的数学处理方法，取得所研究现象的有关信息。

随着测量目的和要求的不同，测试装置的组成和复杂程度有很大差别。本书中所称的“测试装置”可以指由众多环节组成的复杂测试装置，也可以指测试装置中的各组成环节，例如传感器、放大器、中间变换器、记录仪，甚至某个仪器中一个简单的 RC 滤波电路单元等。为了正确地描述或反映被测的物理量，即输出信号能够反映输入信号的绝大部分信息特征，测试装置的特性就显得尤为重要。

本章主要讨论测试装置及其与输入、输出的关系，以及和周围环境的关系。

2.1 概　　述

在测量工作中，研究对象和测试装置并非总是分得开的。研究对象往往是测试装置的一部分，而测试装置的某个部分也可能是研究对象的一部分。这种情况下它们会相互影响，因此，应把研究对象和测试装置作为一个系统来考察。

2.1.1 对测试装置的基本要求

通常的工程测量问题总是处理输入量 $x(t)$、装置（系统）的传输或转换特性 $h(t)$ 和输出量 $y(t)$ 三者之间的关系（如图 2-1 所示）。

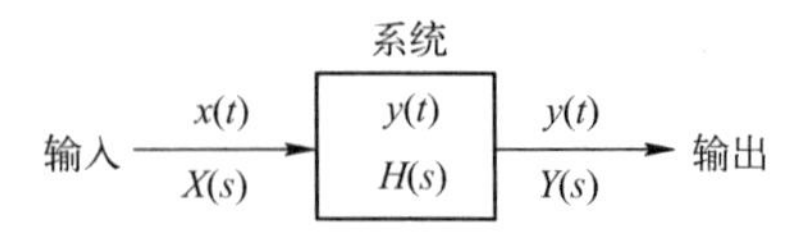

图 2-1　系统、输入和输出

① 如输入、输出是可以观察的量（已知），那么通过它们就可以推断系统的传输或转换特性。

② 如系统特性已知、输出可测，那么，通过该特性和输出就可以推断导致该输出的输入量。

③ 如输入和系统特性已知，则可以推断和估计系统的输出量。

这里所说的系统，广义来说指的是从检测输入量的那个环节（输入环节）到检测输出量的那个环节（输出环节）之间的整个系统，包括研究对象和测试装置。例如在机床激振试验中，如果把所测出的输入到激振器的电流作为“系统”的输入，那么严格来说，激振器的机械系统特性就必须和机床的响应特性结合在一起考虑。如果以测振传感器的电量输出作为“系统”的输出，那么这个“系统”中也就包括了测振传感器这一环节。所以，只有首先确知测试装置的特性，才能从测试结果中正确评价研究对象的特性。

如果研究的对象就是测试装置本身，那么，图 2-1 所反映的就是测试装置的转换特性的问题，也就是它的定度问题。

理想的测试装置应该具有单值的、确定的输入 - 输出关系。其中以输出和输入呈线性关系为最佳。在静态测量中，测试装置的这种线性关系虽然总是所希望的，但不是必需的（因静态测量中用曲线校正或输出补偿技术做非线性校正尚不困难），在动态测量中，则测试装置本身应该力求是线性系统，这不仅因为目前对线性系统才能做比较完善的数学处理与分析，而且也因为在动态测试中做非线性校正目前还相当困难。一些实际测试装置不可能在较大的工作范围内完全保持线性，因此，只能在一定的工作范围内和一定的误差允许范围内作为线性处理。

2.1.2　线性系统及其主要性质

如系统的输入 $x(t)$ 和输出 $y(t)$ 之间的关系可用常系数线性微分方程

$$
\begin{aligned}
& a_n \frac{\mathrm{d}^n y(t)}{\mathrm{d}t^n} + a_{n-1}\frac{\mathrm{d}^{n-1} y(t)}{\mathrm{d}t^{n-1}} + \cdots + a_1 \frac{\mathrm{d}y(t)}{\mathrm{d}t} + a_0 y(t) \\
= & b_m \frac{\mathrm{d}^m x(t)}{\mathrm{d}t^m} + b_{m-1}\frac{\mathrm{d}^{m-1} x(t)}{\mathrm{d}t^{m-1}} + \cdots + b_1 \frac{\mathrm{d}x(t)}{\mathrm{d}t} + b_0 x(t)
\end{aligned}
\tag{2-1}
$$

来描述，则称该系统为时不变线性系统，也称定常线性系统，式中 t 为时间自变量。从数学的角度来看，这种系统的系数 a_n，a_{n-1}，…，a_1，a_0 和 b_m，b_{m-1}，…，b_1，b_0 均为常数，既不随时间而变化，也不是自变量 x、因变量 y 及它们各阶导数的函数。

严格地说，很多物理系统是时变的，因为构成物理系统的材料、元件、部件的特性并非稳定的。例如弹性材料的弹性模量，电子元件中的电阻、电容，半导体器件的特性都受温度的影响。而环境温度也是一个随时间而缓慢变化的量。它们的不稳定会导致微分方程系数的时变性。但在工程上，常可因足够的精确度认为多数常见物理系统中的参数 a_n，a_{n-1}，…，a_1，a_0 和 b_m，b_{m-1}，…，b_1，b_0 是时不变的常数，而把一些实际上的时变线性系统当作时不变线性系统来处理。本书只讨论时不变线性系统。

如以 $x(t) \to y(t)$ 表示上述系统的输入、输出的对应关系，则时不变线性系统具有以下一些主要性质。

① 符合叠加原理。几个输入所产生的总输出是各个输入所产生的输出叠加的结果。如

$$x_1(t) \to y_1(t)$$
$$x_2(t) \to y_2(t)$$

则

$$[x_1(t) \pm x_2(t)] \to [y_1(t) \pm y_2(t)] \tag{2-2}$$

符合叠加原理，意味着作用于线性系统的各个输入所产生的输出是互不影响的：一个输入的存在绝不影响另一输入所引起的输出；而在分析同时加在系统上的众多输入所产生的总效果时，可先分别分析单个输入（假定其他输入不存在）的效果，然后将这些效果叠加起来表示总的效果。

② 比例特性。

如

$$x_1(t) \to y_1(t)$$

则对于任意常数 a，都有

$$a x_1(t) \to a y_1(t) \tag{2-3}$$

③ 系统对输入微分的响应等同于对原输入响应的微分，如

$$x(t) \to y(t)$$

则

$$\frac{\mathrm{d}x(t)}{\mathrm{d}t} \to \frac{\mathrm{d}y(t)}{\mathrm{d}t} \tag{2-4}$$

④ 如系统的初始状态均为零，则系统对输入积分的响应等同于对原输入响应的积分，即如

$$x(t) \to y(t)$$

则

$$\int_0^t x(t)\,\mathrm{d}t \to \int_0^t y(t)\,\mathrm{d}t \tag{2-5}$$

⑤ 频率保持性。若输入为某一频率的正弦或余弦信号（简谐信号）$x(t) = X_0 \mathrm{e}^{\mathrm{j}\omega t}$，则系统的稳态输出有而且也只有该同一频率；即输出信号 $y(t)$ 的唯一可能解只能是

$$y(t) = Y_0 \mathrm{e}^{\mathrm{j}(\omega t + \varphi_0)} \tag{2-6}$$

线性系统的这些主要特性，特别是符合叠加原理和频率保持性，在测量工作中具有重要意义。例如，已知系统是线性的及其输入频率，那么，依据频率保持性，可认定测得该系统的输出信号中，只有与输入频率相同的成分才可能是由该输入引起的，而其他频率成分都是噪声（干扰）。进而可采用相应的滤波技术，在很强的噪声干扰下，把有用的信息提取出来。信号的频域函数，是用信号的各频率成分的叠加来描述的。而且在频域处理问题，往往比较方便和简捷。这样，根据叠加原理和频率保持性，研究复杂输入信号所引起的输出时，就可以转换到频域中去研究，研究输入频域函数所产生的输出的频域函数。

2.1.3 测试装置的特性

为了获得准确的测量结果，对测试装置提出多方面的性能要求，大致包括四个方面：静态特性、动态特性、负载效应和抗干扰特性。

对于那些用于静态测量的装置，一般只需利用静态特性、负载效应和抗干扰特性指标来考察其质量。在动态测量中，则需要用四方面的特性指标来考察测量仪器的质量，因四方面的特性都将影响测量结果。

尽管静态特性和动态特性都影响测量结果，两者彼此也有一定联系，但它们的分析和测试方法有明显的差异。因此，为了简明、方便，在目前阶段仍把它们分开处理。

2.2 测试系统的静态特性

测试装置的特性分为静态特性和动态特性。如果测试装置的输入和输出都是基本不随时间变化的常量（或变化极慢，在所观察的时间间隔内可忽略其变化而视作常量），则式（2–1）中各微分项均为零。式（2–1）将变为

$$y=\frac{b_0}{a_0}x=Sx \tag{2-7}$$

在此基础上所确定的测试装置的响应特性称为静态特性。简单地说，静态特性是指测试装置传输静态量或准静态量的特性。

理想的静态量测试装置，其输出应单调、线性比例于输入 x，即斜率 S（称标度因子）是常数。实际测试装置的静态特性主要包括灵敏度、非线性度和回程误差。

2.2.1 灵敏度

灵敏度是装置静态特性的一个基本参数。当装置的输入 x 有一个增量 Δx，引起输出 y 发生相应的变化 Δy，则称

$$S=\frac{\Delta y}{\Delta x}$$

为该装置的绝对灵敏度，如图 2–2（a）所示。对于特性呈直线关系的装置，由式（2–7），有

$$S=\frac{\Delta y}{\Delta x}=\frac{y}{x}=\frac{b_0}{a_0}=\text{常量} \tag{2-8}$$

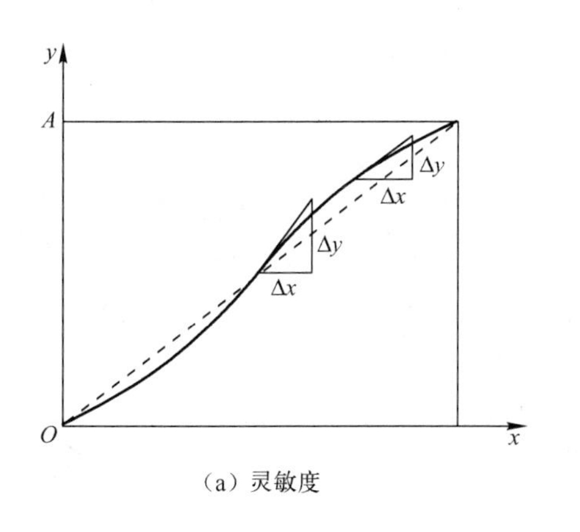

（a）灵敏度

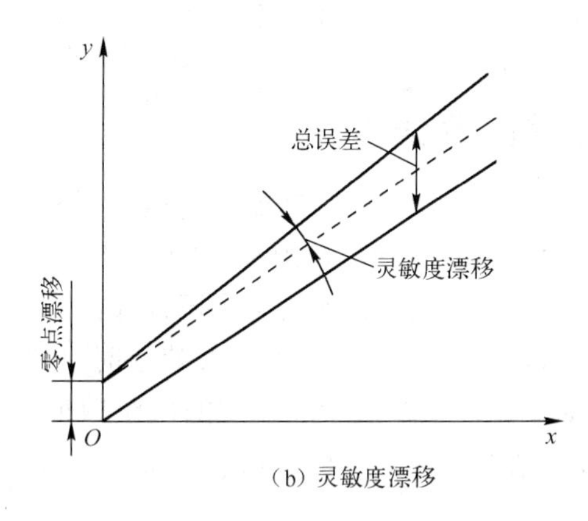

（b）灵敏度漂移

图 2–2　灵敏度及其漂移

而非线性装置的灵敏度就是该装置特性曲线的斜率。例如某位移传感器在位移变化 1 mm 时，输出电压变化有 300 mV，则其灵敏度 $S=300$ mV/mm。又如另一种机械式位移传感器，当输入信号（位移量）有 0.01 mm 的变化时，输出信号是具有同量纲的位移量，为 10 mm，此时 $S=1\,000$，并因其无量纲而常称为“放大倍数”。

以上仅在被测量变化时考虑了灵敏度的变化。实际上，在被测量不变的情况下，由

于外界环境条件等因素的变化，也可能引起装置输出的变化，最后表现为灵敏度的变化。其根源则往往是这些条件因素的变化导致式（2-8）中系数 a_0、b_0发生变化（时变）的缘故，例如温度引起电测仪器中电子元件参数的变化或机械部件尺寸和材料特性的变化，等等。由此引起的装置灵敏度的变化称为“灵敏度漂移”，如图 2-2（b）所示，常以输入不变情况下每小时内输出的变化量来衡量。显然，性能良好的测试装置灵敏度漂移极小。

在选择测试装置的灵敏度时，应当注意合理性。因为一般说来，装置的灵敏度越高，测量范围往往越窄、稳定性也往往越差。

2.2.2　非线性度

非线性度是指装置的输出、输入间是否能像理想装置那样保持常值比例关系（线性关系）的一种量度。在静态测量中，通常用实验的办法求取装置的输入输出关系曲线，并称其为“定度曲线”。定度曲线偏离其拟合直线的程度就是非线性度，具体是采用在装置的标称输出范围（全量程）A 内，定度曲线与拟合直线的最大偏差 B 与 A 的比值（如图 2-3 所示）。即

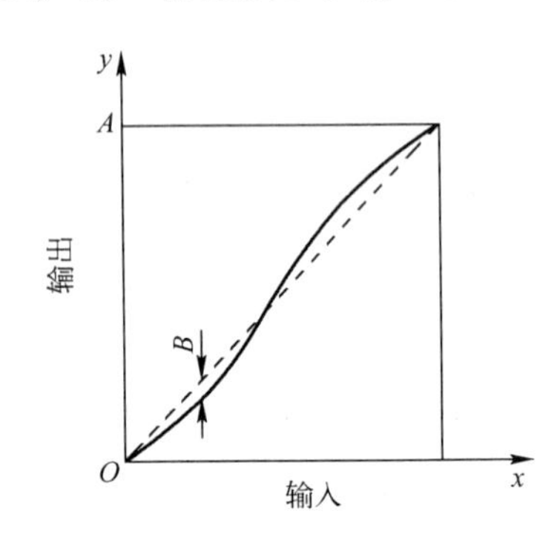

图 2-3　定度曲线与非线性度

$$非线性度 = \frac{B}{A} \times 100\% \qquad (2-9)$$

至于该拟合直线如何确定，目前尚无统一的标准。但较常用的是这样一种拟合方法——用这种方法拟合所得的直线，一般应通过 $x=0$，$y=0$ 点，它与定度曲线间的偏差 B_i 的均方值最小。一般就把通过这种用最小二乘法拟合得到的该直线的斜率作为名义标度因子。

2.2.3　回程误差

回程误差也叫滞后或变差。它也是判断实际测试装置的特性与理想装置特性差别的一项指标。如图 2-4 所示，理想装置的输出、输入有完全单调的一一对应关系。而实际装置有时会出现一个输入量却对应多个不同输出量的情况。在同样的测试条件下，定义在全量程范围内，当输入量由小增大或由大减小时（如图 2-4 所示），对于同一个输入量所得到的两个数值不同的输出量之间差值的最大者（$h_{max} = y_{20} - y_{10}$）为回程误差或滞后量，记作

$$\frac{h_{max}}{A} \times 100\%$$

回程误差可以是由一般滞后现象引起的后果，也可能是反映仪器的不工作区（也叫死区）的存在。前者在磁性材料的磁化和一般材料受力变形的过程中都能发生，而不工作区则是输入变化对输出无影响的范围。

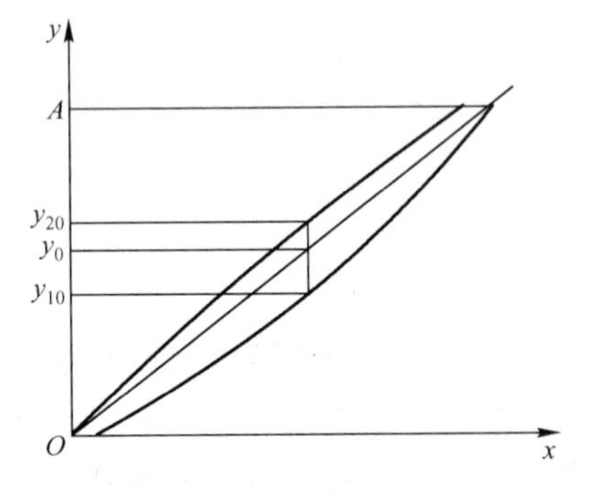

图 2-4　回程误差

2.3　测试系统的动态特性

测试装置的动态特性是指输入量随着时间变化时，其输出量随着输入量而变化的关系。一般认为测试装置在所考虑的测试范围内是线性系统，线性系统的动态特性有许多数学描述方法。

2.3.1　动态特性的数学描述

本节所介绍的传递函数、频率响应函数和脉冲响应函数是在不同的域描述线性系统传输特性的方法。把测试装置视为定常线性系统，可用常系数线性微分方程（2-1）来描述该系统以及它的输出 $y(t)$ 和输入 $x(t)$ 之间的关系，但使用时有许多不便。如通过拉普拉斯变换建立与其相应的传递函数，通过傅里叶变换建立与其相应的频率特性函数，就可更简便、更有效地描述装置的特性和输出 $y(t)$ 与输入 $x(t)$ 之间的关系。

1. 传递函数

设 $X(s)$ 和 $Y(s)$ 分别为输入 $x(t)$、输出 $y(t)$ 的拉普拉斯变换。对式（2-1）取拉普拉斯变换，得

$$Y(s) = H(s)X(s) + G_h(s)$$

$$H(s) = \frac{b_m s^m + b_{m-1} s^{m-1} + \cdots + b_1 s + b_0}{a_n s^n + a_{n-1} s^{n-1} + \cdots + a_1 s + a_0} \tag{2-10}$$

式中

s 为复变量，$s = a + j\omega$；

$G_h(s)$ 与系统初始条件和输入有关；

$H(s)$ 与系统初始条件和输入无关，只反映系统本身的特性，称为系统的传递函数。

若初始条件全为零，则因 $G_h(s) = 0$，有

$$H(s) = \frac{Y(s)}{X(s)} \tag{2-11}$$

显然，简单地将传递函数说成输出、输入两者的拉普拉斯变换之比是不恰当的，因为式（2-11）只有在系统初始条件均为零时才成立。因此，以后若未加说明而引用式（2-11），都是假设系统的初始条件均为零。

传递函数有以下几个特点。

① $H(s)$ 与输入 $x(t)$ 及系统的初始状态无关，它只表达系统的传输特性。对具体系统而言，它的 $H(s)$ 不因输入 $x(t)$ 变化而不同，而是对任一具体输入 $x(t)$ 都确定地给出相应的、不同的输出 $y(t)$。

② $H(s)$ 是对物理系统的微分方程，即式（2-1）取拉普拉斯变换求得的，它只反映性系统传输特性而不拘泥于系统的物理结构。同一形式的传递函数可以表征具有相同传输特性的不同物理系统。例如液柱温度计和 RC 低通滤波器同是一阶系统，具有形式相似的传递函数，而其中一个是热学系统，另一个却是电学系统，两者的物理性质完全不同。

③ 对于实际的物理系统，输入 $x(t)$ 和输出 $y(t)$ 都具有各自的量纲。用传递函数描述系

统传输、转换特性可以真实地反映量纲的变换关系。这种关系正是通过系数 a_n，a_{n-1}，…，a_1，a_0和 b_m，b_{m-1}，…，b_1，b_0来反映的。这些系数的量纲将因具体物理系统和输入、输出的量纲而异。

④ $H(s)$中的分母取决于系统的结构。分母中 s 的最高幂次 n 代表系统微分方程的阶数。分子则与系统同外界之间的关系，如输入（激励）点的位置、输入方式、被测量及测点布置情况有关。

一般测试装置总是稳定系统，其分母中 s 的幂次总是高于分子中 s 的幂次，即 $n>m$。

2. 频率响应函数

频率响应函数是在频域中描述系统特性的，而传递函数是在复数域中描述系统特性的，比在时域中用微分方程描述系统特性具有许多优点。但很多工程系统的微分方程及其传递函数却极难建立，而且传递函数的物理概念也很难理解。与传递函数相比，频率响应函数有物理概念明确、容易通过实验建立，以及利用它和传递函数的关系，由它极易求出传递函数等优点。因此，频率响应函数就成为实验研究系统的重要工具。

1）幅频特性、相频特性和频率响应函数

根据定常线性系统的频率保持性，系统在简谐信号 $x(t)=X_0\sin\omega t$ 的激励下，所产生的稳态输出也是简谐信号 $y(t)=Y_0\sin(\omega t+\varphi)$。这一结论可从微分方程解的理论得出。此时输入和输出虽为同频率的简谐信号，但两者的幅值不一样。其幅值比 $A=Y_0/X_0$和相位差 φ 都随频率 ω 而变，是 ω 的函数。

定常线性系统在简谐信号的激励下，其稳态输出信号和输入信号的幅值比被定义为该系统的幅频特性，记为$A(\omega)$；稳态输出对输入的相位差被定义为该系统的相频特性，记为$\varphi(\omega)$。两者统称为系统的频率特性。因此，系统的频率特性是指系统在简谐信号的激励下，其稳态输出对输入的幅值比、相位差随激励频率 ω 变化的特性。

注意到任何一个复数 $z=a+\mathrm{j}b$ 也可以表达为 $z=|z|\mathrm{e}^{\mathrm{j}\theta}$。其中 $|z|=\sqrt{a^2+b^2}$，相角 $\theta=\arctan(b/a)$。现用$A(\omega)$为模、$\varphi(\omega)$为幅角构成一个复数

$$H(\omega)=A(\omega)\mathrm{e}^{\mathrm{j}\varphi(\omega)}$$

式中，$H(\omega)$表示系统的频率特性，称为系统的频率响应函数。它是激励频率 ω 的函数。

2）频率响应函数的求法

在系统的传递函数 $H(s)$已知的情况下，可令 $H(s)$中 $s=\mathrm{j}\omega$，便可求得频率响应函数 $H(\omega)$。例如，设系统的传递函数为式（2-10），令 $s=\mathrm{j}\omega$ 代入，便得该系统的频率响应函数为

$$H(\omega)=\frac{b_m(\mathrm{j}\omega)^m+b_{m-1}(\mathrm{j}\omega)^{m-1}+\cdots+b_1(\mathrm{j}\omega)+b_0}{a_n(\mathrm{j}\omega)^n+a_{n-1}(\mathrm{j}\omega)^{n-1}+\cdots+a_1(\mathrm{j}\omega)+a_0} \tag{2-12}$$

有时将频率响应函数记为 $H(\mathrm{j}\omega)$，以此来强调它与 $H(s)|s=\mathrm{j}\omega$ 的联系。另一方面，若研究在 $t=0$ 时刻将激励信号接入稳定常系数线性系统，令 $s=\mathrm{j}\omega$，代入拉普拉斯变换中，实际上就是将拉普拉斯变换变成傅里叶变换。同时考虑到系统在初始条件均为零时，有 $H(s)=Y(s)/X(s)$的关系，因而系统的频率响应函数 $H(\omega)$就成为输出 $y(t)$的傅里叶变换 $Y(\omega)$和输入 $x(t)$的傅里叶变换 $X(\omega)$之比，即

$$H(\omega)=\frac{Y(\omega)}{X(\omega)} \tag{2-13}$$

这一结论有着广泛用途。

用频率响应函数来描述系统的最大优点是它可以通过实验来求得。实验求得频率响应函数的原理比较简单明了，依次用不同频率 ω_i 的简谐信号去激励被测系统，同时测出激励和系统稳态输出的幅值 X_{0i}、Y_{0i} 和相位 φ_i。这样对于某个 ω_i，便有一组 $\frac{Y_{0i}}{X_{0i}}=A_i$ 和 φ_i，全部的 $A_i-\varphi_i$ 和 $\varphi_i-\omega_i$，$i=1$，2，…便可表达系统的频率响应函数。也可在初始条件全为零的情况下，同时测得输入 $x(t)$ 和输出 $y(t)$，由其傅里叶变换 $X(\omega)$ 和 $Y(\omega)$ 求得频率响应函数 $H(\omega)=Y(\omega)/X(\omega)$。

需要特别指出，频率响应函数是描述系统的简谐输入和相应的稳态输出的关系。因此，在测试系统的频率响应函数时，应当在系统响应达到稳态阶段时才进行测量。

尽管频率响应函数是对简谐激励而言的，但任何信号都可分解成简谐信号的叠加。因而在任何复杂信号输入下，系统频率特性也是适用的。这时，幅频、相频特性分别表征系统对输入信号中各个频率分量幅值的缩放能力和相位角前后移动的能力。

3）幅、相频率特性及其图像描述

将 $A(\omega)-\omega$ 和 $\varphi(\omega)-\omega$ 分别做图，即得幅频特性曲线和相频特性曲线。

实际做图时，常对自变量 ω 或 $f=\omega/2\pi$ 取对数标尺，幅值比 $A(\omega)$ 的坐标取分贝（dB）数标尺，相角取实数标尺。由此所做的曲线分别称为对数幅频特性曲线和对数相频特性曲线，总称为伯德图（Bode 图）。

自然也可作出 $H(\omega)$ 的虚部 $Q(\omega)$、实部 $P(\omega)$ 和频率 ω 的关系曲线，即所谓的虚、实频特性曲线；以及用 $A(\omega)$ 和 $\varphi(\omega)$ 来做极坐标图，即奈奎斯特（Nyquist）图，图中矢量向径的长度和与横坐标轴的夹角分别为 $A(\omega)$ 和 $\varphi(\omega)$。

3. 脉冲响应函数

对于式（2-11）来说，若装置的输入为单位脉冲 $\delta(t)$，因单位脉冲 $\delta(t)$ 的拉普拉斯变换为1，所以装置的输出 $y(t)_\delta$ 的拉普拉斯变换必将是 $H(s)$，即 $y(t)_\delta=L^{-1}\cdot[H(s)]$，并可以记为 $h(t)$，常称它为装置的脉冲响应函数或权函数。脉冲响应函数可视为系统特性的时域描述。

至此，系统特性在时域、频域和复数域可分别用脉冲响应函数 $h(t)$、频率响应函数 $H(\omega)$ 和传递函数 $H(s)$ 来描述，三者存在着一一对应的关系。$h(t)$ 和传递函数 $H(s)$ 是一对拉普拉斯变换对，$h(t)$ 和频率响应函数 $H(\omega)$ 又是一对傅里叶变换对。

4，环节的串联和并联

若两个传递函数分别为 $H_1(s)$ 和 $H_2(s)$ 的环节串联时（如图 2-5 所示），它们之间没有能量交换，则串联后所组成的系统之传递函数 $H(s)$ 在初始条件为零时为

$$H(s)=\frac{Y(s)}{X(s)}=\frac{Z(s)Y(s)}{X(s)Z(s)}=H_1(s)H_2(s) \tag{2-14}$$

类似地，对 n 个环节串联组成的系统，有

$$H(s)=\prod_{i=1}^{n}H_i(s) \tag{2-15}$$

若两个环节并联，如图 2-6 所示，则因

$$Y(s) = Y_1(s) + Y_2(s)$$

而有

$$H(s) = \frac{Y(s)}{X(s)} = \frac{Y_1(s) + Y_2(s)}{X(s)} = H_1(s) + H_2(s) \tag{2-16}$$

由 n 个环节并联组成的系统，也有类似的公式

$$H(s) = \sum_{i=1}^{n} H_i(s) \tag{2-17}$$

从传递函数和频率响应函数的关系，可得到 n 个环节串联系统频率响应函数为

$$H(\omega) = \prod_{i=1}^{n} H_i(\omega) \tag{2-18}$$

其幅频、相频特性分别为

$$\begin{cases} A(\omega) = \prod_{i=1}^{n} A_i(\omega) \\ \varphi(s) = \prod_{i=1}^{n} \varphi_i(s) \end{cases} \tag{2-19}$$

而 n 环节并联系统的频率响应函数为

$$H(\omega) = \sum_{i=1}^{n} H_i(\omega) \tag{2-20}$$

理论分析表明，任何分母中 s 高于三次（$n>3$）的高阶系统都可以看作若干个一阶环节和二阶环节的并联（也自然可以转化为若干个一阶环节和二阶环节的串联）。因此，分析并了解一阶、二阶环节的传输特性是分析并了解高阶、复杂系统传输特性的基础。

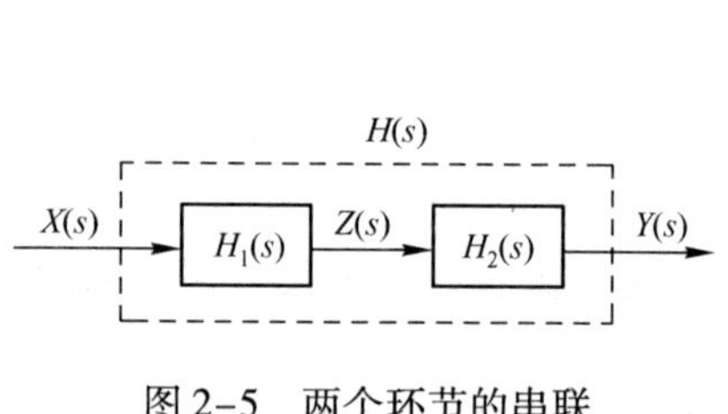

图 2-5　两个环节的串联

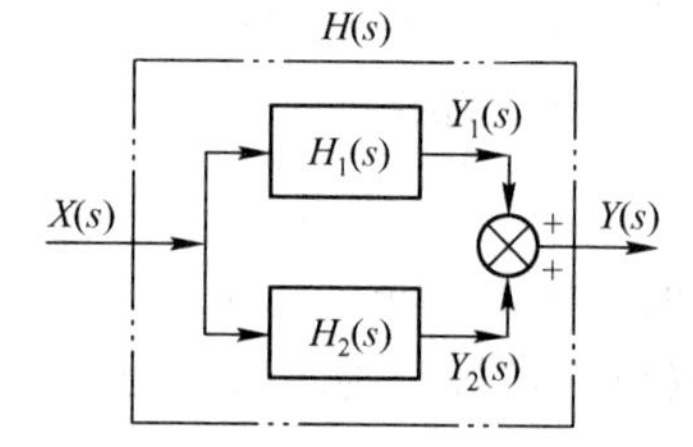

图 2-6　两个环节的并联

2.3.2　一阶、二阶系统的特性

1. 一阶系统

一阶系统的输入、输出关系用一阶微分方程来描述。

图 2-7 所示的三种装置分属于力学、电学和热学范畴，但它们均属于一阶系统，均可用一阶微分方程来描述。以最常见的 RC 电路为例，令 $y(t)$ 为输出电压，$x(t)$ 为输入电压，则有

$$\mathrm{RC}\frac{\mathrm{d}y(t)}{\mathrm{d}t} + y(t) = x(t)$$

通常令 $\mathrm{RC} = \tau$，并称之为时间常数，其量纲为 T。

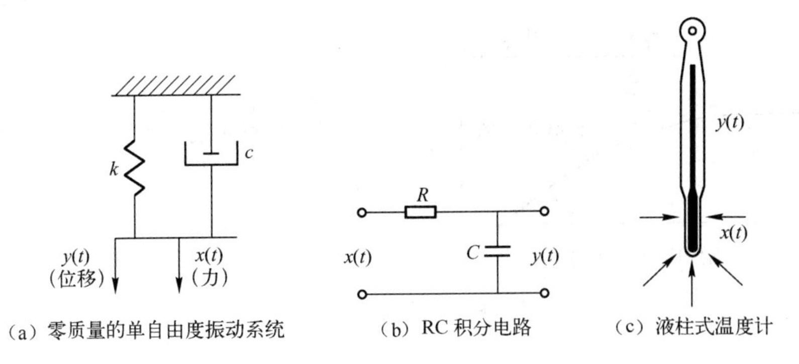

(a) 零质量的单自由度振动系统　(b) RC 积分电路　(c) 液柱式温度计

图 2–7 一阶系统

实际上，最一般形式的一阶微分方程为

$$a_1 \frac{\mathrm{d}y(t)}{\mathrm{d}t} + a_0 y(t) = b_0 x(t)$$

可改写为

$$\tau \frac{\mathrm{d}y(t)}{\mathrm{d}t} + y(t) = Sx(t)$$

式中 τ——时间常数，$\tau = \frac{a_1}{a_0}$；

S——系统灵敏度，$S = \frac{b_0}{a_0}$。

对于具体系统而言，S 是一个常数。为了分析方便，可令 $S=1$。并以这种归一化系统作为研究对象，即

$$\tau \frac{\mathrm{d}y(t)}{\mathrm{d}t} + y(t) = x(t)$$

根据式（2–1）和式（2–10），可得一阶系统的传递函数为

$$H(s) = \frac{1}{\tau \cdot s + 1} \tag{2-21}$$

其幅频、相频特性表达式分别为

$$A(\omega) = \frac{1}{\sqrt{1 + (\tau\omega)^2}} \tag{2-22}$$

$$\varphi(\omega) = -\arctan(\tau\omega) \tag{2-23}$$

其中负号表示输出信号滞后于输入信号。

一阶系统的伯德图和奈奎斯特图分别如图 2–8、图 2–9 所示。以无量纲系数 $\tau\omega$ 为横坐标所绘制的幅频、相频特性曲线如图 2–10 所示。一阶装置的脉冲响应函数为

$$h(t) = \frac{1}{\tau} \mathrm{e}^{-t/\tau} \tag{2-24}$$

其图形如图 2–11 所示。

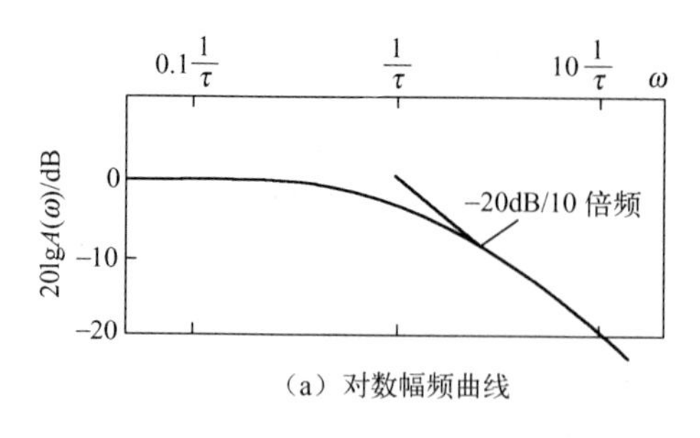

（a）对数幅频曲线

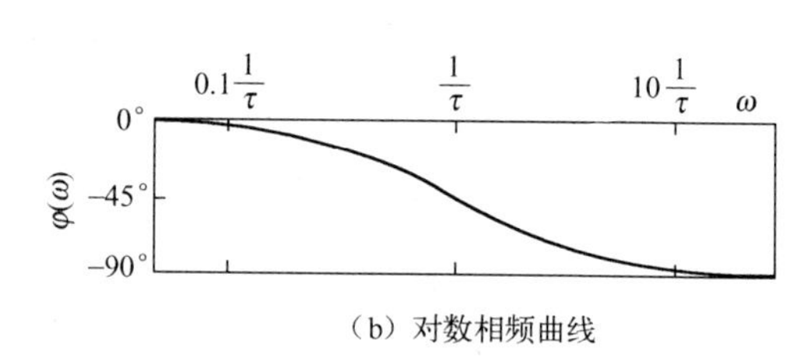

（b）对数相频曲线

图 2-8　一阶系统的伯德图

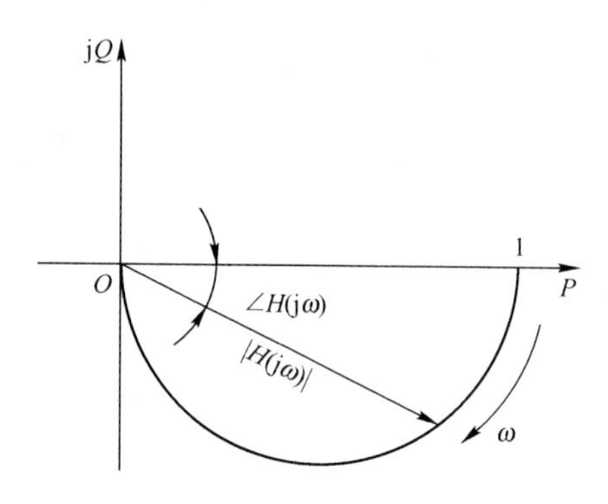

图 2-9　一阶系统的奈奎斯特图

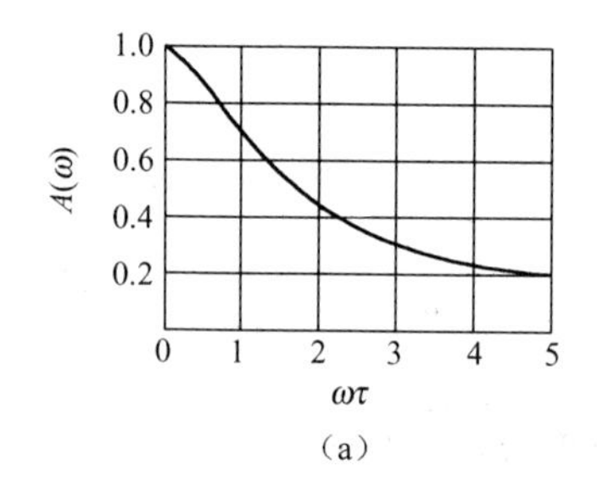

（a）

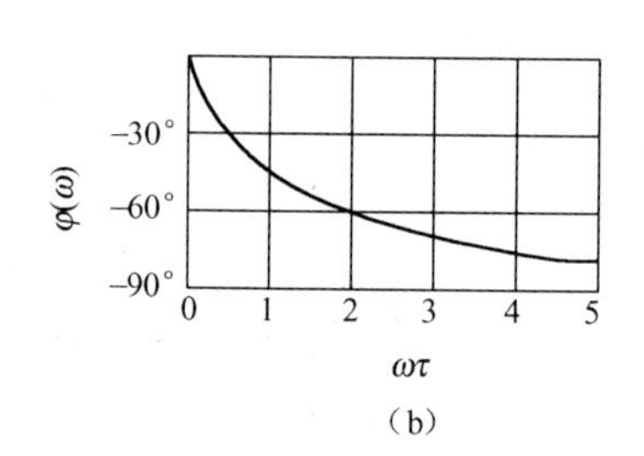

（b）

图 2-10　一阶系统的幅频和相频特性曲线

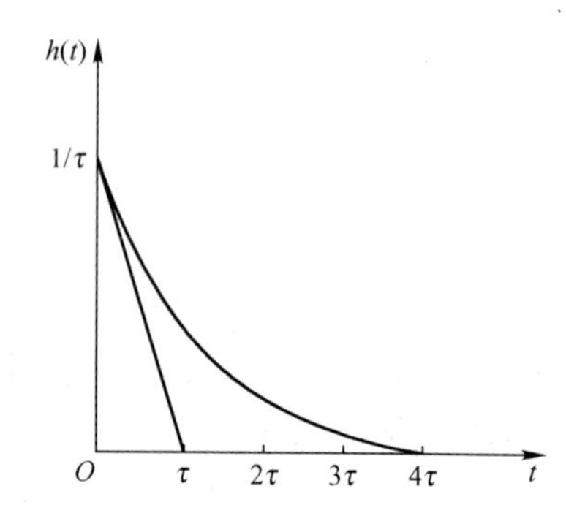

图 2-11　一阶系统的脉冲响应函数

在一阶系统特性中，有几点应特别注意：

① 当激励频率 $\omega\tau \ll 1$ 时$\left(约\ \omega < \frac{1}{5}\tau\right)$，$A(\omega) \to 1$（误差不超过 2%），输出、输入幅值几乎相等。当 0 > (2 ～ 3)/τ 时，即 $\omega\tau \gg 1$ 时，$H(\omega) \approx \frac{1}{\mathrm{j}\omega\tau}$，与之相应的微分方程式为

$$y(t) = \frac{1}{\tau}\int_0^t x(t)\,\mathrm{d}t$$

即输出和输入的积分成正比，系统相当于一个积分器。其中 $A(\omega)$ 几乎与激励频率成反比，相位滞后近 90°。故一阶测试装置适用于测量缓变或低频的被测量。

② 时间常数 τ 是反映一阶系统特性的重要参数，它实际上决定了该装置适用的频率范围。在 $\omega=1/\tau$ 处，$A(\omega)$ 为 0.707（ -3 dB），相角滞后 45°。

③ 一阶系统的伯德图可以用一条折线来近似描述。这条折线在 $\omega<1/\tau$ 段为 $A(\omega)=1$ 的水平线，在 $\omega>1/\tau$ 段为 -20 dB/10 倍频（或 -6 dB/倍频）斜率的直线。$1/\tau$ 点称转折频率，在该点折线偏离实际曲线的误差最大（为 -3 dB）。

其中，所谓的“ -20 dB/10 倍频”是指频率每增加 10 倍，$A(\omega)$ 下降 20 dB。如在图 2-8 中，在 $\omega=1/\tau\sim10/\tau$ 之间，斜线通过纵坐标相差 20 dB 的两点。

2. 二阶系统

图 2-12 所示为二阶系统的三种实例。二阶系统可用二阶微分方程式描述，通常为

$$J\frac{\mathrm{d}^2y(t)}{\mathrm{d}t^2}+C\frac{\mathrm{d}y(t)}{\mathrm{d}t}+Gy(t)=k_ix(t)$$

或

$$\frac{\mathrm{d}^2y(t)}{\mathrm{d}t^2}+2\zeta\omega_\mathrm{n}\frac{\mathrm{d}y(t)}{\mathrm{d}t}+\omega_\mathrm{n}^2y(t)=s\omega_\mathrm{n}^2x(t) \tag{2-25}$$

式中，$\omega_\mathrm{n}=\sqrt{\dfrac{G}{J}}$，$\zeta=\dfrac{C}{\sqrt{GJ}}$，$s=\dfrac{k_i}{G}$。对于具体系统而言，$s$ 是一个常数。令 $s=1$，便可得到归一化的二阶微分方程式，它可作为研究二阶系统特性的标准式。ω_n 为系统的固有频率，ζ 为系统的阻尼比；s 为系统的静态灵敏度。

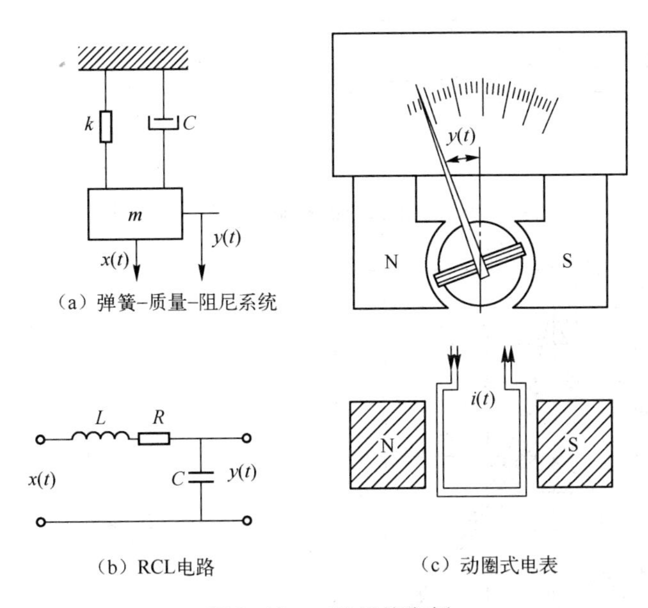

图 2-12　二阶系统实例

根据式（2-1）和式（2-10），并令 $s=1$，可求得二阶系统传递函数为

$$H(s)=\frac{\omega_\mathrm{n}^2}{s^2+2\zeta\omega_\mathrm{n}s+\omega_\mathrm{n}^2} \tag{2-26}$$

相应的幅频特性和相频特性分别为

$$A(\omega)=\frac{1}{\sqrt{\left[1+\left(\frac{\omega}{\omega_n}\right)^2\right]^2+4\zeta^2\left(\frac{\omega}{\omega_n}\right)^2}} \tag{2-27}$$

$$\varphi(\omega)=-\arctan\frac{2\zeta\left(\frac{\omega}{\omega_n}\right)}{1-\left(\frac{\omega}{\omega_n}\right)^2} \tag{2-28}$$

相应的幅频、相频特性曲线如图 2-13 所示。相应的伯德图和奈奎斯特图如图 2-14、图 2-15 所示。

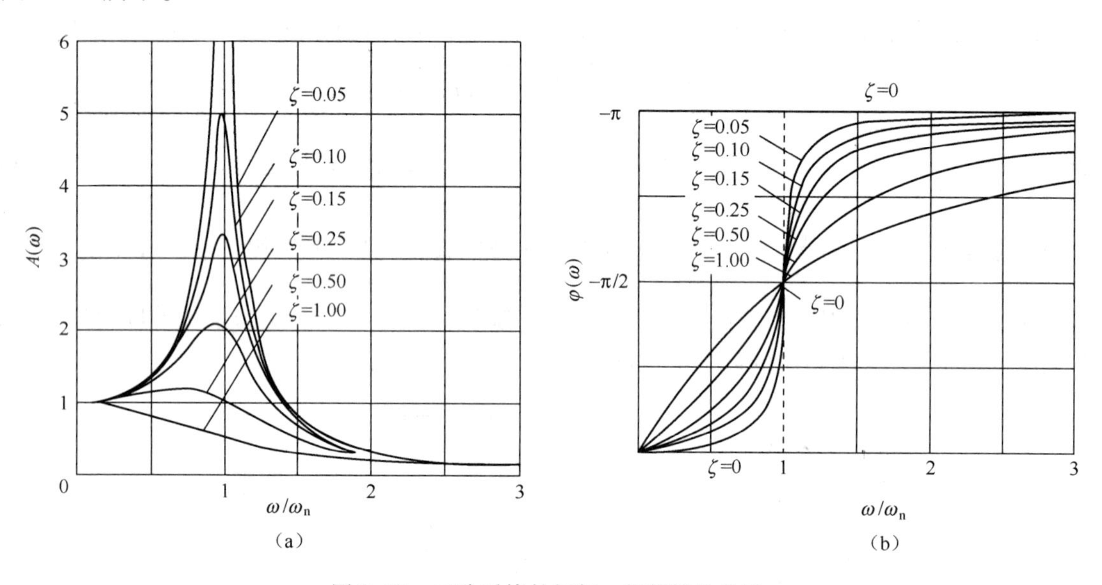

图 2-13　二阶系统的幅频、相频特性曲线

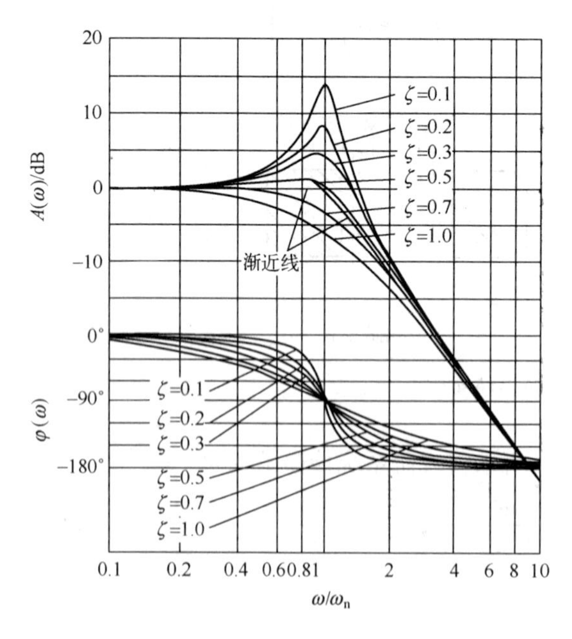

图 2-14　二阶系统的伯德图

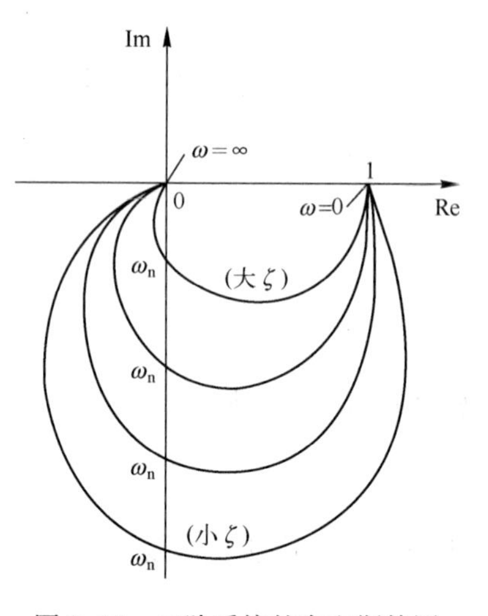

图 2-15　二阶系统的奈奎斯特图

二阶系统的脉冲响应函数为

$$h(t)=\frac{\omega_n}{\sqrt{1-\zeta^2}}e^{-\zeta\omega_n t}\sin(\sqrt{1-\zeta^2}\omega_n t),\ 0<\zeta<1 \tag{2-29}$$

其图形如图 2-16 所示。

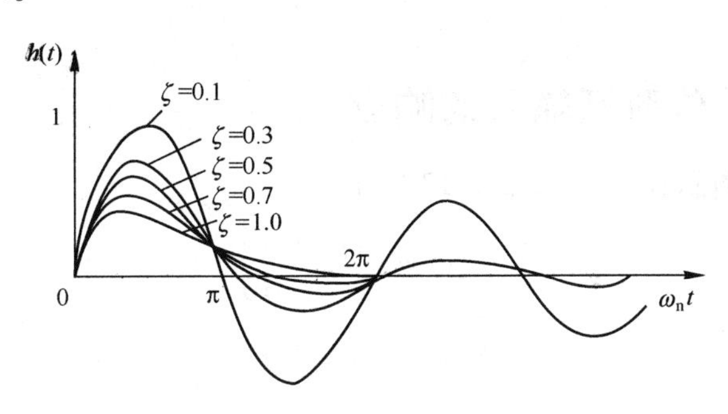

图 2-16　二阶系统的脉冲响应函数

二阶系统大致有如下的特点。

① 当 $\omega \ll \omega_n$时，$H(\omega)\approx 1$；当 $\omega \gg \omega_n$时，$H(\omega)\to 0$。

② 影响二阶系统动态特性的参数是固有频率和阻尼比。然而在通常使用的频率范围中，又以固有频率的影响最为重要。所以二阶系统固有频率 ω_n的选择应以其工作频率范围为依据。在 $\omega=\omega_n$附近，系统幅频特性受阻尼比影响极大。当 $\omega\approx\omega_n$时，系统将发生共振，因此，作为实用装置应避开这种情况。然而，在测定系统本身的参数时，这种情况却很重要。这时，$A(\omega)=\frac{1}{2}\zeta$，$\varphi(\omega)=-90°$，且不因阻尼比不同而改变。

③ 二阶系统的伯德图可用折线来近似。在 $\omega<0.5\omega_n$段，$A(\omega)$可用 0 dB 水平线近似。在 $\omega>2\omega_n$段，可用斜率为 -40 dB/10 倍频或 -12 dB/倍频的直线来近似。在 $\omega\approx(0.5\sim2)\omega_n$区间，因共振现象，近似折线偏离实际曲线很大。

④ 在 $\omega\ll\omega_n$段，$\varphi(\omega)$很小，且和频率近似成正比增加。在 $\omega\gg\omega_n$段，$\varphi(\omega)\to 180°$，即输出信号几乎和输入反相。在 ω 靠近 ω_n 区间，$\varphi(\omega)$随频率的变化而剧烈变化，且 ζ 越小变化越剧烈。

⑤ 二阶系统是一个振荡环节。从测量工作的角度来看，总是希望测试装置在宽广的频带内由于频率特性不理想所引起的误差尽可能小。为此，要选择恰当的固有频率和阻尼比的组合，以便获得较小的误差。

2.4 测试系统的响应特性

2.4.1 系统对任意输入的响应

工程控制学指出，输出 $y(t)$等于输入 $x(t)$和系统的脉冲响应函数 $h(t)$的卷积。即

$$y(t)=x(t)*h(t) \tag{2-30}$$

它是系统输入—输出关系的最基本表达式，其形式简单，含义明确。但卷积的计算却是一件

麻烦事。利用 $h(t)$ 同 $H(s)$、$H(\omega)$ 的关系，以及拉普拉斯变换、傅里叶变换的卷积定理，可将卷积运算变换成复数域、频率域的乘法运算，从而大大简化了计算工作。

定常线性系统在平稳随机信号的作用下，根据式（2-30）可以证明，系统的输出也是平稳随机过程。至于输出随机信号和输入随机信号统计量之间的关系，将在后续章节加以介绍。

2.4.2　系统对单位阶跃输入的响应

二阶系统在单位阶跃输入（如图 2-17 所示）

$$x(t)=\begin{cases}0, & t<0\\ 1, & t\geqslant 0\end{cases}$$

$$X(s)=\frac{1}{s}$$

的作用下，其响应分别如下（如图 2-18、图 2-19 所示）。

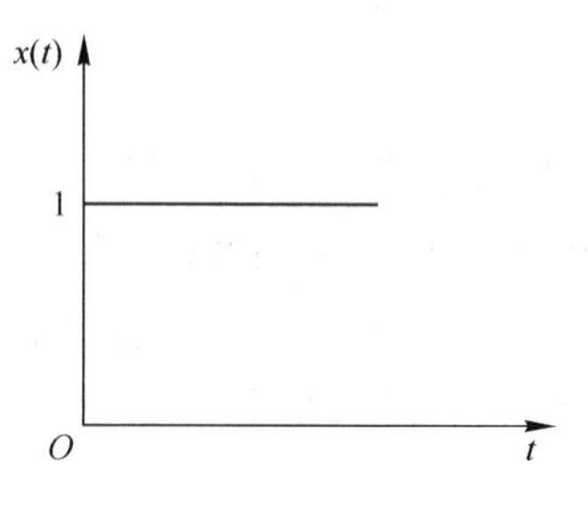

图 2-17　单位阶跃输入

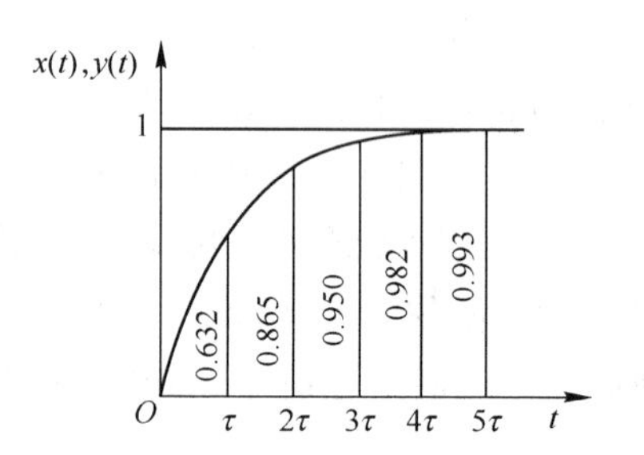

图 2-18　一阶系统的单位阶跃响应

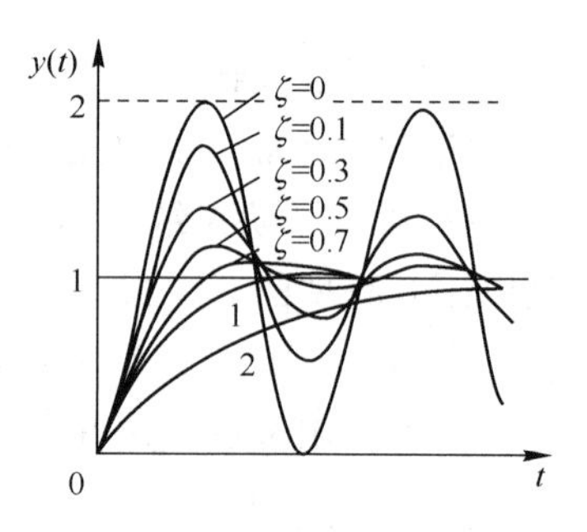

图 2-19　二阶系统的单位阶跃响应（$\zeta<1$）

一阶系统

$$y(t)=1-\mathrm{e}^{-t/\tau} \tag{2-31}$$

二阶系统

$$y(t)=1-\frac{\mathrm{e}^{-\zeta\omega_{\mathrm{d}}t}}{\sqrt{1-\zeta^2}}\sin(\omega_{\mathrm{d}}t-\varphi_2),\zeta<1 \tag{2-32}$$

式中，$\omega_{\mathrm{d}}=\omega_{\mathrm{n}}\sqrt{1-\zeta^2}$，$\varphi_2=\arctan\dfrac{\sqrt{1-\zeta^2}}{\zeta}$。

由于单位阶跃函数可看作单位脉冲函数的积分，故单位阶跃输入作用下的输出就是系统脉冲响应的积分。对系统的突然加载或者突然卸载可视为施加阶跃输入。施加这种输入既简单易行，又能充分揭示测试装置的动态特性，故常被采用。

从理论上看，一阶系统在单位阶跃激励下的稳态输出误差为零，系统的初始上升斜率为 $1/\tau$。在 $t=\tau$ 时，$y(t)=0.632$；$t=4\tau$ 时，$y(t)=0.982$；$t=5\tau$ 时，$y(t)=0.993$。

理论上系统的响应当 $t\to\infty$ 时达到稳态。毫无疑义，一阶装置的时间常数 τ 越小越好。

二阶系统在单位阶跃激励下的稳态输出误差也为零，但系统的响应在很大程度上取决于阻尼比 ζ 和固有频率 ω_{n}。系统固有频率由系统的主要结构参数决定，ω_{n} 越高，系统的响应越快。阻尼比 ζ 直接影响超调量和振荡次数。$\zeta=0$ 时超调量最大，为 100%，且持续不息地振荡，达不到稳态。$\zeta \geqslant 1$，则系统转化到等同于两个一阶环节的串联。此时虽不发生振荡(即不发生超调)，但也需经较长时间才能达到稳态。如果阻尼比ζ选在0.6～0.8之间，则系统以较短时间，约（5～7)/ω_n进入和稳态值相差±(2%～5%）的范围内。这也是很多测试装置的阻尼比取在此区间的理由之一。

2.5 测试系统不失真测量的条件

设有一个测试装置，其输出$y(t)$和输入$x(t)$满足关系

$$y(t)=A_0x(t-t_0) \tag{2-33}$$

式中，A_0和t_0都为常数。式（2-33）表明这个装置输出的波形和输入的波形一致，只是幅值放大了A_0倍，以及在时间上延迟了t_0（如图2-20所示)。这种情况下，即认为测试装置具有不失真测量的特性。

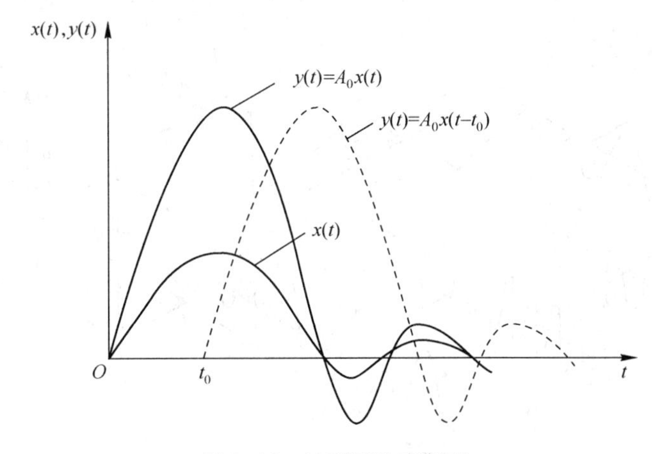

图2-20　波形不失真复现

现根据式（2-33）考察测试装置实现测量不失真的频率特性。对该式做傅里叶变换，则

$$Y(\omega)=A_0e^{-j\omega t_0}X(\omega)$$

若考虑当$t<0$时，$x(t)=0$，$y(t)=0$，有

$$H(\omega)=A(\omega)e^{j\varphi(\omega)}=\frac{Y(\omega)}{X(\omega)}=A_0e^{-j\omega t_0}$$

可见，若要求装置的输出波形不失真，其幅频和相频特性应分别满足

$$A(\omega)=A_0=\text{常数} \tag{2-34}$$

$$\varphi(\omega)=-t_0\omega \tag{2-35}$$

$A(\omega)$不等于常数时所引起的失真称为幅值失真，$\varphi(\omega)$与ω之间的非线性关系所引起的失真称为相位失真。

应当指出，满足式（2-34）和式（2-35）的条件后，装置的输出仍滞后于输入一定的时间。如果测量的目的只是精确地测出输入波形，那么上述条件完全满足不失真测量的要求。如果测量的结果要用来作为反馈控制信号，那么还应当注意到输出对输入的时间滞后有可能破坏系统的稳定性。这时应根据具体的要求，力求减小时间滞后。

实际测试装置不可能在非常宽广的频率范围内都满足式（2-34）和式（2-35）的要求，所以通常测试装置既会产生幅值失真，又会产生相位失真。如图 2-21 所示为四个不同频率的信号通过一个具有图中所示的 $A(\omega)$ 和 $\varphi(\omega)$ 特性的装置后的输出信号。四个输入信号都是正弦信号（包括直流信号），在某参考时刻 $t=0$ 时，初始相角均为零。图 2-21 形象地显示出各输出信号相对输入信号有不同的幅值增益和相角滞后。对于单一频率成分的信号，因通常线性系统具有频率保持性，只要其幅值未进入非线性区，输出信号的频率也是单一的，也就无所谓失真问题。对于含有多种频率成分的输入信号，输出信号显然既有幅值失真，又有相位失真，特别是频率成分跨越 ω_n 前后的信号，失真尤为严重。

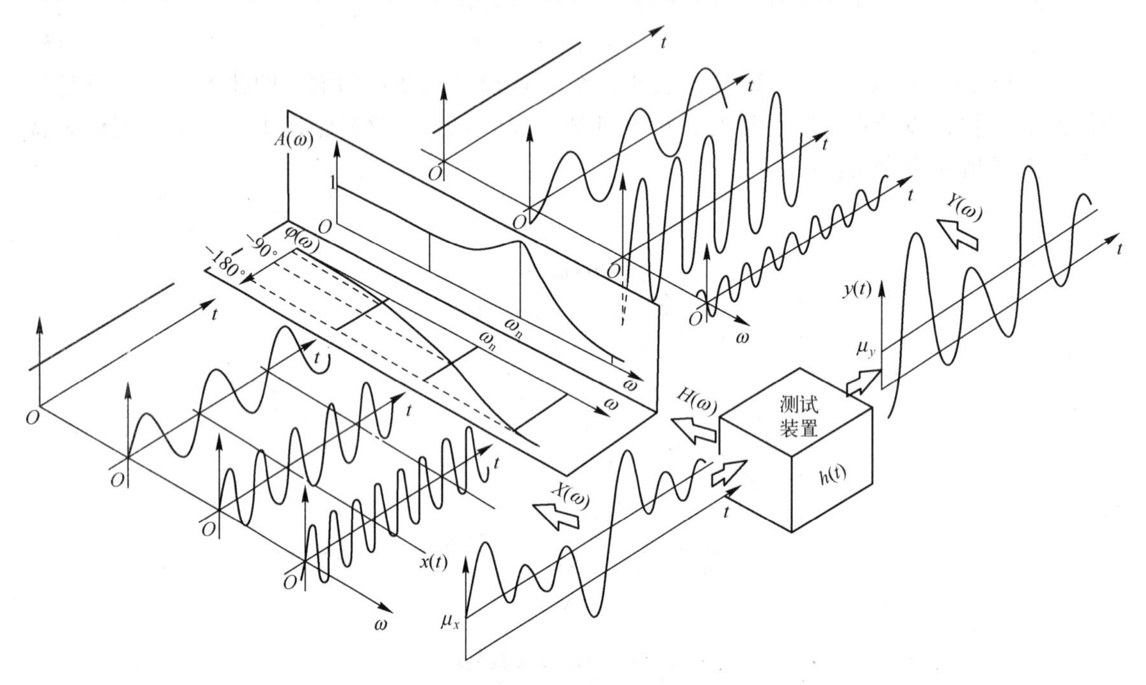

图 2-21　信号中不同频率成分通过测试装置后的输出特性

实际的测试装置即使在某一频率范围内工作，也难以完全理想地实现不失真测量，只能努力把波形失真限制在一定的误差范围内。为此，首先要选用合适的测试装置，在测量频率范围内，其幅频、相频特性接近不失真测试条件。其次，对输入信号做必要的前置处理，及时滤去非信号频带内的噪声，尤其要防止某些频率位于测试装置共振区的噪声的进入。

在装置特性的选择时也应分析并权衡幅值失真、相位失真对测量的影响。如在振动测量中，有时只要求了解振动中的频率成分及其强度，并不关心确切的波形变化，只要求了解其幅值谱而对相位谱无要求。这时首先应注意的是测试装置的幅频特性。又如某些测量要求测得特定波形的延迟时间，这时对测试装置的相频特性就应有严格的要求，以减小相位失真引起的测试误差。

从实现测量不失真条件和其他工作性能综合来看，对一阶装置而言，如果时间常数 τ 越小，则装置的响应越快，近似满足测试不失真条件的频带也越宽。所以一阶装置的时间常数 τ 原则上越小越好。

对于二阶装置，其特性曲线上有两个频段值得注意：在 $\omega<0.3\omega_n$ 范围内，$\varphi(\omega)$ 的数值

较小，且 $\varphi(\omega)$—ω 特性曲线接近直线。$A(\omega)$在该频率范围内的变化不超过 100%，若用于测量，则波形输出失真很小。在 $\omega>(2.5\sim3)\omega_n$范围内，$\varphi(\omega)$接近 180°，且随 ω 变化很小。此时，如在实际测量电路中或数据处理中减去固定相位差或把测量信号反相 180°，则其相频特性基本上满足不失真测量条件。但此时幅频特性 $A(\omega)$太小，输出幅值太小。

若二阶装置输入信号的频率 ω 在（$0.3\omega_n$，$2.5\omega_n$）区间，装置的频率特性受 ζ 的影响很大，需做具体分析。

一般来说，在 $\zeta=0.6\sim0.8$ 时，可获得较为合适的综合特性。计算表明，对于二阶系统，当 $\zeta=0.70$ 时，在 $0\sim0.58\omega_n$的频率范围内，幅频特性 $A(\omega)$的变化不超过 5%，同时相频特性 $\varphi(\omega)$也接近于直线，因而所产生的相位失真也很小。

测试系统中，任何一个环节产生的波形失真，必然会引起整个系统最终输出波形的失真。虽然各环节失真对最后波形的失真影响程度不一样，但原则上在信号频带内都应使每个环节基本上满足不失真测量的要求。

2.6　测试系统动态特性的测量

要使测试装置精确可靠，不仅应定度精确，还应定期标定。定度和标定就实验内容来说，就是对测试装置本身特性参数的测量。

对装置的静态参数进行测量时，一般以经过标定的“标准”静态量作为输入，求出其输入—输出曲线。根据这条曲线确定其回程误差，整理和确定其标定曲线、线性误差和灵敏度，所采用的输入量误差应不大于所要求测量结果误差的 1/5 ～ 1/3。

下面主要叙述对装置本身动态特性的测量方法。

2.6.1　频率响应法

通过稳态正弦激励实验可以求得装置的动态特性。对装置施以正弦激励，即输入 $x(t)=X_0\sin2\pi ft$，在输出达到稳态后测量输出和输入的幅值比和相位差。这样可得该激励频率 f 下装置的传输特性。测试时，对测试装置施加峰 - 峰值为其量程 20% 的正弦输入信号，其频率自接近零频的足够低的频率开始，以增量方式逐点增加到较高频率，直到输出量减小到初始输出幅值的一半为止，即可得到幅频和相频特性曲线 $A(f)$ 和 $\varphi(f)$。

一般来说，在动态测试装置的性能技术文件中应附有该装置的幅频和相频特性曲线。对于一阶装置，主要的动态特性参数是时间常数 τ。可以通过幅频或相频特性式（2–22）和式（2–23）直接确定 τ 值。

对于二阶装置，可以从相频特性曲线直接估计其动态特性参数——固有频率 ω_n和阻尼比 ζ。在 $\omega=\omega_n$处，输出对输入的相角滞后为 90°，该点斜率直接反映了阻尼比的大小。但一般来说相角测量比较困难，所以，通常通过幅频曲线估计其动态特性参数。对于欠阻尼系统（$\zeta<1$），幅频特性曲线的峰值在稍偏离 ω_n的 ω_τ处（如图 2–13 所示），且

$$\omega_\tau=\omega_n\sqrt{1-2\zeta^2} \tag{2–36}$$

或

$$\omega_n=\frac{\omega_\tau}{\sqrt{1-2\zeta^2}}$$

当ζ甚小时，峰值频率$\omega_\tau \approx \omega_n$。

由式（2–27）可得，当$\omega = \omega_n$时，$A(\omega_n) = \frac{1}{2}\zeta$。当$\zeta$甚小时，$A(\omega_n)$非常接近峰值。令$\omega_1 = (1-\zeta)\omega_n$，$\omega_2 = (1+\zeta)\omega_n$分别代入式（2–27），可得

$$A(\omega_1) \approx \frac{1}{2\sqrt{2}\zeta} \approx A(\omega_2)$$

这样，在幅频特性曲线上峰值的$\frac{1}{\sqrt{2}}$处，做一条水平线和幅频曲线交于a，b两点（如图2–22所示），它们对应的频率是ω_1、ω_2，阻尼比的估计值可取为

$$\zeta = \frac{\omega_2 - \omega_1}{2\omega_n} \tag{2-37}$$

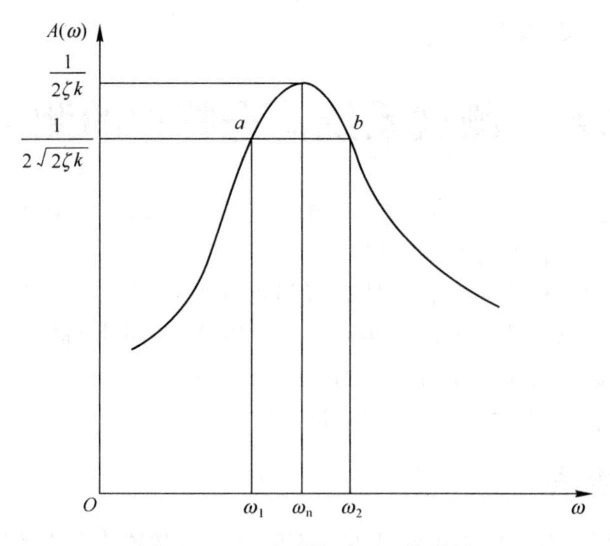

图2–22　二阶系统阻尼比的估计

有时，也可由$A(\omega_\tau)$和实验中最低频的幅频特性值$A(0)$，利用

$$\frac{A(\omega_\tau)}{A(0)} = \frac{1}{2\zeta\sqrt{1-\zeta^2}} \tag{2-38}$$

求得ζ。

2.6.2　阶跃响应法

用阶跃响应法求测试装置的动态特性是一种时域测试的易行方法。实践中无法获得理想的单位脉冲输入，从而无法获得装置的精确的脉冲响应函数，但是，实践中却能获得足够精确的单位脉冲函数的积分——单位阶跃函数及阶跃响应函数。

在测试时，应根据系统可能存在的最大超调量来选择阶跃输入的幅值，超调量大时，应适当选用较小的输入幅值。

1. 由一阶装置的阶跃响应求其动态特性参数

简单说来，若测得一阶装置的阶跃响应，可取该输出值达到最终稳态值的63%所经过的时间作为时间常数τ。但这样求得的τ值仅仅取决于某些个别的瞬时值，未涉及响应的全

过程，测量结果的可靠性差。如改用下面的方法确定时间常数，则可获得较可靠的结果。式（2-31）是一阶装置的阶跃响应表达式，可改写为

$$1-y_u(t)=e^{-t/\tau}$$

两边取对数，有

$$-\frac{t}{\tau}=\ln[1-y_u(t)] \tag{2-39}$$

式（2-39）表明，$\ln[1-y_u(t)]$和 t 呈线性关系。因此，可根据测得的 $y_u(t)$值做出 $\ln[1-y_u(t)]$和 t 的关系曲线，并根据其斜率值确定时间常数 τ。显然，这种方法运用了全部测量数据，即考虑了瞬态响应的全过程。

2. 由二阶装置的阶跃响应求其动态特性参数

式（2-32）为典型欠阻尼二阶装置的阶跃响应函数表达式。它表明其瞬态响应是以圆频率 $\omega_n\sqrt{1-\zeta^2}$（称之为有阻尼固有频率 ω_d）作衰减振荡的。按照求极值的通用方法，可求得各振荡峰值所对应的时间，$t_p=0$，π/ω_d，$2\pi/\omega_d$，…。将 $t=\pi/\omega_d$代入式（2-32），求得最大超调量 M（如图 2-23 所示）和阻尼比 ζ 的关系式为

$$M=e^{-\left(\frac{\zeta\pi}{\sqrt{1-\zeta^2}}\right)} \tag{2-40}$$

$$\zeta=\sqrt{\frac{1}{\left(\frac{\pi}{\ln M}\right)^2+1}} \tag{2-41}$$

因此，在测得 M 之后，便可按式（2-41）求阻尼比 ζ，或根据式（2-41）做出的 M—ζ 图（如图 2-24 所示），求取阻尼比 ζ。

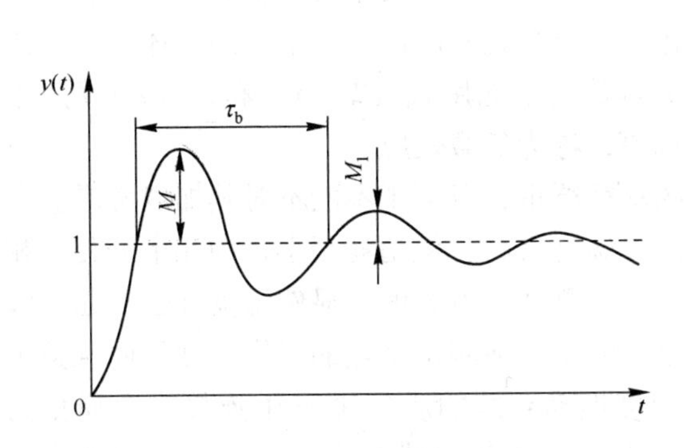

图 2-23　欠阻尼二阶装置的阶跃响应图

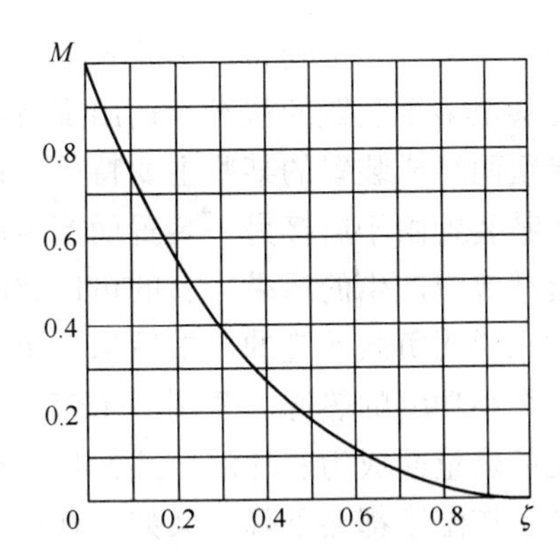

图 2-24　欠阻尼二阶装置的 M—ζ 图

如果测得的响应为较长瞬变过程，则可利用任意两个超调量 M_i和 M_{i+n}来求取其阻尼比，其中 n 是该两峰值相隔的整周期数。设 M_i和 M_{i+n}所对应的时间分别为 t_i和 t_{i+n}，显然有

$$t_{i+n}=t_i+\frac{2n\tau}{\omega_n\sqrt{1-\omega^2}}$$

将其代入二阶装置的阶跃响应 $y_u(t)$的表达式（2-32），经整理后可得

$$\zeta=\sqrt{\frac{\delta_n^2}{\delta_n^2+4\pi^2n^2}} \tag{2-42}$$

其中：
$$\delta_n=\ln\frac{M_i}{M_{i+n}} \tag{2-43}$$

根据式（2-42）和式（2-43），即可按实测得到的 M_i 和 M_{i+n}，经 δ_n 而求得 ζ。考虑到 $\zeta<0.3$ 时，以 1 代替 $\sqrt{1-\zeta^2}$ 进行近似计算不会产生过大的误差，则式（2-42）可简化为

$$\zeta\approx\frac{\ln\dfrac{M_i}{M_{i+n}}}{2\pi n} \tag{2-44}$$

2.7 测试系统的负载效应

在实际测量工作中，测试系统和被测对象之间、测试系统内部各环节之间相互连接，必然因此产生相互作用。接入的测试装置构成被测对象的负载，后接环节总是成为前面环节的负载，并对前面环节的工作状况产生影响。两者总是存在能量交换和相互影响，以致系统的传递函数不再是各组成环节传递函数的累加（如并联时）或连乘（如串联时）。

2.7.1 负载效应

前面曾在假设相连接环节之间没有能量交换，因而在环节互联前后各环节仍保持原有传递函数的基础上，导出了环节串、并联后所形成的系统的传递函数表达式——式（2-15）和式（2-17）。然而这种只有信息传递而没有能量交换的连接，在实际系统中很少遇到。只有用不接触的辐射源信息探测器，如可见光和红外探测器或其他射线探测器，才可算是这类连接。

当一个装置连接到另一个装置上，并发生能量交换时，就会发生两种现象——前装置的连接处甚至整个装置的状态和输出都将发生变化；两个装置共同形成一个新的整体，该整体虽然保留两组成装置的某些主要特征，但其传递函数已不能用式（2-15）和式（2-17）来表达。某装置由于后接另一装置而产生的种种现象，称为负载效应。

负载效应产生的后果，有的可以忽略，有的却很严重，以至于不能不对其加以考虑。下面举例来说明负载效应的严重后果。集成电路芯片温度虽高，但功耗很小，约几十毫瓦，相当于一个小功率的热源。若用一个带探针的温度计去测其结点温度，显然温度计会从芯片吸收可观的热量而成为芯片的散热元件，这样不仅不能正确地测出结点的工作温度，而且整个电路的工作温度都会下降。又如，在一个单自由度振动系统的质量块 m 上连接一个质量为 m_f 的传感器，致使参与振动的质量成为 $m+m_f$，从而导致系统固有频率的下降。

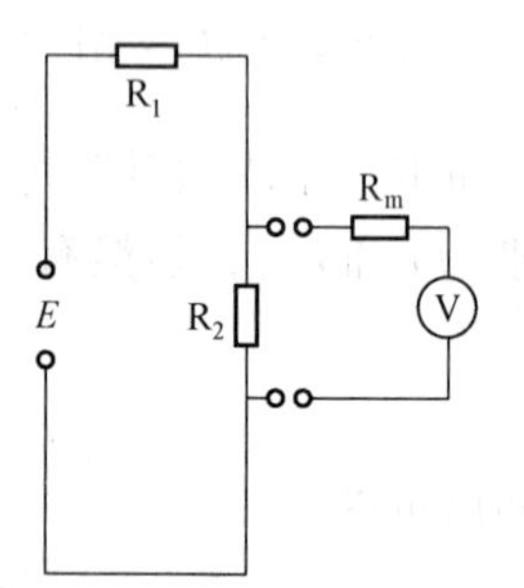

图2-25 直流电路中的负载效应

现以简单的直流电路（如图2-25所示）为例来考察负载统效应的影响。不难算出电阻器 R_2 电压降 $U_0=\frac{R_2}{R_2+R_1}E$。为了测得该量，可在 R_2 两端并联一个内阻为 R_m 的电压表。这时，由于 R_m 的接入，R_2 和 R_m 两端的电压降变为

$$U=\frac{R_L}{R_1+R_L}E=\frac{R_mR_2}{R_1(R_m+R_2)+R_mR_2}E$$

式中，由$\frac{1}{R_L}=\frac{1}{R_2}+\frac{1}{R_m}$，有$R_L=\frac{R_2R_m}{R_m+R_2}$。

显然，由于接入测量电表，被测系统（原电路）状态及被测量（R_2的电压降）都发生了变化。原来电压降为U_0，接入电表后变为U，$U \neq U_0$，两者的差值随R_m的增大而减小。为了定量说明这种负载效应的影响程度，令$R_1 = 100\,\mathrm{k\Omega}$，$R_2 = R_m = 150\,\mathrm{k\Omega}$，$E = 150\,\mathrm{V}$，代入上式可得$U_0 = 90\,\mathrm{V}$，而$U = 64.3\,\mathrm{V}$，误差达到28.6%。若$R_m$改为1 MΩ，其余不变，则$U = 84.9\,\mathrm{V}$，误差为5.7%。此例充分说明了负载效应对测量结果的影响有时是很大的。

2.7.2　减轻负载效应的措施

减轻负载效应所造成的影响，需要根据具体环节和装置来具体分析后再采取措施。对于电压输出的环节，减轻负载效应的办法如下。

① 提高后续环节（负载）的输入阻抗。

② 在原来两个相连接的环节之中，插入高输入阻抗、低输出阻抗的放大器，以便一方面减小从前环节吸取能量，另一方面在承受后一环节（负载）后又能减小电压输出的变化，从而减轻总的负载效应。

③ 使用反馈或零点测量原理，使后面环节几乎不从前环节吸取能量。如用电位差计测量电压等。

如果将电阻抗的概念推广为广义阻抗，那么就可以比较简便地研究各种物理环节之间的负载效应。

总之，在测试工作中应建立系统的整体概念，充分考虑各种装置、环节连接时可能产生的影响。测试装置的接入成为被测对象的负载，将会引起测量误差；两环节连接时，后环节将成为前环节的负载，产生相应的负载效应。在选择成品传感器时，必须仔细考虑传感器对被测对象的负载效应。在组成测试系统时，要考虑各组成环节之间连接时的负载效应，尽可能减小负载效应的影响。对于成套仪器系统来说，各组成部分间的相互影响，仪器生产厂家应该有充分的考虑，使用者只需考虑传感器对被测对象产生的负载效应。

2.8　测试系统的抗干扰问题

2.8.1　噪声与干扰

测试装置电路中出现的无规律的、与被测量无关的信号称为噪声干扰。广义来说，叠加在有用信号上的无用信号都称为干扰。各种测试线路和装置在不同的环境下工作，不可避免要受到各种外界因素和内在因素的干扰，从而产生测量误差，严重时，会导致测试系统不能正常工作。

衡量噪声干扰对有用信号的影响程度，常用信号噪声比（简称信噪比）S/N来表示，其中：S——有用信号电压的有效值；

N——噪声信号电压的有效值。

为减弱噪声对测试结果的影响，一般情况下，应尽可能地提高信噪比。

2.8.2 抗干扰技术简述

为使测试工作正常进行，采用抗干扰技术来抑制噪声是非常必要的。最常用的抗干扰方法有屏蔽、接地、滤波等。

1. 屏蔽

屏蔽的对象既包含屏蔽干扰源，也包含屏蔽接收体。作为测试装置的整体，其本身一般不容易成为干扰源，而是作为接收体受到外界的干扰。但在装置内部的各部件、各电路之间却可以互成干扰源。屏蔽设施可以选用铜、铝等低电阻材料或磁性材料制成屏蔽体，将干扰源或接收体分别包容起来，以防止电或磁的互相感应。根据场的性质不同，屏蔽一般可分为电场屏蔽、磁场屏蔽和电磁屏蔽。

电场屏蔽是用来消除两个回路之间由于分布电容的耦合而产生的干扰的屏蔽方式。电场屏蔽的作用是使电力线终止于屏蔽体的金属表面上。

屏蔽体的意义在于它对所包含的空间提供了一个等电位体。在屏蔽体内，导体电位的相对变化对屏蔽体外的导体没有影响；同时，屏蔽体外导体电位的变化对屏蔽体内导体的相对电位也没有影响，因而起到屏蔽作用。因此，提出下述屏蔽定则——一个有效的屏蔽体，应该与被包容的任意电路的零参考电位相连接。例如，在实际布线时，在两导线之间敷设一条接地线，则两导线之间的电容耦合将明显减弱；或将两导体在间隔保持不变的情况下靠近大地，其电容耦合也会减弱。

磁场屏蔽是把磁场限制在屏蔽体内。屏蔽体用强磁材料制成，由于磁阻极小，因而干扰源所产生的磁通大部分被限制在强磁屏蔽体内。屏蔽体的磁阻越小，厚度越大，则效果越好。若采用相互间具有一定间隔的两个以上的同心屏蔽体，效果更佳。但是，屏蔽体的半径越大，效果反而越差。

磁屏蔽体一般不要求接地。然而由于磁性材料通常也是良导体，在工程上往往为了经济方便，仍然使磁屏蔽体接地，使它同时起到屏蔽电场和磁场的作用。

电磁屏蔽主要用于防止高频电磁场的影响，它有两个作用。一是由于电磁屏蔽体是采用低电阻金属材料制成的，由于屏蔽体的阻抗与周围介质（如空气等）的阻抗不同，会使屏蔽体表面对电磁场产生反射，达到抗干扰的目的。二是由于电磁场在屏蔽体内部产生涡流，再利用涡流磁场抵消高频电磁场的干扰而起到屏蔽作用。

2. 接地

接地的目的是安全设置一个信号电压的基准电位及抑制干扰。在测试系统中，正确且良好的接地可以减弱甚至消除某些干扰。然而，不合理或者不良的接地反而会使系统受到干扰。

为适应装置工作频率的不同，接地方式有一点接地和多点接地。多点接地一般适用于10 MHz以上的频率，而频率低于1 MHz时，应采用一点接地。一般测试工作频率都很低，影响它的频率往往在1 MHz以下，因此采用一点接地较为普遍。

3. 滤波

由测试装置的交流电源进线作为介质传播电网中的高频干扰，一般来说，有从数百赫兹到数兆赫兹以上的宽频带，它对于测试系统是一个主要的干扰因素。因此，采用低通滤波器抑制电网侵入的外部高频干扰是一种广泛应用的抗干扰技术。

复习参考题

1. 测试系统的静态特性和动态特性的主要描述指标有哪些？这些指标的定义及其含义各是什么？

2. 测试系统不失真传输信号的时域和频域条件分别是什么？

3. 试说明二阶系统常使阻尼比介于 0.7 ～ 0.8 的原因。

4. 某加速度传感器可作为一个二阶振荡系统来考虑。已知传感器的固有频率为 10 kHz，阻尼比为 0.12，当用此传感器测试 5 kHz 的正弦加速度时，幅值失真和相位滞后各是多少？若阻尼比为 0.7，幅值失真和相位滞后又各为多少？

第3章

常用传感器

【本章内容概要】

本章主要介绍传感器的基本概念，各类传感器的工作原理、测量电路及典型应用。

【本章学习重点与难点】

学习重点：常用传感器的变换原理、类型、主要特点及应用。

学习难点：常用传感器的主要特点及应用。

人类要从外界获取信息，必须借助于感觉器官，而在研究自然界和生产领域中的规律时，单靠自身的感觉器官已远远不够。为了适应这种情况，就需要传感器。传感器是人类感官的延伸，借助传感器可以去探索那些人类无法用感官直接测量的事物。传感器是人类认识事物的有力工具，是测试系统的首要环节。

随着测量、控制与信息技术的发展，传感器作为这些领域的一个重要构成因素，受到了普遍重视。深入研究传感器的原理和应用，研制开发新型传感器，对于科学技术和生产过程中的自动控制和智能化发展，以及人类观测、研究自然界事物的深度和广度都有重要的实际意义。

3.1 传感器的基本概念

3.1.1 传感器的定义与组成

传感器是能够感受被测量并按一定的规律转换为相应的容易检测、传输及处理的信息的装置。由于电学量具有便于测量、转换、处理、传输的特点，因此，传感器通常是将被测物理量转换成电学量输出。

传感器通常由敏感元件、转换器件和其他辅助器件等组成。其中敏感元件是传感器中直接感受被测物理量，并输出与被测量成确定关系的其他量的装置；转换器件是将敏感元件的输出量转换为适宜于传输和测量的（电）信号的装置。实际的传感器有的很简单，只有敏感元件，如电阻应变片、热电偶等；有的则很复杂，如智能传感器等。还应该说明，并不是所有的传感器都能明显分为敏感元件和转换器件两个装置，有许多传感器是两者，甚至三者合而为一的。例如半导体气体传感器、半导体光电传感器等，它们都是将感受的被测量直接转换为电信号输出，没有中间变换器。

3.1.2 传感器的分类

传感器有多种分类方法。按被测量的不同，可分为位移传感器、力传感器、速度传感器、温度传感器、流量传感器等；按工作原理的不同，可分为机械式传感器、电气式传感器、光学式传感器、流体式传感器等；按信号变换特征可分为物性型传感器和结构型传感器；按敏感元件与被测对象之间的能量关系，可分为能量转换型传感器和能量控制型传感器；按输出信号的形式可分为模拟式传感器与数字式传感器，等等。

机械式传感器常以弹性体作为敏感元件，它的输入量可以是力、温度等物理量，而输出则为弹性元件的形变。这种形变可以转变成其他形式的变量，比如仪表指针的偏转，通过刻度指示被测量的大小。

物性型传感器是依靠敏感元件材料本身物理性质的变化来实现信号的变换。例如用水银温度计测温，是利用了水银的热胀冷缩现象，压电测力计是利用了石英晶体的压电效应等。结构型传感器则是依靠传感器结构参数的变化而实现信号的转变。例如，电容式传感器依靠极板间距离变化引起电容量变化，电感式传感器依靠衔铁位移引起自感或互感变化。

能量转换型传感器是直接由被测对象输入能量使其工作，例如热电偶温度计、弹性压力计等。在这种情况下，由于被测对象与传感器之间的能量传输，必然导致被测对象状态的变化，造成测量误差。

能量控制型是从外部供给辅助能量使传感器工作，并且由被测量来控制外部供给能量的变化。例如，电阻应变计中电阻接于电桥上，电桥工作能源由外部供给，而由于被测量变化所引起的电阻变化控制电桥失衡程度。此外，电阻温度计、电感式测微仪、电容式测振仪等均属此种类型。

测试领域常按被测量和工作原理对传感器进行分类。

3.2　电阻、电容和电感式传感器

电阻、电容和电感式传感器都是将被测物理量的变化转换为传感器某参量（如电阻、电容和电感）的变化。因此，这三种传感器又可统称为参量型传感器。参量型传感器属于结构型传感器的范畴。

3.2.1　电阻式传感器

电阻式传感器是将被测量的变化转换为传感器电阻值的变化，再经一定的测量电路实现对测量结果的输出。电阻式传感器按其工作原理可分为变阻器式传感器和电阻应变式传感器两类。

1. 变阻器式传感器

变阻器式传感器也称为电位差计式传感器，它通过改变电位器触头的位置，把位移转换为电阻的变化。根据

$$R=\rho\frac{l}{A} \tag{3-1}$$

式中　R——电阻值，Ω；

ρ——电阻率；

l——电阻丝长度；

A——电阻丝截面积。

如果电阻丝直径和材质一定，则电阻值随导线长度而变化。

常用变阻器式传感器有直线位移型、角位移型和非线性型等，如图 3-1 所示。

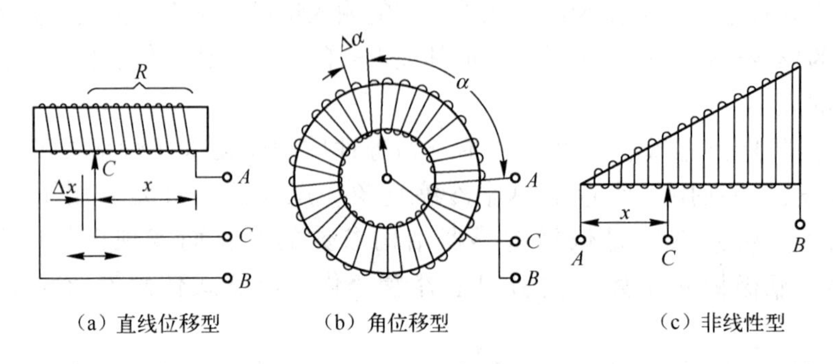

（a）直线位移型　（b）角位移型　（c）非线性型

图 3-1　变阻器式传感器

图 3-1（a）为直线位移型。当被测位移变化时，触点 C 沿变阻器移动。若移动量为 x，则 C 点与 A 点之间的电阻值为

$$R = k_1 x$$

传感器灵敏度为

$$S = \frac{\mathrm{d}R}{\mathrm{d}x} = k_1 \tag{3-2}$$

式中　k_1——单位长度对应的电阻值。

当导线分布均匀时，k_1 为一常数。这时传感器的输出（电阻）与输入（位移）呈线性关系。

图 3-1（b）为角位移型，其电阻值随转角而变化。其灵敏度为

$$S = \frac{\mathrm{d}R}{\mathrm{d}\alpha} = k_a$$

式中　α——转角，rad；

k_a——单位弧度对应的电阻值。

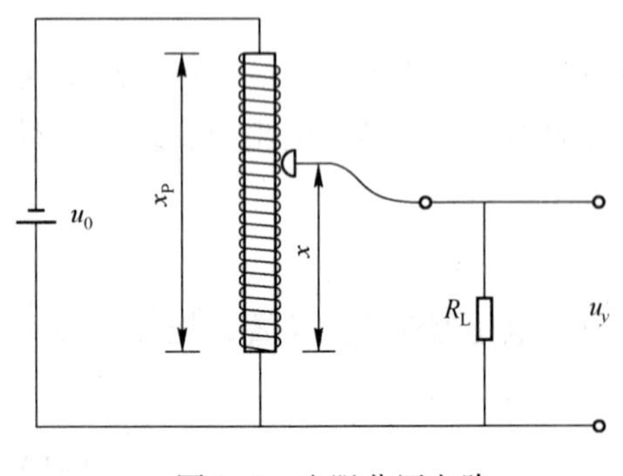

图 3-2　电阻分压电路

图 3-1（c）为非线性型，其骨架形状需根据所要求的输出 $f(x)$ 确定。例如，输出为 $f(x) = kx^2$，其中 x 为输入位移，为使输出电阻值 $R(x)$ 与 $f(x)$ 呈线性关系，变阻器骨架应做成直角三角形；如果输出为 $f(x) = kx^3$，则应采用抛物线形骨架。

变阻器式传感器的后接电路，一般采用电阻分压电路，如图 3-2 所示。在直流激励电压 u_0 作用下，这种传感器将位移变成输出电压的变化。当电刷移动距离 x 后，传感器的输出电压为

$$u_y = \frac{u_0}{\frac{x_P}{x} + \left(\frac{R_P}{R_L}\right)\left(1 - \frac{x}{x_P}\right)} \tag{3-3}$$

式中　R_P——变阻器的总电阻；

x_P——变阻器的总长度；

R_L——后接电路的输入电阻。

式（3-3）表明，为减小后接电路的影响，应使 $R_L \gg R_P$。

变阻器式传感器的优点是结构简单，性能稳定，使用方便。缺点是因为受到电阻丝直径的限制，分辨率不高。提高分辨率需使用更细的电阻丝，其绕制较困难，所以变阻器式传感器的分辨率很难优于 20 μm。

由于结构上的特点，这种传感器还有较大的信号噪声。电刷和电阻元件之间接触面的变动和磨损、尘埃附着等，都会使电刷在滑动中的接触电阻发生不规则的变化，从而产生噪声。

变阻器式传感器被用于线位移、角位移测量，在测量仪器中用于伺服记录仪器或电子电位差计等。

2. 电阻应变式传感器

电阻应变式传感器可以用于测量应变、力、位移、加速度和扭矩等参数，具有体积小、动态响应快、测量精确度高、使用简便等优点，在机械、航空、船舶和建筑等行业中得到广泛应用。

电阻应变式传感器可分为金属电阻应变片式与半导体应变片式两类。

1）金属电阻应变片

常用的金属电阻应变片有丝式和箔式两种。其工作原理都是基于应变片发生机械形变时，电阻值发生变化。

金属丝电阻应变片（又称电阻丝应变片）出现得较早，现仍在广泛采用。其典型结构如图 3-3 所示。把一根具有高电阻率的金属丝（康铜或镍铬合金等，直径为 0.025 mm 左右）绕成栅形，粘贴在绝缘的基片和覆盖层之间，由引出导线接于电路上。

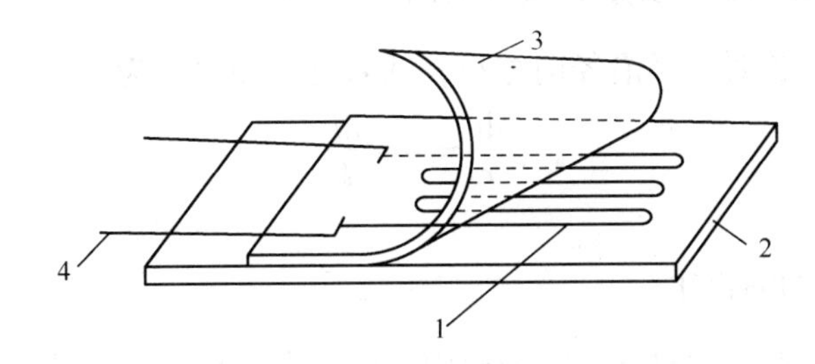

图 3-3　电阻丝应变片

1—电阻丝　2—基片　3—覆盖层　4—引出线

金属箔式应变片则是用栅状金属箔片代替栅状金属丝。金属箔栅用光刻技术制造，适于大批量生产。其线条均匀，尺寸准确，阻值一致性好。箔片厚约 1 ～ 10 μm，散热好，粘结情况好，传递试件应变性能好。因此，目前使用的多为金属箔式应变片，如图 3-4 所示。

把应变片用特制胶水粘固在弹性元件或需要测量变形的物体表面，在外力作用下，电阻丝随同该物体一起变形，其电阻值发生相应变化。由此，将被测量转换为电阻变化。由于电阻值 $R=\rho l/A$，其中长度 l、截面积 A、电阻率 ρ 均将随电阻丝的变形而变化。当每一可变因素分别有一增量 $\mathrm{d}l$，$\mathrm{d}A$ 和 $\mathrm{d}\rho$ 时，所引起的电阻增量为

$$\mathrm{d}R=\frac{\partial R}{\partial l}\mathrm{d}l+\frac{\partial R}{\partial A}\mathrm{d}A+\frac{\partial R}{\partial \rho}\mathrm{d}\rho \tag{3-4}$$

（a）单轴

（b）侧扭矩

（c）多轴（应变花）

（d）平行轴多栅

（e）同轴多栅

图 3-4　箔式应变片

式中 $A=\pi r^2$，r 为电阻丝半径，所以式（3-4）变为

$$\mathrm{d}R=\frac{\rho}{\pi r^2}\mathrm{d}l-2\frac{\rho l}{\pi r^3}\mathrm{d}r+\frac{l}{\pi r^2}\mathrm{d}\rho=R\left(\frac{\mathrm{d}l}{l}-2\frac{\mathrm{d}r}{r}+\frac{\mathrm{d}\rho}{\rho}\right)$$

电阻的相对变化为

$$\frac{\mathrm{d}R}{R}=\frac{\mathrm{d}l}{l}-2\frac{\mathrm{d}r}{r}+\frac{\mathrm{d}\rho}{\rho} \tag{3-5}$$

式中　$\frac{\mathrm{d}l}{l}=\varepsilon$——电阻丝轴向相对变形，或称纵向应变；

$\frac{\mathrm{d}r}{r}$——电阻丝径向相对变形，或称横向应变。

当电阻丝沿轴向伸长时，必沿径向缩小，两者之间的关系为

$$\frac{\mathrm{d}r}{r}=-\nu\frac{\mathrm{d}l}{l} \tag{3-6}$$

其中，

ν——电阻丝材料的泊松比；

$\frac{\mathrm{d}\rho}{\rho}$——电阻丝电阻率的相对变化，与电阻丝轴向所受正应力 σ 有关，有

$$\frac{\mathrm{d}\rho}{\rho}=\lambda\sigma=\lambda E\varepsilon \tag{3-7}$$

其中，E 为电阻丝材料的弹性模量；λ 为压阻系数，与材质有关。

将式（3-6）、式（3-7）代入式（3-5），则有

$$\frac{\mathrm{d}R}{R}=\varepsilon+2\nu\varepsilon+\lambda E\varepsilon=(1+2\nu+\lambda E)\varepsilon \tag{3-8}$$

分析式（3-8），$(1+2\nu)\varepsilon$ 项是由电阻丝几何尺寸改变所引起的，对于同一电阻材料，$1+2\nu$ 是常数。$\lambda E\varepsilon$ 项是由电阻丝的电阻率随应变的改变而引起的，对于金属电阻丝来说，λE 很小，可忽略。这样式（3-8）简化为

$$\frac{\mathrm{d}R}{R}\approx(1+2\nu)\varepsilon \tag{3-9}$$

式（3-9）表明了电阻相对变化率与应变成正比。称比值$\frac{\mathrm{d}R/R}{\mathrm{d}l/l}$为电阻应变片的应变系数或灵敏度，记作

$$S_{\mathrm{g}}=\frac{\mathrm{d}R/R}{\mathrm{d}l/l}=1+2\nu=\text{常数} \tag{3-10}$$

用于制造电阻应变片的电阻丝的灵敏度 S_{g} 多在 1.7 ～ 3.6 之间。几种常用电阻丝材料的物理性能如表 3-1 所示。

表 3-1　常用电阻丝材料物理性能

材料名称	各成分的含量		灵敏度 S_{g}	电阻率 ρ /（$\Omega\cdot\mathrm{mm}^2/\mathrm{m}$）	电阻温度系数 /（10^{-6}/℃）	线膨胀系数 /（10^{-6}/℃）
	元素	质量百分数/%				
康铜	Cu Ni	57 43	1.7～2.1	0.49	-20～20	14.9
镍铬合金	Ni Cr	80 20	2.1～2.5	0.9～1.1	110～150	14.0
镍铬铝合金	Ni Cr Al Fe	73 20 3～4 余量	2.4	1.33	-10～10	13.3

一般市售电阻应变片的标准阻值有 60 Ω、120 Ω、350 Ω、600 Ω 和 1000 Ω 等，其中以 120 Ω 为最常用。应变片的尺寸可根据使用要求选定。

2）半导体应变片

半导体应变片最简单的典型结构如图 3-5 所示。半导体应变片的使用方法与金属电阻应变片相同，即粘贴在弹性元件或被测物体上，其电阻值随被测试件的应变而变化。

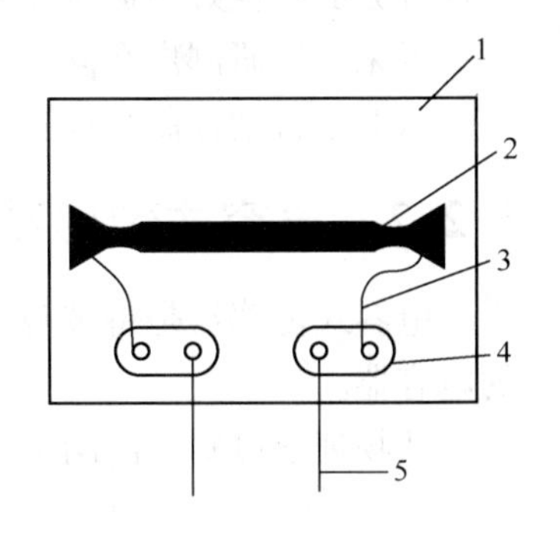

图 3-5　半导体应变片
1—胶膜衬底　2—P-Si　3—内引线
4—焊接板　5—外引线

半导体应变片的工作原理是基于半导体材料的压阻效应。所谓压阻效应是指单晶半导体材料在某一轴向受到外力作用时，其电阻率 ρ 发生变化的现象。

从半导体物理可知，半导体在压力、温度及光辐射作用下，能使其电阻率 ρ 发生很大变化。

分析表明，单晶半导体在外力作用下，原子点阵排列规律发生变化，导致载流子迁移率及载流子浓度的变化，从而引起电阻率的变化。

根据式（3-8），$(1+2\nu)\varepsilon$ 是由几何尺寸变化引起的，$\lambda E\varepsilon$ 是由电阻率变化引起的。对半导体而言，后者远远大于前者，它是半导体应变片电阻变化的主要部分，故式（3-8）可简化为

$$\frac{\mathrm{d}R}{R}\approx\lambda E\varepsilon \tag{3-11}$$

这样，半导体应变片灵敏度为

$$S_g=\frac{\mathrm{d}R/R}{\varepsilon}\approx\lambda E \tag{3-12}$$

这一数值比金属丝电阻应变片大 50 ～ 70 倍。

以上分析表明，金属丝电阻应变片与半导体应变片的主要区别在于前者利用导体形变引起电阻的变化，后者利用半导体电阻率变化引起电阻的变化。

几种常用半导体材料的特性如表 3-2 所示。从表中可以看出，不同材料、不同载荷施加方向，压阻效应不同，灵敏度也不同。

表 3-2　几种常用半导体材料的特性

材　料	电阻率 ρ /(10^2 Ω · m)	弹性模量 E /(10^2 N/cm^2)	灵　敏　度	晶　向
P 型硅	7.8	1.87	175	[111]
N 型硅	11.7	1.23	-132	[100]
P 型锗	15.0	1.55	102	[111]
N 锗	16.6	1.55	-157	[111]

半导体应变片最突出的优点是灵敏度高，这为它的应用提供了有利条件。另外，由于机械滞后小、横向效应小，以及体积小等特点，扩大了半导体应变片的使用范围。其最大缺点是温度稳定性能差、灵敏度分散度大（由于晶向、杂质等因素的影响），以及在较大应变作用下，非线性误差大等，这些缺点给使用带来了一定困难。

目前，国产的半导体应变片大都采用 P 型硅单晶制作。随着集成电路技术和薄膜技术的发展，出现了扩散型、外延型、薄膜型半导体应变片。它们对实现小型化、改善应变片的特性等方面有良好的促进作用。

近来，已研制出在同一硅片上制作扩散型应变片和集成电路放大器等，即集成应变组件，这对于自动控制与检测技术将会有一定推动作用。

3.2.2　电容式传感器

电容式传感器是将被测物理量转换为电容量变化的装置，它实质上是一个具有可变参数的电容器。

从物理学可知，由两个平行极板组成的电容器的电容量为

$$C=\frac{\varepsilon_0\varepsilon A}{\delta} \tag{3-13}$$

式中　ε——极板间介质的相对介电常数，在空气中 $\varepsilon=1$；

ε_0——真空中的介电常数，$\varepsilon_0=8.85\times10^{-12}$ F/m；

δ——极板间距离；

A——极板正对面积。

式 (3-13) 表明，当被测量使 δ、A 或 ε 发生变化时，都会引起电容 C 的变化。如果保持其中的两个参数不变，仅改变另一个参数，就可把该参数的变化变换为电容量的变化。根

据电容器变化的参数不同，电容式传感器可分为变极距式、变面积式和变介质式三类，前两者的应用较为广泛。

1. 变极距式

根据式（3-13），如果两极板的正对面积和极间介质不变，则电容量 C 与极距 δ 呈非线性关系，如图 3-6所示。当极距有一微小变化量 $\mathrm{d}\delta$ 时，引起的电容变化量为

$$\mathrm{d}C = -\varepsilon_0\varepsilon A \frac{1}{\delta^2}\mathrm{d}\delta$$

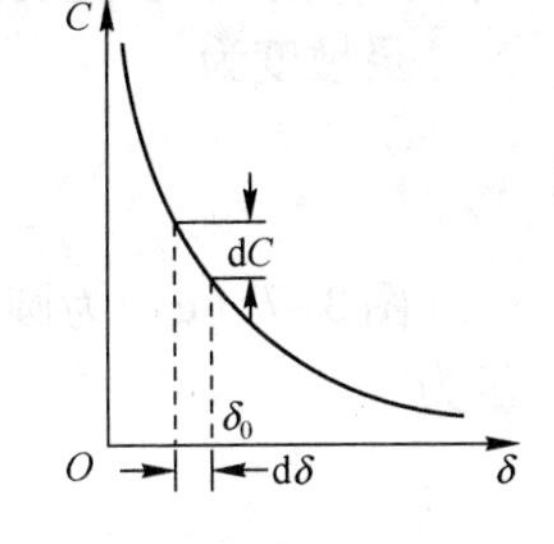

图 3-6 变极距式传感器

由此可以得到传感器的灵敏度为

$$S = \frac{\mathrm{d}C}{\mathrm{d}\delta} = -\varepsilon_0\varepsilon A \frac{1}{\delta^2} \tag{3-14}$$

可以看出，灵敏度 S 与极距的平方成反比，极距越小，灵敏度越高。显然，由于灵敏度随极距而变化，这将引起线性误差。为了减小这一误差，通常规定在较小的间隙变化范围内工作，以便获得近似的线性关系。一般取极距变化范围为 $\Delta\delta/\delta_0 \approx 0.1$。

在实际应用中，为了提高传感器的灵敏度、线性度及克服某些外界条件（如电源电压、环境温度等）的变化对测量精度的影响，常常采用差动式。

变极距式电容传感器的优点是可进行动态非接触式测量，对被测系统的影响小，灵敏度高，适用于较小位移（0.01 μm 至数百微米）的测量。但这种传感器有线性误差，传感器的杂散电容对灵敏度和测量精确度有影响，与传感器配合使用的电路也比较复杂。由于这些缺点，其使用范围受到一定限制。

2. 变面积式

在变面积式电容传感器中，一般常用的有角位移式和线位移式两种。

图 3-7（a）为角位移式传感器。当动板有一转角时，与定板之间的正对面积改变，因而导致电容量改变。由于正对面积为

$$A = \frac{\alpha r^2}{2}$$

式中 α——正对面积对应的中心角；

r——极板半径。

所以电容量为

$$C = \frac{\varepsilon_0\varepsilon\alpha r^2}{2\delta} \tag{3-15}$$

灵敏度为

$$S = \frac{\mathrm{d}C}{\mathrm{d}\alpha} = \frac{\varepsilon_0\varepsilon r^2}{2\delta} = 常数 \tag{3-16}$$

输出与输入呈线性关系。

图 3-7（b）为平面线位移式传感器。当动板沿 x 方向移动时，正对面积发生变化，电容量也随之变化。其电容量为

$$C = \frac{\varepsilon_0 \varepsilon b x}{\delta} \tag{3-17}$$

式中　b——极板宽度。

灵敏度为

$$S = \frac{\mathrm{d}C}{\mathrm{d}x} = \frac{\varepsilon_0 \varepsilon b}{\delta} = 常数 \tag{3-18}$$

图 3-7（c）为圆柱体线位移式传感器，动板（圆柱）与定板（圆柱）正对，其电容量为

$$C = \frac{2\pi \varepsilon_0 \varepsilon x}{\ln\left(\frac{D}{d}\right)} \tag{3-19}$$

式中　D——圆筒孔径；

d——圆柱外径。

当正对长度 x 变化时，电容量 C 发生变化，其灵敏度为

$$S = \frac{\mathrm{d}C}{\mathrm{d}x} = \frac{2\pi \varepsilon_0 \varepsilon}{\ln\left(\frac{D}{d}\right)} = 常数 \tag{3-20}$$

面积变化型电容传感器的优点是输出与输入呈线性关系，与极距变化型相比，灵敏度较低，适用于较大直线位移及角位移的测量。

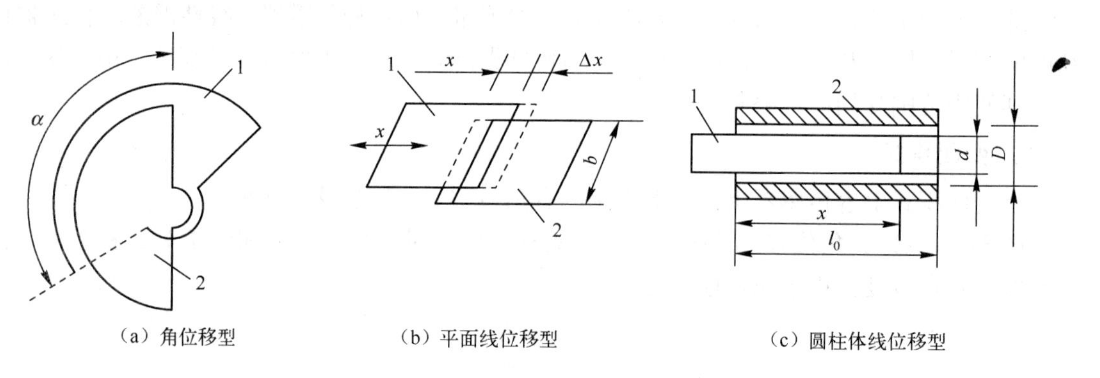

（a）角位移型　（b）平面线位移型　（c）圆柱体线位移型

图 3-7　变面积式传感器

1—动板　2—定板

3. 变介质式

变介质式电容传感器是利用介质介电常数的变化，将被测量转换为电量。它可用来测量电介质的液位或某些材料的厚度、温度和湿度等，也可用来测量空气的湿度。图 3-8 是这种传感器的典型实例。图 3-8（a）是在两固定极板间置入一个介质层（如纸张、电影胶片等）。当介质层的厚度、温度或湿度发生变化时，其介电常数也发生变化，从而引起电容量的变化。图 3-8（b）是一种电容式液面计。当液面位置发生变化时，两电极的浸入高度也发生变化，引起电容量的变化。

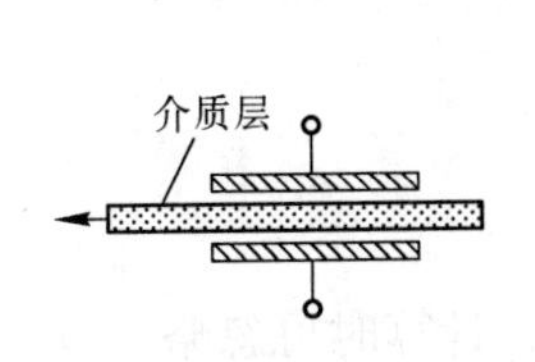

(a) 介质温度、湿度或厚度测量

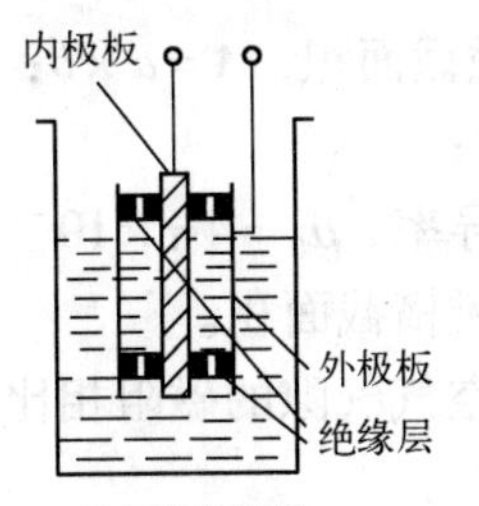

(b) 液位测量

图 3-8 变介质式传感器应用实例

3.2.3 电感式传感器

电感式传感器是把被测量（如位移等），转换为电感量变化的一种装置，其变换是基于电磁感应原理。按照变换方式的不同可分为自感式（包括可变磁阻式与涡电流式）与互感式（差动变压器式）两种。

1. 自感式

1）可变磁阻式

可变磁阻式传感器的构造原理如图 3-9 所示，它由线圈、铁心和衔铁组成，在铁心和衔铁之间有气隙 δ。由电工学可知，线圈的自感量为

$$L = \frac{W^2}{R_m} \tag{3-21}$$

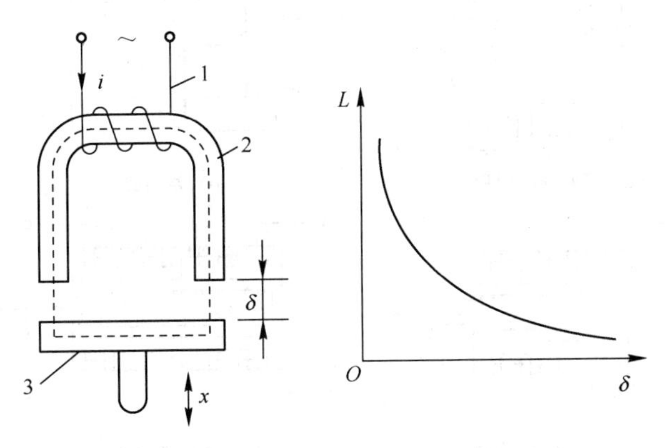

图 3-9 可变磁阻式传感器基本原理

1—线圈 2—铁心 3—衔铁

式中 W——线圈匝数；

R_m——磁路总磁阻，H^{-1}。

如空气气隙 δ 较小，且不考虑磁路的铁损时，则总磁阻为

$$R_m = \frac{l}{\mu A} + \frac{2\delta}{\mu_0 A_0} \tag{3-22}$$

式中 l——铁心导磁长度；

μ——铁心磁导率；

A——铁心导磁截面积，$A = a \times b$；

δ——气隙长度；

μ_0——空气磁导率，$\mu_0 = 4\pi \times 10^{-7}$；

A_0——气隙导磁横截面积。

因为铁心磁阻与空气气隙的磁阻相比很小，计算时可忽略，故

$$R_m \approx \frac{2\delta}{\mu_0 A_0} \tag{3-23}$$

代入式（3-21），则

$$L = \frac{W^2 \mu_0 A_0}{2\delta} \tag{3-24}$$

式（3-24）表明，自感L与气隙δ成反比，而与气隙导磁截面积A_0成正比。当A_0固定，δ变化时，L与δ呈非线性关系，此时传感器的灵敏度为

$$S = \frac{W^2 \mu_0 A_0}{2\delta^2} \tag{3-25}$$

灵敏度S与气隙长度的平方成反比，δ越小，灵敏度越高。由于S不是常数，故会出现线性误差。为了减小这一误差，通常规定在较小的间隙范围内工作。设间隙变化范围为（δ_0，$\delta_0 + \Delta\delta$），一般实际应用中，取$\Delta\delta/\delta_0 \leq 0.1$。这种传感器适用于较小位移的测量，一般为0.001～1 mm。

图3-10列出了几种常用可变磁阻式传感器的典型结构方案。

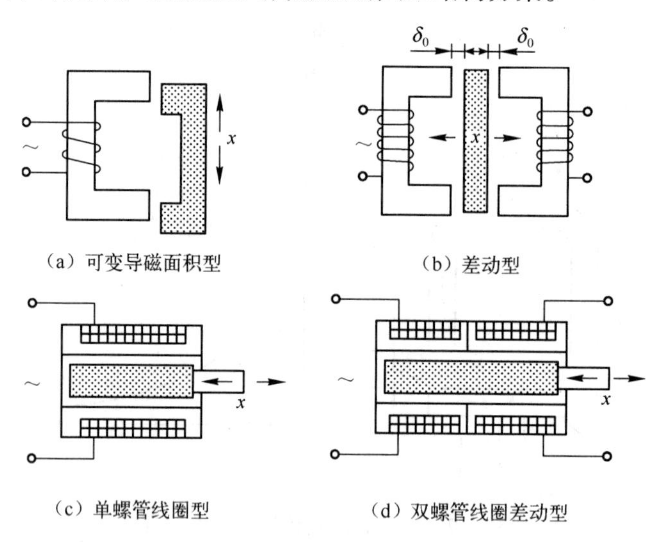

图3-10　可变磁阻式传感器典型结构

图3-10（a）为可变导磁面积型，其自感L与A_0呈线性关系，这种传感器灵敏度较低。

图3-10（b）是差动型，衔铁位移时，可使两个线圈的间隙按$\delta_0 + \Delta\delta$，$\delta_0 - \Delta\delta$变化。一个线圈的自感增加，另一个线圈自感减小。将两线圈接于电桥的相邻桥臂时，其输出测试灵敏度可提高一倍，并改善了线性特性。

图3-10（c）是单螺管线圈型，当铁心在线圈中运动时，将改变磁阻，使线圈自感发生变化。这种传感器结构简单、制造容易，但灵敏度低，适用于较大位移（数毫米）的测量。

图 3-10（d）是双螺管线圈差动型，较单螺管线圈型有更高的灵敏度及更好的线性特性，用于电感测微计，其测量范围为 0 ～ 300 μm，最小分辨率为 0.5 μm。这种传感器的线圈接于电桥上，如图 3-11（a）所示，构成两个桥臂，线圈电感 L_1、L_2 随铁心的位移而变化，其输出特性如图 3-11（b）所示。

2）涡流式

涡流式传感器的变换原理是基于金属体在交变磁场中的涡电流效应。图 3-12 所示为高频反射式涡电流传感器的工作原理。

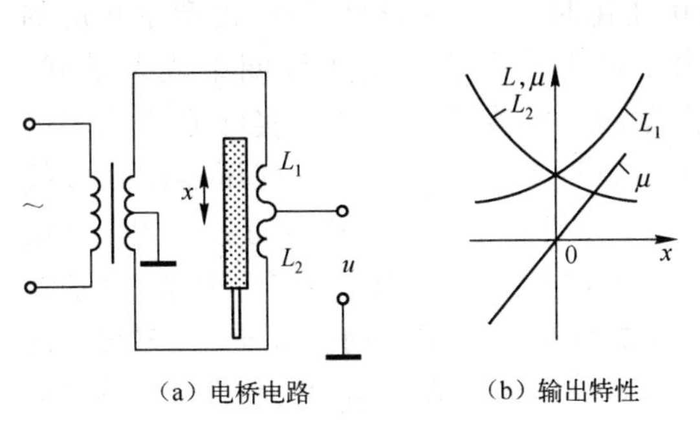

（a）电桥电路　（b）输出特性

图 3-11　双螺管线圈差动型电桥电路及输出特性

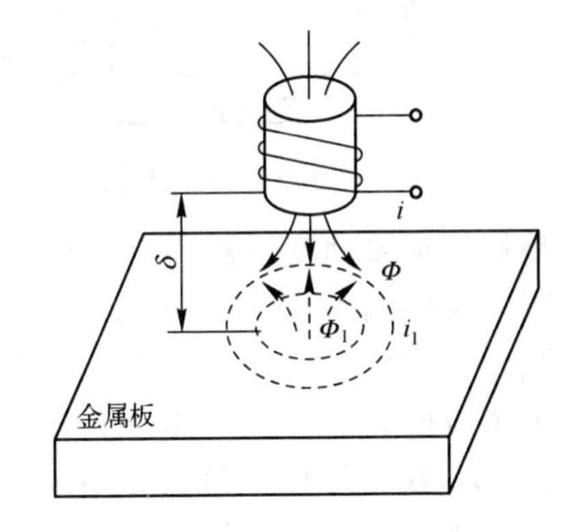

图 3-12　高频反射式涡流传感器原理

金属板置于一只线圈附近，相互间距为 δ，当线圈中有高频交变电流 i 通过时便产生磁通 Φ。此交变磁通通过邻近的金属板，金属板上产生感应电流 i_1。这种电流在金属体内是闭合的，称为“涡电流”或“涡流”。这种涡流将产生交变磁通 Φ_1。根据楞次定律，涡流的交变磁场与线圈的磁场变化方向相反，Φ_1 总是抵抗 Φ 的变化。由于涡流磁场的作用（对于导磁材料，还有气隙对磁路的影响），使原线圈的等效阻抗 Z 发生变化，变化程度与距离 δ 有关。

分析表明，影响高频线圈阻抗 Z 的因素，除了线圈与金属板间距离 δ 以外，还有金属板的电阻率 ρ、磁导率 μ，以及线圈激磁圆频率 ω 等。当改变其中某一因素时，即可达到不同的变换目的。例如，使 δ 变化，可进行位移、振动的测量；改变 ρ 或 μ，可进行材质鉴别或探伤等。

涡流式传感器可用于动态非接触测量，测量范围因传感器结构尺寸、线圈匝数和激磁频率而异，从 ±1 mm 到 ±10 mm 不等，最高分辨率可达 1 μm。此外，这种传感器还具有结构简单、使用方便、不受油液等介质的影响等优点。因此，近年来涡流式位移和振动测量仪、测厚仪和无损探伤仪等在机械、冶金工业中得到日益广泛的应用。实际上，这种传感器在径向振摆、回转轴误差运动、转速和厚度测量，以及在零件计数、表面裂纹和缺陷测量中都有应用。

2. 互感式－差动变压器式

互感式－差动变压器式电感传感器是利用电磁感应中的互感现象，如图 3-13 所示。当线圈 W_1 输入交流电流 i_1 时，线圈 W_2 产生感应电动势 e_{12}，其大小与电流 i_1 的变化率成正比，即

$$e_{12} = -M\frac{\mathrm{d}i_1}{\mathrm{d}t} \tag{3-26}$$

式中 M——比例系数，称为互感，H；其大小与两线圈相对位置及周围介质的导磁能力等因素有关，它表明两线圈之间的耦合程度。

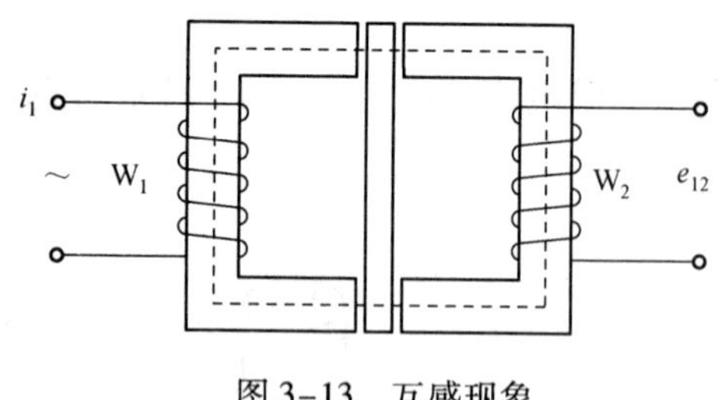

图 3-13 互感现象

互感式传感器就是利用这一原理，将被测位移量转换成线圈互感的变化。这种传感器实质上就是一个变压器，其初级线圈接入稳定的交流电源，次级线圈感应产生一输出电压。当被测参数使互感 M 变化时，副线圈输出电压也产生相应的变化。由于常常采用两个次级线圈组成差动式，故又称为差动变压器式传感器。实际应用较多的是螺管形差动变压器，其工作原理如图 3-14（a）、3-14（b）所示。变压器由初级线圈 W 和两个参数完全相同的次级线圈 W_1、W_2组成。线圈中心插入圆柱形铁心 P，次级线圈 W_1及 W_2反极性串联。当初级线圈 W 加上交流电压时，次级线圈 W_1和 W_2分别产生感应电势 e_1与 e_2，其大小与铁心位置有关。当铁心在中心位置时，$e_1 = e_2$，输出电压 $e_0 = 0$；铁心向上运动时，$e_1 > e_2$；向下运动时，$e_1 < e_2$。随着铁心偏离中心位置，e_0逐渐增大，其输出特性如图 3-14（c）所示。

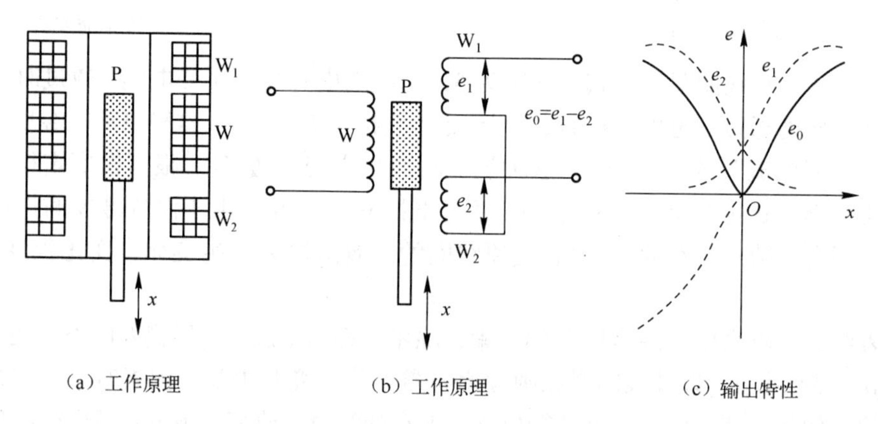

图 3-14 差动变压器式传感器工作原理

差动变压器的输出电压是交流量，其幅值与铁心位移成正比。输出电压如用交流电压表指示，输出值只能反映铁心位移的大小，不能反映移动的方向性。其次，交流电压输出存在一定的零点残余电压。零点残余电压是由于两个次级线圈结构不对称，以及初级线圈的铜损电阻、铁磁材质不均匀、线圈间分布电容等原因造成的。所以，即使铁心处于中间位置，输出也不为零。为此，差动变压器式传感器的后接电路形式，需要采用既能反映铁心位移方向，又能补偿零点残余电压的差动直流输出电路。

3.3 磁电、压电和热电式传感器

磁电、压电和热电式传感器都是通过某种发电物理效应（如磁电、压电和热电）使元件发电，将被测物理量的变化转换为传感器电参量（如电势）的变化。因此，这三种传感器又可统称为发电型传感器。发电型传感器也属于物性型传感器。

3.3.1　磁电式传感器

磁电式传感器是把被测物理量转换为感应电动势的一种传感器，又称电磁感应式或电动力式传感器。

根据电工学，对于一个匝数为 W 的线圈，当穿过该线圈的磁通 Φ 发生变化时，其感应电动势为

$$e = -W\frac{\mathrm{d}\Phi}{\mathrm{d}t} \tag{3-27}$$

可见，线圈感应电动势的大小，取决于匝数和穿过线圈的磁通变化率。磁通变化率与磁场强度、磁路磁阻、线圈的运动速度有关，若改变其中一个因素，都会改变线圈的感应电动势。

按结构方式的不同，磁电式传感器可分为动圈式与磁阻式。

1. 动圈式

动圈式又可分为线速度型与角速度型两种。图 3-15（a）表示线速度型磁电传感器的工作原理。在永磁铁产生的直流磁场内，放置一个可动线圈，当线圈在磁场中作直线运动时，产生的感应电动势为

$$e = WBlv\sin\theta \tag{3-28}$$

式中　W——线圈匝数；

B——磁场的磁感应强度；

l——单匝线圈的有效长度；

v——线圈与磁场的相对速度；

θ——线圈运动方向与磁场方向的夹角。

当 $\theta = 90°$时，式（3-28）可写为

$$e = WBlv \tag{3-29}$$

式（3-29）说明，当 W、B、l 均为常数时，感应电动势的大小与线圈运动的线速度成正比，这就是一般常见的惯性式速度计的工作原理。

图 3-15（b）是角速度型传感器的工作原理。线圈在磁场中转动产生的感应电动势为

$$e = kWBA\omega \tag{3-30}$$

式中　k——与结构有关的系数，$k < 1$；

A——单匝线圈的截面积；

ω——角速度。

式（3-30）表明，当传感器的结构一定时，W、B、A 均为常数，感应电动势 e 与线圈相对磁场的角速度成正比，这种传感器被用于转速测量。

将传感器中线圈产生的感应电势通过电缆与电压放大器连接时，其等效电路如图 3-16 所示。

R_C很小，可忽略，于是等效电路中的输出电压为

$$u_L = e\frac{1}{1+\frac{Z_0}{R_L}+j\omega C_C Z_0} \tag{3-31}$$

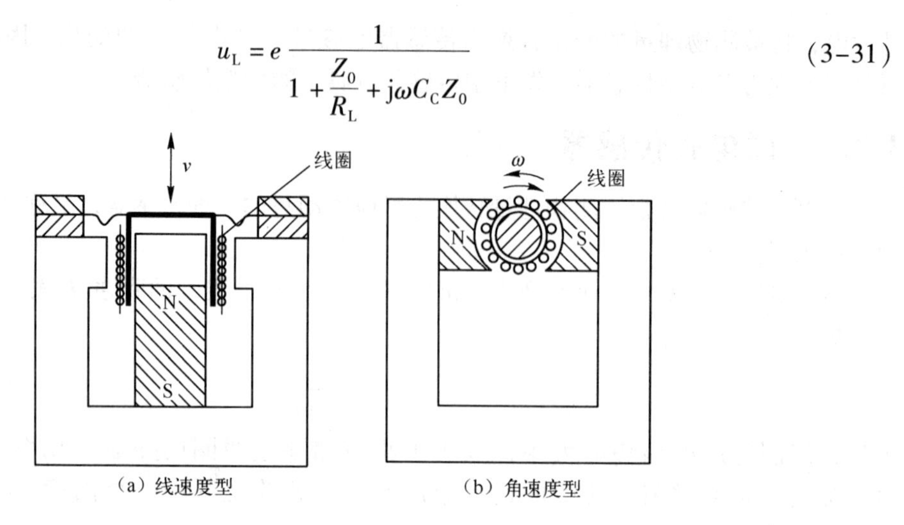

图 3-15 动圈式传感器工作原理

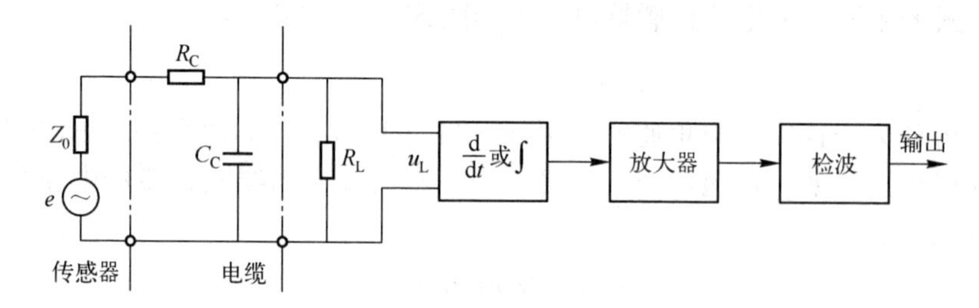

图 3-16 动圈式传感器等效电路

e—发电线圈的感应电势 Z_0—线圈阻抗 R_L—负载电阻（含放大器输入电阻）

C_C—电缆导线的分布电容 R_C—电缆导线的电阻

如果不使用特别加长电缆，C_C也可忽略，并且如果 $R_L \gg Z_0$时，则放大器输入电压 $u_L \approx e$。感应电动势经放大、检波后即可推动指示仪表，显示速度值。如经过微积分网络，则可得到加速度或位移。

必须注意，上面所讨论的速度（v 或 ω）指的是线圈与磁场（壳体）的相对速度，而不是壳体本身的绝对速度。

磁电式传感器的工作原理也是可逆的。作为测振传感器，它工作于发电机状态；若在线圈上加交变激励电压，则线圈在磁场中振动，成为一个激振器（电动机状态）。

2. 磁阻式传感器

磁阻式传感器由永磁铁及缠绕其上的线圈组成，磁铁与线圈彼此不作相对运动，由运动着的物体（导磁材料）来改变磁路的磁阻，引起磁力线增加或减弱，使线圈产生感应电动势。其工作原理及应用实例如图 3-17 所示，例如图 3-17（a）可测旋转体的旋转频数。当齿轮旋转时，齿的凸凹引起磁阻变化，使磁通量变化，从而在线圈中感应出交流电动势，其频率等于齿轮的齿数和转速的乘积。

磁阻式传感器结构简单、使用简便，在不同场合下可用来测量转速、偏心量和振动等。

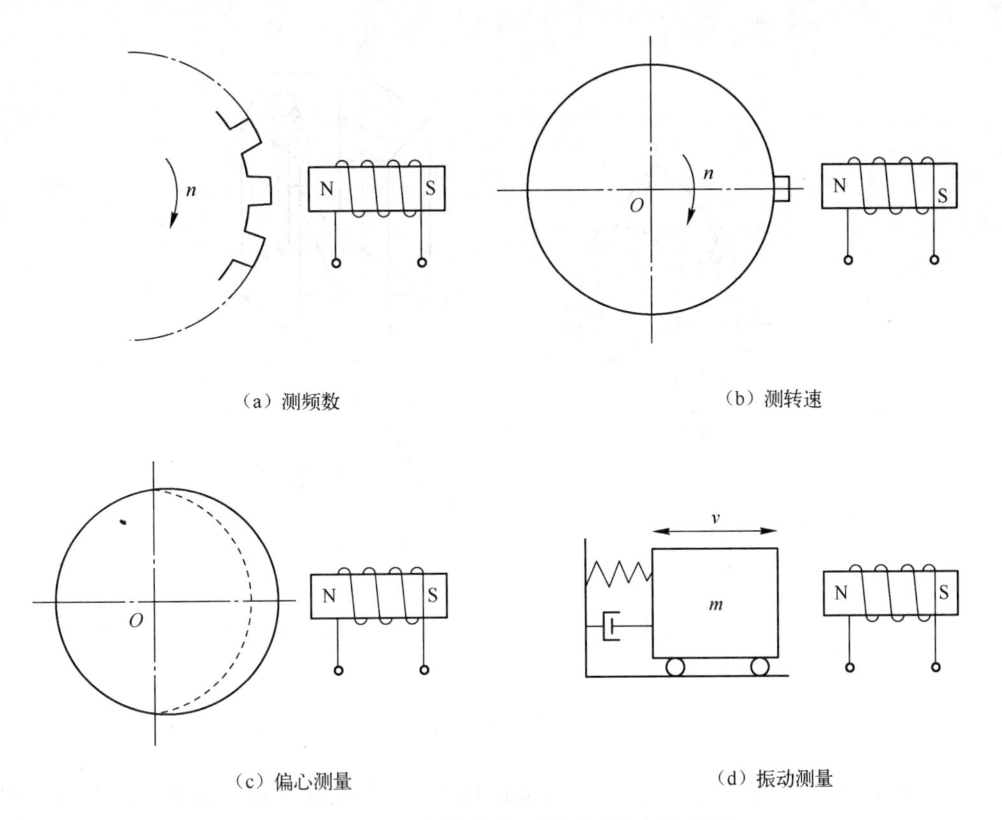

图 3-17　磁阻式传感器工作原理及应用实例

3.3.2　压电式传感器

压电式传感器是一种可逆型换能器，既可以将机械能转换为电能，又可以将电能转换为机械能。这种性质使它广泛用于力、加速度的测量，以及超声波发射与接收装置。这种传感器具有体积小、质量轻、精确度及灵敏度高等优点。现在与其配套的后续仪器，如电荷放大器等的技术性能日益提高，使这种传感器的应用越来越广泛。压电式传感器的工作原理是基于某些物质的压电效应。

1. 压电效应

某些物质，如石英、钛酸钡、锆钛酸铅（PZT）等，在受外力作用时，不仅几何尺寸发生变化，而且内部还发生极化，表面有电荷出现形成电场，外力消失后，材料重新回复到原来的状态，这种现象称为压电效应。相反，如将这些物质置于电场中，其几何尺寸则会发生变化，这种由于外电场的作用导致物质机械形变的现象，称为逆压电效应，或电致伸缩效应。

具有压电效应的材料称为压电材料，石英是一种常用的压电材料。

石英（SiO_2）晶体结晶形状为六角形晶柱，如图 3-18（a）所示，两端为一对称的棱锥。六棱柱是它的基本组织。纵轴线 $z-z$ 称为光轴，通过六角棱线而垂直于光轴的轴线 $x-x$ 称为电轴，垂直于棱面的轴线 $y-y$ 称为机械轴，如图 3-18（b）所示。

如果从晶体中切下一个平行六面体，并使其晶面分别平行于 $z-z$ 轴线、$y-y$ 轴线和 $x-x$ 轴线，这个晶片在正常状态下不呈现电性。当施加外力时，将沿 $x-x$ 方向形成电场，其

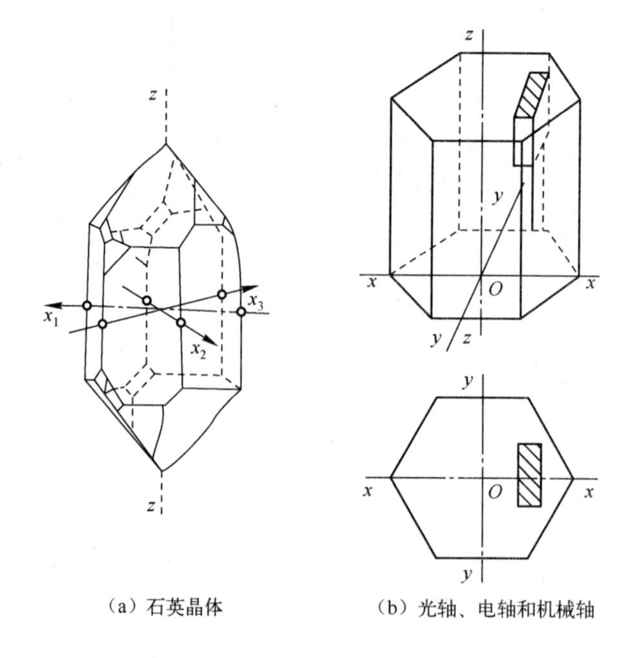

（a）石英晶体　　（b）光轴、电轴和机械轴

图 3-18　石英晶体

电荷分布在垂直于 $x-x$ 轴的平面上。沿 x 轴加力产生纵向效应；沿 y 轴加力产生横向效应；沿相对两平面加力产生切向效应，如图 3-19 所示。

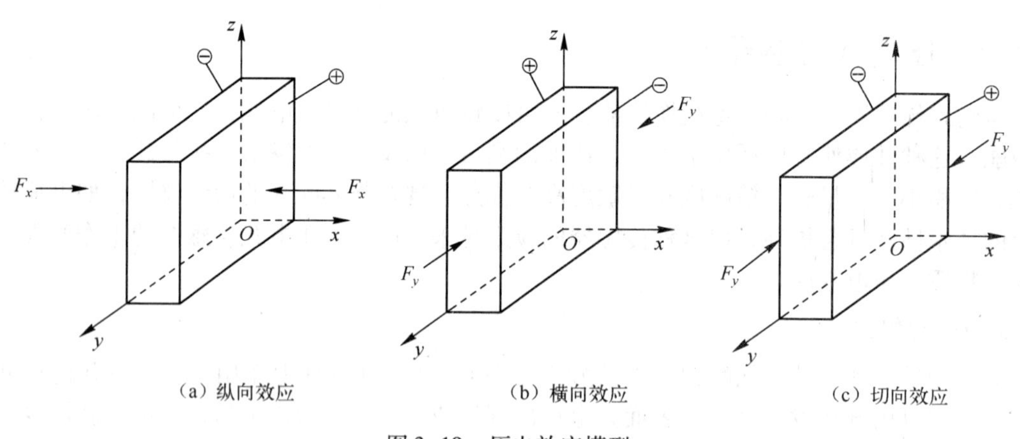

（a）纵向效应　　（b）横向效应　　（c）切向效应

图 3-19　压电效应模型

实验证明，压电体表面积聚的电荷与作用力成正比。若沿单一晶轴 $x-x$ 方向施加力 F，则在垂直于 $x-x$ 方向的压电体表面上积聚的电荷量为

$$q=d_cF \tag{3-32}$$

式中　q——电荷量；

d_c——压电常数，与材质和切片方向有关；

F——作用力。

若压电体受到多方向的力，各表面都会积聚电荷。每个表面上的电荷量不仅与作用于该面上的垂直力有关，还与压电体其他面上所受的力有关。

2. 压电材料

常用的压电材料大致可分为三类，压电单晶、压电陶瓷和有机压电薄膜。压电单晶为单晶体，常用的有石英晶体（SiO_2）、铌酸锂（$LiNbO_3$）、钽酸锂（$LiTaO_3$）等。压电陶瓷为多晶体，常用的有钛酸钡（$BaTiO_3$）、锆钛酸铅（PZT）等。

石英是压电单晶中最具代表性的，应用广泛。除天然石英外，也大量应用人造石英。石英的压电常数不高，但具有较好的机械强度和时间、温度稳定性。其他压电单晶的压电常数为石英的 2.5 ～ 3.5 倍，但价格较贵。水溶性压电晶体，如酒石酸钾钠（$NaKO_4H_4O_5 \cdot 4H_2O$）的压电常数较高，但易受潮、机械强度低、电阻率低、性能不稳定。

现在，声学和传感技术中最普遍应用的是压电陶瓷。压电陶瓷制作方便，成本低。原始的压电陶瓷不具有压电性，其内部“电畴”是无规则排列的。其电畴与铁磁物质的磁畴类似，在一定温度下对其进行极化处理，即利用强电场使其电畴按规则排列，便呈现压电性能。极化电场消失后，电畴取向保持不变，在常温下可呈压电特性。压电陶瓷的压电常数比单晶体高得多，一般比石英高数百倍，压电元件绝大多数采用压电陶瓷。

钛酸钡是使用最早的压电陶瓷，其居里点（温度达到该点将失去压电特性）低，约为 120℃。现在使用最多的是 PZT 锆钛酸铅系列压电陶瓷，PZT 是一类材料系列，随配方和掺杂的变化可获得不同的性能。它具有较高的居里点（350℃）和很高的压电常数（70 ～ 590 pC/N）。

高分子压电薄膜的压电特性并不太好，但它可以大批量生产，且具有面积大、柔软、不易破碎等优点，可用于微压测量和机器人的触觉，其中以聚偏二氟乙烯（PVdF）最为著名。

近年来压电半导体也已开发成功，它具有压电材料和半导体材料两种特性，很容易发展成新型的集成传感器。

3. 压电式传感器及其等效电路

在压电晶片的两个工作面上进行金属蒸镀，形成金属膜，构成两个电极，如图 3-20 所示。当晶片受外力作用时，在两个板极上积聚数量相等、极性相反的电荷形成电场。因此，压电传感器可看作电荷发生器，同时又是一个电容器，其电容量按式（3-13）计算，即

$$C = \frac{\varepsilon_0 \varepsilon A}{\delta}$$

式中　ε——压电材料的相对介电常数（石英晶体 $\varepsilon = 4.5$，钛酸钡 $\varepsilon = 1\,200$）；

δ——极板间距，即晶片厚度；

A——压电晶片工作面的面积。

如果施加在晶片上的外力不变、积聚在极板上的电荷无内部泄漏、外电路负载无穷大，那么在外力作用期间电荷量始终保持不变，直到外力的作用终止电荷才随之消失；如果负载不是无穷大，电路会按指数规律放电，极板上的电荷无法保持不变，从而造成测量误差。因此，利用压电式传感器测量静态或准静态量时，必须采用阻抗极高的负载。在动态测量时，变化快，漏电量相对比较小，故压电式传感器适宜作动态测量。

在实际压电传感器中，往往用两个或两个以上的晶片进行串接或并接。并接时（如图 3-20（b）所示）两晶片负极集中在中间极板上，正电极在两侧的电极上。并接时电容量

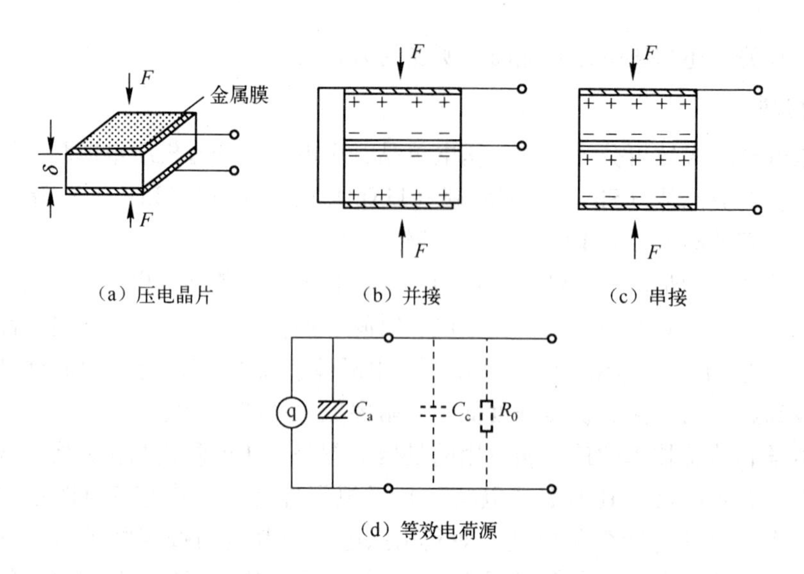

图 3-20 压电晶片及等效电路

大，输出电荷量大，时间常数大，适于测量缓变信号及以电荷量输出的场合。串接时（图 3-20（c）所示），正电荷集中在上极板，负电荷集中在下极板。串接法传感器本身电容小，输出电压大，适用于以电压作为输出信号。

压电式传感器是一个具有一定电容的电荷源，电容器上的开路电压 u_0 与电荷 q、电容 C_a 存在关系式

$$u_0 = \frac{q}{C_a} \tag{3-33}$$

当压电式传感器接入测量电路时，连接电缆的寄生电容就形成传感器的并联寄生电容 C_a，后续电路的输入阻抗和传感器中的漏电阻形成泄漏电阻 R_0，如图 3-20（d）所示。当考虑负载影响时，根据电荷平衡建立的方程式为

$$q = Cu + \int i\mathrm{d}t \tag{3-34}$$

式中 q——压电元件在外力作用下产生的电荷，当外力为正弦力 $F_0\sin\omega t$ 时，$q = d_c f = d_c F_0 \sin\omega t = q_0 \sin\omega t$，$\omega$ 为外力的圆频率，d_c 为压电常数；

C——电容，$C = C_a + C_c + C_i$，其中 C_i 为外接电路的输入端电容，C_a 为传感器电容，C_c 为电缆电容；

u——电容上建立的电压；

i——泄漏电流，$i = \frac{u}{R_0}$。

式（3-34）可写为

$$CR_0 i + \int i\mathrm{d}t = q_0 \sin\omega t$$

或

$$CR_0 \frac{\mathrm{d}i}{\mathrm{d}t} + i = q_0 \omega \cos\omega t$$

忽略过渡过程，其稳态解为

$$i=\frac{\omega q_0}{\sqrt{1+(\omega CR_0)^2}}\sin(\omega t+\varphi)$$

$$\varphi=\arctan\frac{1}{\omega CR_0}$$

电容上的电压值为

$$u=R_0 i=\frac{q_0}{C}\frac{1}{\sqrt{1+\left(\frac{1}{\omega CR_0}\right)^2}}\sin(\omega t+\varphi) \tag{3-35}$$

式（3-35）表明，压电元件的电压输出还受回路的时间常数 R_0C 的影响。在测试动态量时，为了建立一定的输出电压及不失真地进行测量，压电式传感器的测量电路必须有高输入阻抗，并在输入端并联一定的电容 C_i 以加大时间常数 R_0C。但并联电容过大会使输出电压降低过多，降低了测量装置的灵敏度。

4. 测量电路

由于压电式传感器的输出电信号很微弱，而且传感器本身有很大的内阻，故输出能量甚微，这给后接电路带来一定困难。为此，通常把传感器信号先传输到高输入阻抗的前置放大器，经阻抗变换以后，方可用一般的放大、检波电路将信号传输给指示仪表或记录仪。

前置放大器的主要作用有两点，一是将传感器的高阻抗输出变换为低阻抗输出，其次是放大传感器输出的微弱电信号。

前置放大器电路有两种形式：一是用电阻反馈的电压放大器，其输出电压与输入电压（即传感器的输出）成正比；另一种是带电容反馈的电荷放大器，其输出电压与输入电荷成正比。

使用电压放大器时，放大器的输入电压如式（3-35）所示。由于电容 C 包括了 C_a、C_i 和 C_c，其中电缆对地电容 C_c 比 C_a 和 C_i 都大，故整个测量系统对电缆对地电容 C_c 的变化非常敏感。连接电缆的长度和形态变化，都会导致传感器输出电压 u 的变化，从而使仪器的灵敏度也发生变化。

电荷放大器是一个高增益带电容反馈的运算放大器。当略去传感器漏电阻及电荷放大器的输入电阻时，它的等效电路如图 3-21 所示。

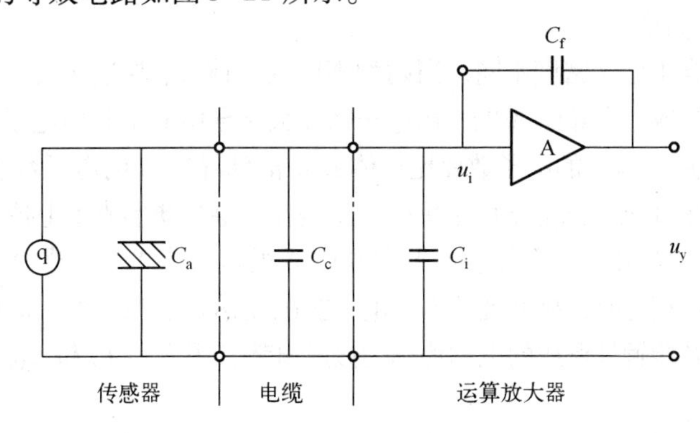

图 3-21　电荷放大器等效电路

由于忽略漏电阻，则

$$q \approx u_i(C_a + C_c + C_i) + (u_i - u_y)C_f = u_i C + (u_i - u_y)C_f$$

式中 u_i——放大器输入端电压；

u_y——放大器输出端电压，$u_y = -Au_i$，A 为电荷放大器开环增益；

C_f——电荷放大器反馈电容。

故

$$u_y = \frac{-Aq}{(C + C_f) + AC_f}$$

如放大器开环增益足够大，则 $AC_f \gg (C + C_f)$，上式可简化为

$$u_y \approx \frac{-q}{C_f} \tag{3-36}$$

式（3-36）表明，在一定条件下，电荷放大器的输出电压与传感器的电荷量成正比，并且与电缆对地电容无关。因此，采用电荷放大器时，即使连接电缆长达百米以上，其灵敏度也无明显变化，这是电荷放大器突出的优点。但与电压放大器相比，其电路复杂，价格昂贵。

3.3.3 热电式传感器

热电式传感器是一种将温度的变化转换为电量变化的元件。例如，当温度变化时，元部件的电势或电阻发生变化，可以通过对这些电量变化的测量来了解温度的变化情况。

热电偶具有构造简单、使用方便、准确度较高、温度测量范围宽等优点，在温度测量中应用极为广泛。常用的热电偶可测的低温为 -50℃，高温为 1 600℃左右。若配用特殊材料的热电极，目前可测温度范围最低到 -180℃，最高可达 2 800℃。

1. 热电偶测温原理

1）热电效应

两种不同的导体两端相互紧密地连接在一起，组成一个闭合回路，如图 3-22 所示。当两接点温度不等（$T > T_0$）时，回路中就会产生电势，从而形成电流，这一现象称为热电效应，该电动势称为热电势。

通常把上述两种不同导体的组合称为热电偶，称 A、B 两导体为热电极。两个接点中的一个为工作端或热端（T），测温时将它置于被测温度场中；另一个叫自由端或冷端（T_0），一般要求恒定在某一温度。

由于不同导体的自由电子密度不同，当两种不同的导体 A、B 连接在一起时，在 A、B 的接触处就会发生电子的扩散。设导体 A 的自由电子密度大于导体 B 的自由电子密度，那么在单位时间内，由导体 A 扩散到导体 B 的电子数要比导体 B 扩散到导体 A 的电子数多，这时导体 A 因失去电子而带正电，导体 B 因得到电子而带负电，于是在接触处便形成了电位差，即电动势，如图 3-23 所示。这个电动势将阻碍电子由导体 A 向导体 B 的进一步扩散。当电子的扩散作用与上述的电场阻碍扩散的作用相等时，接触处的自由电子扩散便达到动态平衡。这种由于两种导体自由电子密度不同，而在其接触处形成的电动势称为接触电势，用 $E_{AB}(T)$ 和 $E_{AB}(T_0)$ 表示。

由物理学可知

$$E_{AB}(T) = \frac{kT}{e}\ln\frac{n_A}{n_B} \tag{3-37}$$

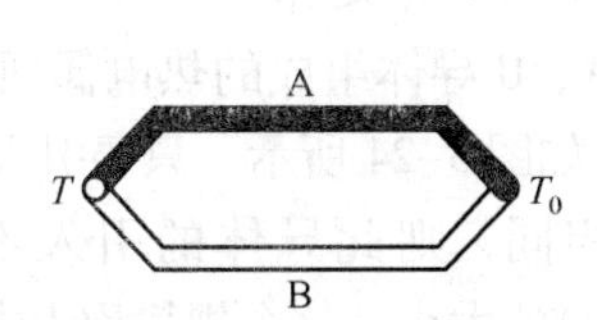

图 3-22　热电偶测温原理

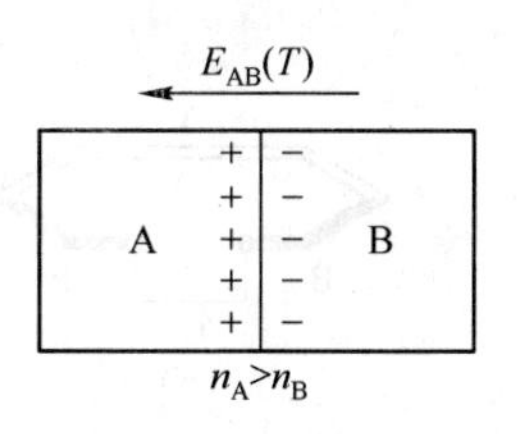

图 3-23　接触电势

$$E_{AB}(T_0) = \frac{kT_0}{e}\ln\frac{n_A}{n_B} \tag{3-38}$$

式中　$E_{AB}(T)$——A、B 两种材料在温度 T 时的接触电势；

$E_{AB}(T_0)$——A、B 两种材料在温度 T_0时的接触电势；

k——玻耳兹曼常数（$k = 1.38 \times 10^{-23}$ J/K)；

T、T_0——接触处的绝对温度；

n_A，n_B——材料 A、B 的自由电子密度；

e——电子电荷量（$e = 1.6 \times 10^{-19}$ C)。

由上可见，接触电势的大小只与导体材料 A、B 的性质和两接点的温度有关，而与材料的几何形状、尺寸无关。

实验与理论均已证明，热电偶回路总电势主要是由接触电势引起的，又由于 $E_{AB}(T)$ 与 $E_{AB}(T_0)$ 的极性相反，所以回路的总电势为

$$E_{AB}(T,T_0) = E_{AB}(T) - E_{AB}(T_0) = \frac{k}{e}(T - T_0)\ln\frac{n_A}{n_B} \tag{3-39}$$

根据上述讨论，可得到以下几点结论。

① 如果热电偶两电极材料相同，则无论两接点温度如何，总热电势为零。

② 如果热电偶两接点温度相同，尽管 A、B 材料不同，回路中总电势等于零。

③ 热电偶产生的热电势只与材料和接点温度有关，与热电极的尺寸、形状等无关。同样材料的热电极，其温度和电势的关系相同，因此，热电极材料相同的热电偶可以互换。

④ 热电偶 A、B 在接点温度为 T_1、T_3时的热电势，等于此热电偶在接点温度为 T_1、T_2 与 T_2、T_3两个不同状态下的热电势之和，即

$$\begin{aligned} E_{AB}(T_1,T_3) &= E_{AB}(T_1,T_2) + E_{AB}(T_2,T_3) \\ &= E_{AB}(T_1) - E_{AB}(T_2) + E_{AB}(T_2) - E_{AB}(T_3) \\ &= E_{AB}(T_1) - E_{AB}(T_3) \end{aligned} \tag{3-40}$$

⑤ 当热电极 A、B 选定后，热电势 $E_{AB}(T,T_0)$ 是两接点温度 T 和 T_0的函数差，即

$$E_{AB}(T,T_0) = f(T) - f(T_0) \tag{3-41}$$

如果使自由端温度 T_0保持不变，则 $f(T_0) = C$(常数)，此时 $E_{AB}(T,T_0)$ 就成为 T 的单值函数，即

$$E_{AB}(T,T_0) = f(T) - C = \varphi(T) \tag{3-42}$$

式（3-42）在实际测温中得到广泛应用。当保持热电偶自由端温度 T_0不变时，只要用仪表测出总热电势，就可以求得工作端温度 T。在实际应用中，把自由端温度保持在0℃。

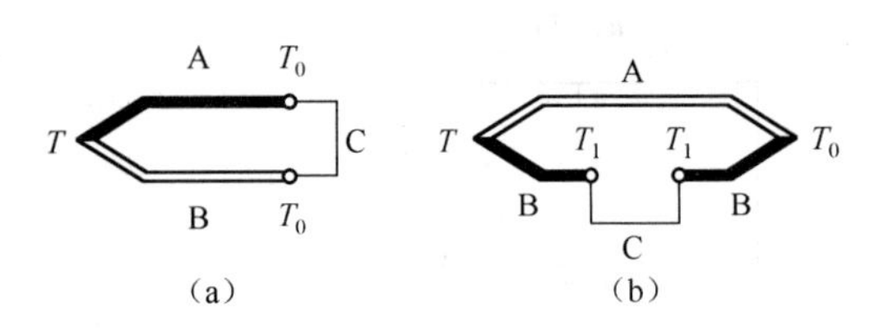

图 3-24 热电偶接入第三种导体

2）中间导体定律

在 A、B 导体组成的热电偶回路中接入第三种导体 C，如图 3-24 所示，只要引入的第三种导体两端温度相同，则此导体的引入不会改变总电势 $E_{AB}(T,T_0)$ 的大小。这个规律称为中间导体定律。

在图 3-24（a）中，已知回路各接点温度相同时，总电势为零，即

$$E_{ABC}(T,T_0)=E_{AB}(T_0)+E_{BC}(T_0)+E_{CA}(T_0)=0$$

或

$$E_{BC}(T_0)+E_{CA}(T_0)=-E_{AB}(T_0) \tag{3-43}$$

而回路的总热电势等于各结点热电势的代数和，即

$$E_{ABC}(T,T_0)=E_{AB}(T)+E_{BC}(T_0)+E_{CA}(T_0) \tag{3-44}$$

将式（3-43）代入式（3-44），得

$$E_{ABC}(T,T_0)=E_{AB}(T)-E_{AB}(T_0)=E_{AB}(T,T_0) \tag{3-45}$$

由式（3-45）可见，热电偶的热电势在引入的第三种导体两端温度相等时，不会因此受到影响。实际应用中，第三种导体可以是测量仪表（如动圈式毫伏表、电子电位差计等）和连接导线。

如按图 3-24（b）方式接入第三种导体，则回路总电势为

$$E_{ABC}(T,T_0)=E_{AB}(T)+E_{BC}(T_1)+E_{CB}(T_1)+E_{BA}(T_0)$$

由于

$$E_{BC}(T_1)=-E_{CB}(T_1)$$

所以

$$E_{ABC}(T,T_0)=E_{AB}(T)-E_{AB}(T_0)=E_{AB}(T,T_0)$$

结论与式（3-45）完全相同。

如引入的第三种导体两端温度不相等，则热电偶产生的电势将要发生变化，其变化的大小取决于引入的导体性质和两接点的温度差。因此，第三种导体不宜采用与热电极性质相差很远的材料，否则一旦温度发生变化，热电势将受很大影响。

3）标准电极定律

如果两种导体（A 和 B）分别与第三种导体（C）组成热电偶，所产生的热电势已知，则由这两个导体（A、B）组成的热电偶产生的热电势可由标准电极定律来确定：

$$E_{AB}(T,T_0)=E_{AC}(T,T_0)-E_{BC}(T,T_0) \tag{3-46}$$

式（3-46）的证明如下。

如图 3-25 所示，AC、BC 和 AB 为三个热电偶，热端温度为 T，冷端温度为 T_0，则

$$E_{AC}(T,T_0)=E_{AC}(T)-E_{AC}(T_0)$$

$$E_{BC}(T,T_0)=E_{BC}(T)-E_{BC}(T_0)$$

将上两式相减，得

$$E_{AC}(T,T_0)-E_{BC}(T,T_0)=E_{AC}(T)-E_{AC}(T_0)-[E_{BC}(T)-E_{BC}(T_0)]$$

利用中间导体定律

$$E_{AC}(T)-E_{BC}(T)=E_{AB}(T)$$

$$E_{BC}(T_0)-E_{AC}(T_0)=E_{BA}(T_0)$$

则

$$E_{AC}(T,T_0)-E_{BC}(T,T_0)=E_{AB}(T)+E_{BA}(T_0)$$

$$=E_{AB}(T)-E_{AB}(T_0)=E_{AB}(T,T_0)$$

由此可见，任意几个热电极与一标准电极组成热电偶产生的热电势已知时，就可以很方便地求出这些热电极彼此任意组合时的热电势。通常用纯铂（Pt）作为标准热电极。

2. 热电偶的结构

普通热电偶都做成棒状，它有四个组成部分，其总体结构如图 3-26 所示。

热电偶常以热电极材料种类来定名，例如铂铑 - 铂热电偶、镍铬 - 镍硅热电偶等。其直径大小由材料价格、机械强度、导电率及热电偶的用途和测量范围等因素决定。贵金属热电偶热电极直径大多为 0. 13 ～ 0. 65 mm，普通金属热电偶热电极直径为 0. 5 ～ 3. 2 mm。热电偶长度由使用情况、安装条件，特别是工作端在被测介质中插入深度决定，通常为 350 ～ 2 000 mm，常用的长度为 350 mm。

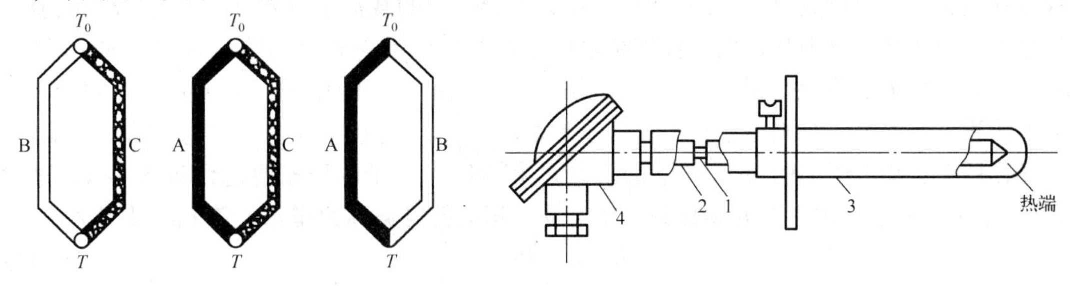

图 3-25　三种导体分别组成的热电偶

图 3-26　普通热电偶结构
1—热电极　2—绝缘管　3—保护套管　4—接线盒

绝缘管又称绝缘子，用来防止两根热电极短路，其材料的选用视使用的温度范围和对绝缘性能的要求而定。

3.4　半导体传感器

半导体传感器是利用半导体材料具有对光、热、力、磁、气体和湿度等理化量的敏感性，将其作为非电量电测的转换元件。机械工程测试领域常用的半导体传感器有磁敏式传感器、光敏式传感器、热敏式传感器和固态图像传感器等。

半导体传感器属于物性型传感器，与前述的结构型传感器相比，具有体积小、灵敏度高、寿命长和易于实现集成化等优点。虽然也存在线性范围窄、受温度影响大及性能参数离散度大等缺点，但这些都可用一定的功能电路加以修正或补偿；且随着大规模集成电路技术的发展，半导体传感器技术的发展日趋完善，成为测试技术的重要发展方向。

3.4.1　磁敏式传感器

磁敏式传感器是以半导体材料的磁敏特性作为工作基础的传感器，敏感元件有霍尔元件、磁阻元件和磁敏管等。本书介绍霍尔元件和磁阻元件。

1. 霍尔元件

霍尔元件是一种能实现磁电转换的半导体元件，一般由锗（Ge）、锑化铟（InSb）、砷化铟（InAs）等半导体材料制成。其工作原理是霍尔效应，如图3-27所示，将霍尔元件置于磁场中，如果在 a、b 端通以电流 i，在 c、d 端就会出现电位差，称为霍尔电势，这种现象称为霍尔效应。

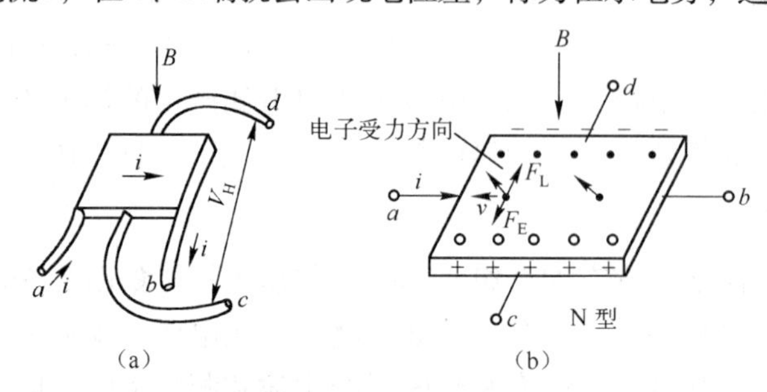

图3-27 霍尔元件及霍尔效应原理

（a）霍尔元件；（b）霍尔效应

由于在磁场中运动的电荷受洛伦兹力的作用，便产生了霍尔效应。假定把N型半导体薄片放在磁场中，通以固定方向的电流 i，那么半导体中的载流子（电子）将沿着与电流方向相反的方向运动。物理学指出，任何带电质点在磁场中沿着和磁力线垂直的方向运动时，都要受到磁场力 F_L 的作用，这个力又称为洛伦兹力。由于 F_L 的作用，电子向一边偏转，并形成电子积累，而另一边则积累正电荷，于是形成电场，该电场阻止运动电子的继续偏转。当电场作用在运动电子上的力 F_E 与洛伦兹力 F_L 相等时，电子的积累便达到动态平衡。这时在元件 c、d 两端之间建立的电场称为霍尔电场，相应的电势称为霍尔电势 E_H，其大小为

$$E_H = k_H iB\sin\alpha \tag{3-47}$$

式中 k_H——霍尔常数，取决于材质、温度、元件尺寸；

B——磁感应强度，T；

α——电流与磁场方向的夹角。

根据式（3-47），如果改变 B 或 i，或者两者同时改变，可改变 E_H 值，就可把相应的被测量转换为电压变化。

2. 磁阻元件

磁阻元件的工作原理是基于半导体材料的磁阻效应（或称高斯效应），与霍尔效应的区别在于，霍尔电势是指加于电流方向的电压，而磁阻效应则是沿电流方向电阻的变化。洛伦兹力使载流子向一边偏转，因而半导体片内的电流分布是不均匀的，改变磁场的强弱就会影响电流密度的分布，故表现为半导体片电阻的变化。

磁阻效应与材料的性质及几何形状有关，一般迁移率越大的材料，磁阻效应越显著；元件的长、宽比越小，磁阻效应越大。

磁阻元件可用于位移、力、加速度等参数的测量。图3-28所示为一种测量位移的磁阻效应传感器。将磁阻元件置于磁场中，当它相对于磁场发生位移时，元件的内阻 R_1、R_2 发生变化。如将 R_1、R_2 接于电桥，则其输出电压与电阻的变化成比例。

此外，有一种称为磁敏二极管的半导体器件，其检测磁场变化的灵敏度很高（高达10 V/(mA·T)），体积小、功耗小，其缺点是有较大的噪声、漂移和温度系数等，它已用于借助磁场触发的无触点开关、磁力探伤仪等，也可用于非接触测量转速、位移等。

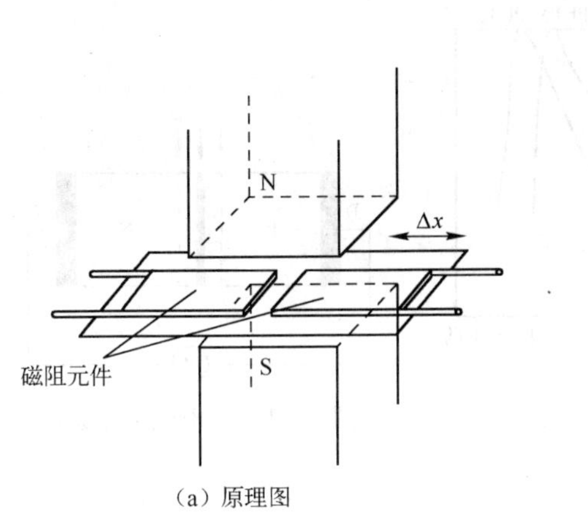

(a) 原理图

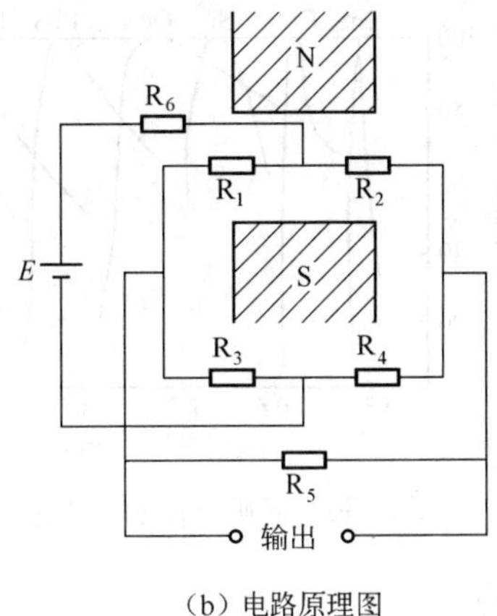

(b) 电路原理图

图 3-28　磁阻效应位移传感器

3.4.2　光敏式传感器

光电转换元件是利用物质的光电效应，将光量转换为电量的一种器件。应用这种元件检测时，往往先将被测量转换为光量，再通过光电元件转换为电量。光电转换元件主要有光敏电阻、光电池和光敏管等。

1. 光敏电阻

光敏电阻又称光导管，属于光电导元件。半导体材料受到光照时，电阻值减小的现象称为内光电效应，图 3-29 所示为光敏电阻的工作原理。这种现象的物理实质是在光量子的作用下，物质吸收了能量，内部释放出电子，使载流子密度或迁移率增加，从而导致电导率增加，光通量越大，阻值越小。光敏半导体薄膜一般为铊、镉、铅、铋的硒化物或硫化物。

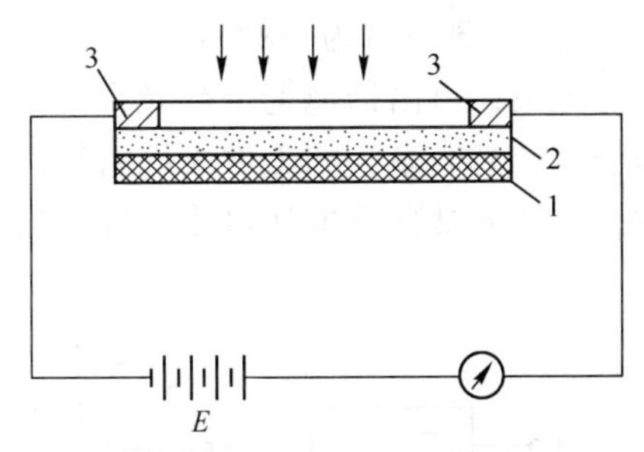

图 3-29　光敏电阻

1—绝缘底座　2—半导体薄膜　3—电极

光敏电阻阻值的变化与光波波长有关，不同材料的光谱特性不同（如图 3-30 所示）。一般根据入射光的波长选择材料，例如，硫化镉（CdS）、硒化镉（CdSe）等适用于可见光范围；氧化锌（ZnO）、硫化锌（ZnS）等适用于紫外线域；硫化铅（PbS）、硒化铅（PbSe）、碲化铅（PbTe）等适用于红外线域（如图 3-30 所示）。

2. 光电池

半导体光电池是一种可以直接将光能转换成电能的光电转换元件，当它受到光照时，可直接输出电势。图 3-31 所示为具有 PN 结的光电池工作原理。当用光照射时，由于吸收了光子能量，在 PN 结附近产生电子与空穴，称为光生载流子。它们在 PN 结电场的作用下，产生漂移运动，电子被推向 N 区，而空穴被拉进 P 区。结果，在 P 型区一边积聚了大量的过剩空穴，N 型区一边积聚了大量过剩电子，从而使 P 型区带正电，而 N 型区带负电，二者之间产生电位差，用导线连接即可构成光电池。

常用光电池有硒、硅、碲化镉、硫化镉等的 PN 结，作为能量转换器使用最广的是硅光电池，其光谱范围为 0.4 ～ 1.1 μm，灵敏度为 6 ～ 8 nA/(mm^2 · lx)，响应时间为数微秒至数十微秒。

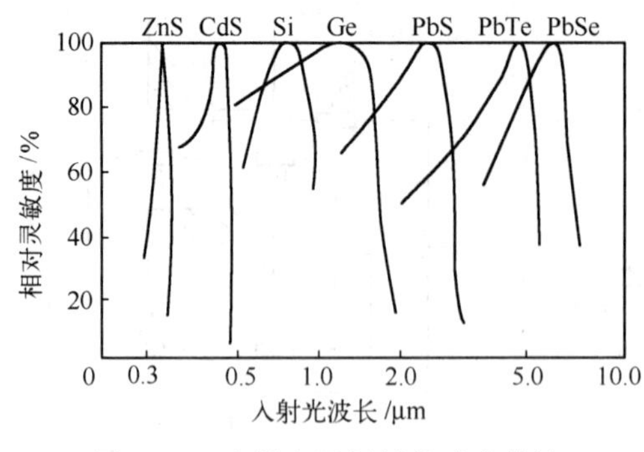

图 3-30 光敏电阻材料的感光特性

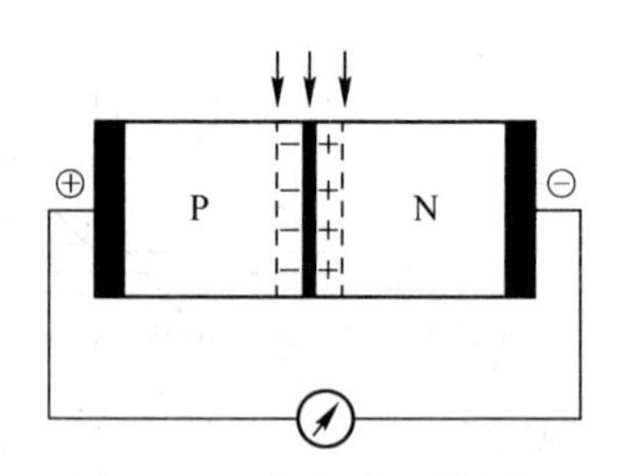

图 3-31 光电池工作原理

3. 光敏管

光敏晶体管是在光照下载流子增加的半导体光电元件，具有一个 PN 结的称为光敏二极管，具有两个 PN 结的称为光敏三极管。图 3-32 所示为光敏三极管及其伏安特性曲线。与普通三极管相似，在集电极 c 与基极 b 之间的 PN 结附近，受光照产生的光电流相当于三极管的基极电流。不同光照下的伏安特性与一般晶体管在不同基极电流时的输出特性相似。

光电转换元件具有很高的灵敏度，并且体积小、质量轻、性能稳定、价格便宜，在工业技术中得到了广泛应用。

图 3-33 所示为一种检查零件表面缺陷的光电传感器。激光管发出的光束经过透镜变为平行光束，再由透镜把平行光束聚焦在工件的表面上，形成宽约 0. 1 mm 的细长光带，光栏用于控制光通量，如工件表面有缺陷（非圆、粗糙、波纹、裂纹等），会引起光束偏转或散射，这些光被硅光电池接收，即可转换为电信号。

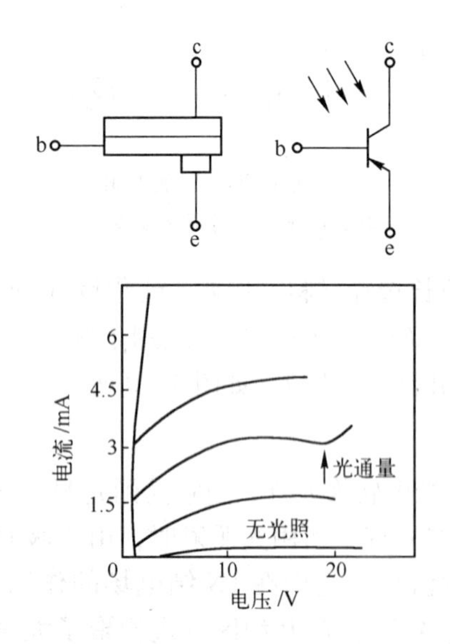

图 3-32 光敏三极管及其伏安特性曲线

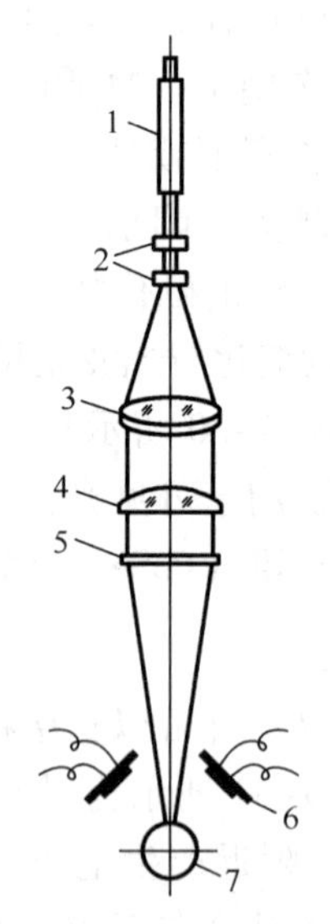

图 3-33 检查零件表面缺陷的光电传感器

1—激光管 2，3，4—透镜 5—光栏 6—硅光电池 7—工件

3. 4. 3 热敏式传感器

热敏电阻是由金属氧化物（NiO，MnO_2，CuO，TiO_2等）粉末按一定比例混合烧结而成

的半导体，它具有负的电阻温度系数，随温度上升而阻值下降。

根据半导体理论，热敏电阻在温度 T 时的电阻温度系数为

$$\alpha = \frac{\mathrm{d}R/\mathrm{d}T}{R} = -\frac{b}{T^2} \tag{3-48}$$

式中　b——常数，由材质而定。

若取 $b = 3\,400\mathrm{K}$，$T = 273.15\mathrm{K}$ 时，可得 $\alpha = -3.96 \times 10^{-2}\mathrm{K}^{-1}$，它相当于铂电阻丝的10倍。

半导体热敏电阻与金属丝电阻比较，具有下述优点。

① 灵敏度高，可测0.001℃～0.005℃的微小温度变化。

② 热敏电阻元件可制成片状、柱状，直径可达0.5 mm，由于体积小，热惯性小，响应速度快，时间常数可小到毫秒级。

③ 元件本身的电阻值可达3～700 kΩ，当远距离测量时，可不考虑导线电阻的影响。

④ 在-50℃～350℃温度范围内具有较好的稳定性。

热敏电阻的缺点是非线性大，对环境温度敏感性高，测量时易受到干扰。图3-34所示为热敏电阻元件及其温度特性，曲线上标的是室温下的电阻值。

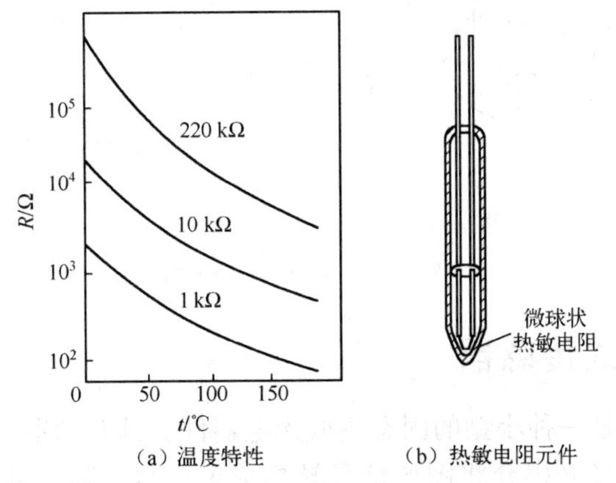

图3-34　热敏电阻元件及其温度特性

热敏电阻元件广泛用于测量仪器、自动控制和自动检测等装置中。

3.4.4　气敏式传感器

气敏半导体材料有氧化锡（SnO_2）、氧化锰（MnO_2）等，当它们吸收了可燃气体烟雾，如氢气、一氧化碳、甲烷、乙醚、乙醇、苯及天然气、沼气等，会发生还原反应，放出热量，使元件温度相应提高，电阻发生变化。利用这种特性，将气体的浓度和成分信息变换成电信号，进行监测和报警。由于它具有对气体辨别的特殊功能，故称之为“电子鼻”。

如图3-35所示为典型气敏元件的电阻—浓度关系。可以看出，一般随气体的浓度增加，元件电阻值明显增大，且在一定范围内呈线性关系。元件对不同气体的敏感程度不同，对乙醚、乙醇、氢气等具有较

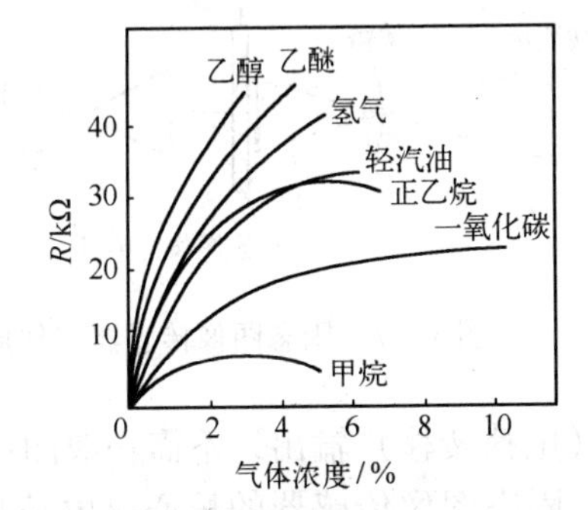

图3-35　气敏电阻的电阻—浓度关系

高灵敏度，而对甲烷的灵敏度低。

气敏电阻用于众多工业部门，对危险气体进行监测、报警，以保证生产安全。

3.4.5 湿敏式传感器

一些半导体材料，如四氧化三铁（Fe_3O_4）、氧化铝（Al_2O_3）、氧化钒（V_2O_5）等，具有吸湿特性，其电阻值随湿气的吸附和脱附过程而变化，利用这一性质可以制成检测湿度的湿敏元件。图 3-36（a）所示为一种 Fe_3O_4 湿敏元件的结构，在绝缘基板上用丝网印刷工艺制成一对梳背状金质电极，其上涂覆一层厚约 30 μm 的胶粒 Fe_3O_4 薄膜，经低温烘干，从金质电极引出端线而制成元件。图 3-36（b）为 Fe_3O_4 湿敏元件的电阻—湿度特性曲线。湿度传感器广泛用于许多场合的湿度监测、控制和报警。

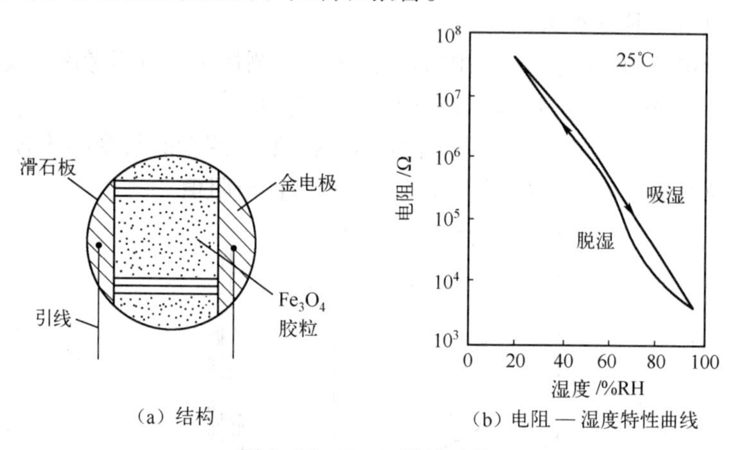

图 3-36 Fe_3O_4 湿敏元件

3.4.6 固态图像式传感器

固态图像式传感器是一种小型的固态集成光电器件，具有光生电荷及积蓄、转移电荷的功能。这种器件能够经过光媒介将图像信号转换成电信号，是一种光信息处理装置，在传真、文字识别、图像识别等技术领域已获得广泛应用。由于它具有小型、轻质、高灵敏度、高稳定性、响应快、寿命长及非接触等特点，近年来在测试技术领域中，如检测物体的有无、形状、尺寸和位置等，特别是在自动控制和自动检测中，越来越显示出它的优越性。

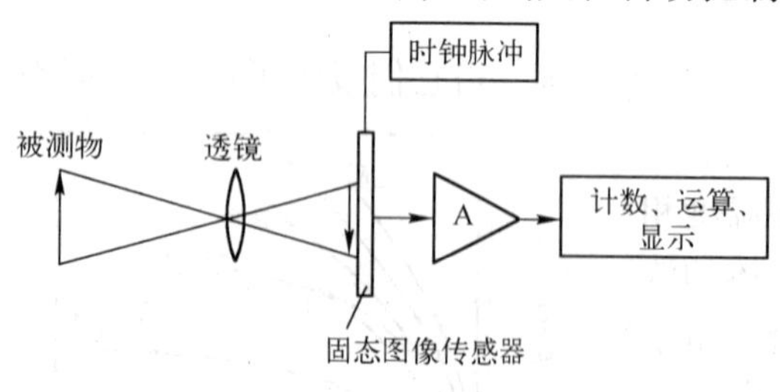

图 3-37 固态图像传感器工作原理

具体来说，固态图像式传感器是指把布设在半导体衬底上的许多感光小单元的光电信号，用控制时钟脉冲或其他办法读取出来的功能器件。这些小单元简称为“像素”或“像点”，它们在空间、电气上是彼此独立的。图 3-37 所示为固态图像传感器的工作原理。入射光图像照射到传感器上，其各位置的像素点所形成的光电信号能直接由自扫描（电荷转移）输出，不需一般图像传感器（如光导摄像管）的外加扫描器件。

固态图像传感器的核心是电荷耦合器件 CCD（Charge Coupled Device）。它的基础是金属-氧化物-硅 MOS（Metal Oxide Semiconductor）电容器。MOS 电容器是在热氧化 P 型 Si（P-Si）衬底上淀积金属而构成的一种电容器，如图 3-38 所示。若某一时刻给它的金属电极加正向电压 U_G，P-Si 中的多数载流子（此时是空穴）便会受到排斥，于是，在 Si 表面就会形成一个耗尽区。这个耗尽区与普通 PN 结一样，同样也是电离受主构成的空间电荷区。并且，在一定条件下，所加 U_G越大，耗尽区就越深，这时 Si 表面吸收少数载流子（此时是电子）的势（即表面势 U_S）也就越大。显而易见，这时的 MOS 电容器所能容纳的少数载流子电荷的量就越大。据此，可以用“势阱”来比喻 MOS 电容器在 U_S作用下存贮信号电荷的能力。习惯上，把“势阱”想像为一个桶，把少数载流子（信号电荷）想像为盛在桶底上的流体。

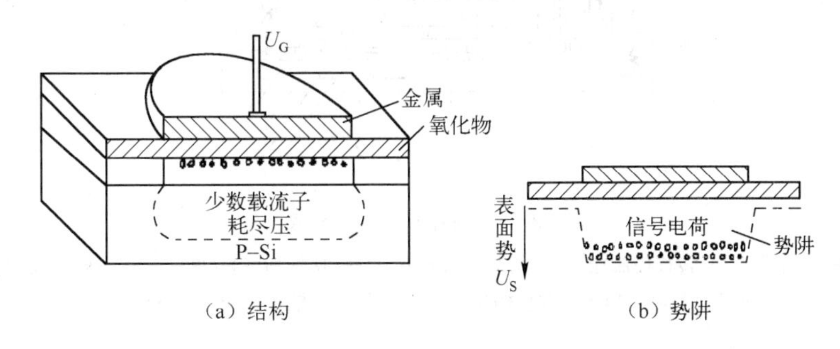

（a）结构　　（b）势阱

图 3-38　MOS 电容器及其表面势阱

CCD 器件由许多 MOS 电容器排列而成。它的 Si 衬底，在光照下可产生光生载流子的信号电荷。由于 MOS 势阱的存在，MOS 电容器具备蓄积电荷的功能。也就是说，CCD 器件具备光电转换机能。若再使其具备转移信号电荷的自扫描功能，便可构成固态图像传感器。

如图 3-39 所示为 CCD 的电荷转移过程。图 3-39（a）表示排列在一起的 MOS 电容器。如果 MOS 之间相距很近，以致耗尽区相互交叠，那么，任何可以移动的少数载流子信号电荷都将力图堆积到表面势最大的位置。若用势阱比喻，则它们都将流向“桶底”。图中 ϕ_1、ϕ_2是两个控制栅极，若分别加以不同的正向脉冲，就可改变它们各自所对应的下方 MOS 的表面势，即可以改变阱的深度，从而使信号电荷由浅阱向深阱自动转移。图 3-39（b）表示在 $t=t_0$，$t=t_1$，$t=t_2$时信号电荷的堆积情况。图 3-39（c）表示控制栅极 ϕ_1、ϕ_2的电压变化，可见，信号电荷随栅极脉冲变化而沿势阱之间依次耦合前进。

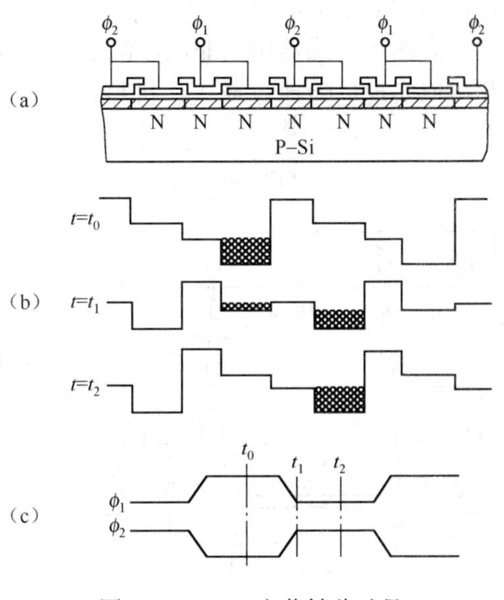

图 3-39　CCD 电荷转移过程

固态图像传感器可依照其像素排列方式分为线型、面型或圆型等，已作为工程应用的有 1 024，1 728，2 048，4 096 像素线型传感器；32×32，100×100，320×244，490×400 像素面型传感器等。

如图 3-40 所示为一种线型固态图像传感器。传感器的感光部是光敏二极管（PD，PhotoDiode）的线阵列，1 728 个 PD 作为感光像素位于传感器中央，两侧设置 CCD 转移寄存器，寄存器上面覆以遮光物，奇数号位的 PD 的信号电荷移往下侧的寄存器；偶数号位的信号电荷则移往上侧的寄存器。再以输出控制栅驱动 CCD 转移寄存器，把信号电荷经公共输出端从光敏二极管 PD 上依次读出。

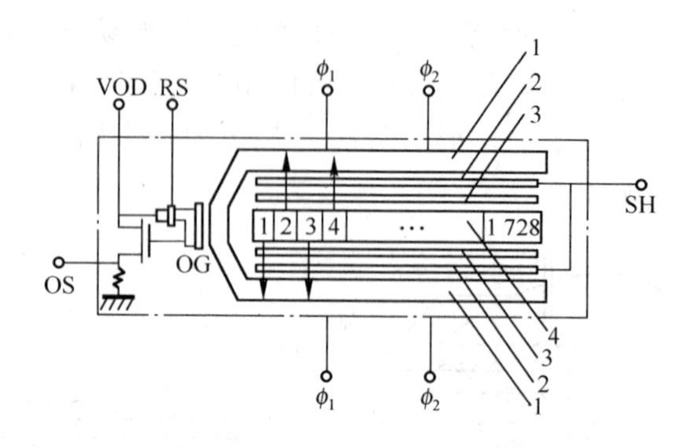

图 3-40　线型固态图像传感器

1—CCD 转移寄存器　2—转移控制栅　3—积蓄控制电极　4—PD 阵列（1 728）　SH—转移控制栅输入端　RS—复位控制　VOD—漏极输出　OS—图像信号输出　OG—输出控制器

近来另一种图像传感器——互补金属氧化物场效应管 CMOS（Complement Metal Oxide Semiconductor）光电传感器也已在计算机、笔记本计算机、PDA（Personal Digital Assistant）、视频电话、扫描仪、数码相机、摄像机、监视器、车载电话、指纹认证等的图像输入领域得到广泛的应用。CMOS 和 CCD 使用相同的感光元件，具有相同的灵敏度和光谱特性，但光电转换后的信息读取方式不同。CMOS 光电传感器经光电转换后直接产生电流（或电压）信号，信号读取十分简单。

固态图像传感器用于非电量测量，是以光为媒介的光电转换，以非接触方式进行测量，因此可以实现危险地点或人、机械不可到达场所的测量与控制。它在测控领域的主要应用如下。

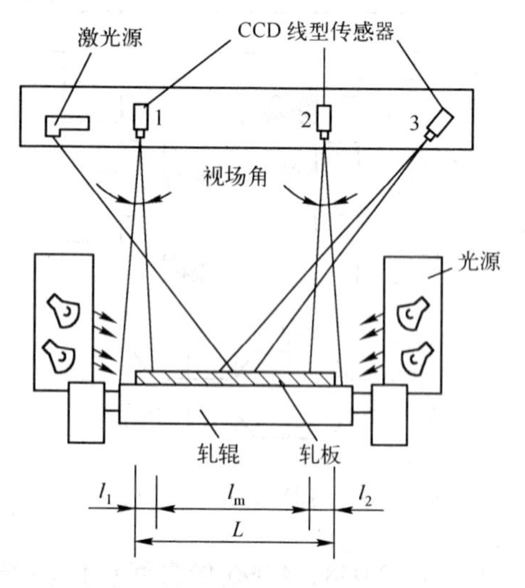

图 3-41　热轧铝板宽度自动检测原理

① 组成测量仪器，可测量物位、尺寸和工件损伤等。

② 作光学信息处理装置的输入环节，例如用于传真技术、光学文字识别技术及图像识别技术等。

③ 作自动流水线装置中的敏感器件，例如可用于机床、自动搬运车以及自动监视装置等。

如图 3-41 所示为用于测量热轧铝板宽度的自动检测原理。两个 CCD 线型传感器置于铝板的上方，板端的一小部分处于传感器的视场内，依据几何光学方法可以分别测知宽度 l_1、l_2，在已知两个传感器的视场间距为 l_m 时，就可根据传感器的输出计算出铝板宽度 L。图中 CCD 传感器 3 是用来摄取激光器在板上的反射光像的，其输出信号用来补偿由于板厚变化造成的测量误差。

整个系统由微处理机控制，这样可做到在线实时检测热轧板宽度；对于 2 m 宽的热轧板，最终测量精度可达板宽的 ±0.025%。

3.4.7 集成式传感器

随着集成电路技术的发展，将越来越多的半导体传感器及其后续电路制作在同一芯片上，形成集成式传感器。它具有传感器的功能，又能完成后续电路的部分功能。

随着集成技术的发展，集成式传感器所包括的电路也由少变多，由简变繁。优先集成的电路大致有各种调节和补偿电路，如电压稳定电路、温度补偿电路和线性化电路、信号放大和阻抗变换电路、信号数字化和信号处理电路、信号发送与接收电路，以及多传感器的集成。集成式传感器的出现，不仅使测量装置的体积缩小，质量减小，而且增加了功能，改善了性能。例如，温度补偿电路和传感元件集成在一起，能有效地感知并跟随传感元件的温度，可取得较好的补偿效果；阻抗变换、放大电路和传感元件集成在一起，可有效减小两者之间传输导线引进的外来干扰，改善信噪比；多传感器的集成，可同时进行多参量测量，并能对测量结果进行综合处理，从而得出被测系统的整体状态信息；信号发送和接收电路与传感元件集成在一起，使传感器有可能置于危险环境、封闭空间甚至植入生物体中接受外界的控制，并自动输送出测量结果。

近年来，随着集成技术的发展，集成传感器所包含的电路已具有一定的“智能”，从而出现了“灵巧传感器”（Smart Sensor）或“智能传感器”（Intelligent Sensor）。这类传感器一般具有如下几方面的能力。

① 调节和环境补偿能力。能自动补偿环境变化（如温度、气压等）的影响，自动校正、自选量程和输出线性化。

② 通信能力。以某种方式与系统接口。

③ 自诊断能力。能自寻故障并通知系统。

④ 逻辑和判断能力。能进行判断，并操作控制元件。

灵巧传感器能有效地提高测量精确度、扩大使用范围和提高可靠性。

已经应用的灵巧传感器种类很多，用于位置、“有 - 无”、距离、厚度、状态和目标识别等方面检测用的灵巧传感器尤其受到重视。

3.5 传感器的选用原则

前面介绍了常用传感器的一些初步知识，如传感器的类型及工作原理等。但如何根据测试目的和实际条件合理地选用传感器，也是经常会遇到的问题。选用传感器主要考虑以下几个方面的因素。

1. 灵敏度

一般来说，传感器的灵敏度越高越好。因为灵敏度高，意味着传感器所能感知的变化量越小，被测量稍有微小变化，传感器就有较大的输出。同时也应考虑到，灵敏度越高，与测量信号无关的外界噪声也容易混入，并且噪声也会被放大系统放大。这时必须考虑既要检测微小量值，又要噪声小。为保证此点，往往要求信噪比越大越好，即要求传感器本身噪声小，且不易从外界引进干扰噪声。

和灵敏度紧密相关的是量程范围。当输入量增大时，除非有专门的非线性校正措施，传感器不应进入非线性区域，更不能进入饱和区域。某些测试工作要在较强的噪声干扰下进行。这时对传感器来讲，其输入量不仅包括被测量，也包括干扰量，两者的叠加不能进入非线性区。不言而喻，过高的灵敏度会影响其适用的测量范围。

此外，当被测量是一个向量，并且是一个单向向量时，那么要求传感器单向灵敏度越高越好，而横向灵敏度越小越好；如果被测量是二维或三维向量，那么对传感器还应要求交叉灵敏度越小越好。

2. 响应特性

传感器的响应特性必须在所测范围内努力保持不失真测量条件。此外，实际传感器的响应总有一定迟延，但迟延时间越短越好。

一般来说，利用光电效应、压电效应等的物性型传感器，响应时间短，可工作频率范围宽。而电感、电容、磁电式等结构型的传感器，由于受结构特性的影响，其响应时间较长，固有频率低。

在动态测量中，传感器的响应特性对测试结果有直接影响，选用时应充分考虑被测物理量的变化特点（如稳态、瞬变随机等）。

3. 线性范围

任何传感器都有一定的线性范围，在线性范围内输出与输入成比例关系。线性范围越宽，则表明传感器的工作量程越大。

传感器工作在线性区域内，是保证测量精度的基本条件。例如，机械式传感器中的测力弹性元件，其材料的弹性极限是决定测力量程的基本因素，当超过弹性极限时，将产生非线性误差。

然而，任何传感器都不容易保证其绝对线性，某些情况下，在许可范围内，也可以在其近似线性区域应用。例如，变间隙型的电容、电感传感器均采用在初始间隙附近的近似线性区内工作。选用时必须考虑被测物理量的变化范围，令其非线性误差在允许范围以内。

4. 稳定性

稳定性表示传感器经长期使用后，其输出特性不发生变化的性能。影响传感器稳定性的因素是时间与环境。

为了保证稳定性，在选定传感器之前，应对使用环境进行调查，以选择较合适的传感器类型。如电阻应变式传感器，湿度会影响其绝缘性，温度会影响其零漂，长期使用会产生蠕变现象。又如，对变极距式的电容传感器，环境湿度或油剂浸入间隙会改变电容器介质；对于磁电式传感器或霍尔效应元件等，当在电场、磁场中工作时，亦会带来测量误差；滑线电阻式传感器表面有尘埃时，将引入噪声，等等。

在机械工程中，有些机械系统或自动化加工过程，往往要求传感器能长期使用而不需经常更换或校准。这种情况应对传感器的稳定性有严格的要求。例如，热轧机系统控制钢板厚度的 γ 射线检测装置，用于自适应磨削过程的测力系统或零件尺寸的自动检测装置等往往是在比较恶劣的环境下工作，其尘埃、油剂、温度、振动等干扰是很严重的。这时，传感器的选用必须优先考虑稳定性因素。

5. 精确度

传感器的精确度表示传感器的输出与被测量的对应程度。传感器能否真实地反映被测量值，对整个测试系统具有直接影响。然而，也并非要求传感器的精确度越高越好，还应考虑到其经济性，传感器精确度越高，价格也越贵。因此，应从实际出发来选择。首先应了解测试目的，判定是定性分析还是定量分析。如果是属于相对比较性的试验研究，只需获得相对比较值即可，那么应要求传感器的精密度高，而无须要求绝对量值。当然，如果是定量分析，那么必须获得精确量值，因而要求传感器有足够高的精确度。例如，为研究精密切削机床运动部件的定位精确度、主轴回转运动误差、振动及热变形等，往往要求测量精确度在 0.1 ～ 0.01 nm 的范围内，要测得这样的量值，必须具有高精确度的传感器。

6. 测量方式

传感器在实际条件下的工作方式，也是选用传感器时应考虑的重要因素。例如，接触测量与非接触测量，在线测量与非在线测量等。因为条件不同，对传感器的要求也不同。在机械系统中，运动部件的被测参数（例如回转轴的误差运动、振动、扭矩）往往需要非接触测量。因为对部件的接触式测量不仅造成对被测系统的影响，而且有许多实际困难，诸如测量头的磨损、接触状态的变动、信号的采集等都不易妥善解决，也易于造成测量误差。采用电容式、涡流式等非接触式传感器会有很大方便。若选用电阻应变片时，则需配以遥测应变仪。

在线测试是与实际情况更接近一致的测试方法，特别是实现自动化过程的控制与检测系统，往往要求真实性与可靠性。因此，必须在现场实时条件下才能达到检测要求。实现在线检测是比较困难的，对传感器及测试系统都有一定的特殊要求。例如，在加工过程中，若要实现表面粗糙度的检测，以往的光切法、干涉法、触针式轮廓检测法等都不能运用，取而代之的是激光检测法。实现在线检测的新型传感器的研制，也是当前测试技术发展的一个方面。

7. 其他

选用传感器时，除了以上应充分考虑的因素外，还应尽可能兼顾结构简单、体积小、质量轻、价格便宜、易于维修、易于更换等条件。

复习参考题

1. 在机械式传感器中，影响线性度的主要因素是什么？举例说明。

2. 电阻丝应变片与半导体应变片在工作原理上有何区别？各有何优缺点？应如何针对具体情况选用？

3. 电感传感器（自感型）的灵敏度与哪些因素有关？要提高灵敏度可采取哪些措施？采取这些措施会带来什么后果？

4. 电容式、电感式和电阻应变式传感器的测量电路有何异同？举例说明。

5. 一电容测微仪，其传感器的圆形极板半径 $r=4\,\text{mm}$，工作初始间隙 $\delta=0.3\,\text{mm}$，试求：

（1）工作时，如果传感器与工件的间隙变化量 $\Delta\delta=\pm 1\,\mu\text{m}$ 时，电容变化量是多少？

（2）如果测量电路的灵敏度 $S_1 = 100\ \mathrm{mV/pF}$，读数仪表的灵敏度 $S_2 = 5$ 格/mV，在 $\Delta\delta = \pm 1\ \mu\mathrm{m}$ 时，读数仪表的指示值变化多少格？

6. 把一个变阻器式传感器按题图 3-1 接线，它的输入量是什么？输出量是什么？在什么条件下它的输出量与输入量之间有较好的线性关系？

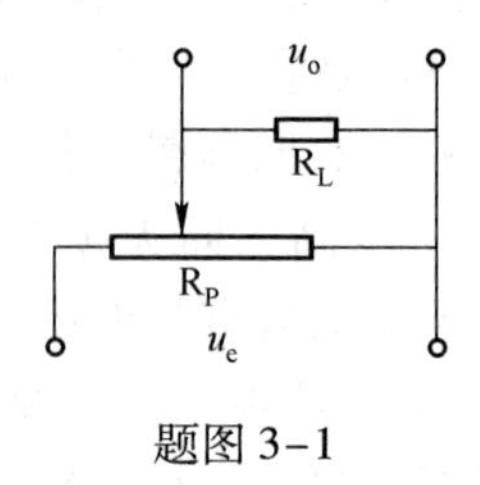

题图 3-1

7. 试按接触式与非接触式区分传感器，列出它们的名称、变换原理及适用场合。

8. 什么是霍尔效应？其物理本质是什么？用霍尔元件可测哪些物理量？举出三个例子说明。

9. 一压电式压力传感器的灵敏度 $S = 90\ \mathrm{pC/MPa}$，把它和一台灵敏度调到 $0.005\ \mathrm{V/pC}$ 的电荷放大器连接，放大器的输出又接到一灵敏度已调到 $20\ \mathrm{mm/V}$ 的光线示波器上记录，试绘出这个测试系统的框图，并计算其总的灵敏度。

第4章 信号的调理与记录

【本章内容概要】

本章主要介绍电桥工作原理、调制与解调、信号的放大与衰减、滤波器、信号的显示与记录。

【本章学习重点与难点】

学习重点：测量电桥的输出特性。

学习难点：信号的调制与解调。

传感器输出的电信号通常很微弱或者是非电量信号（如电阻、电容或电感等电参量），这些信号难以直接显示或输入仪器、计算机进行数据采集，而且有些信号本身还携带一些人们不希望有的信息或噪声。因此，经传感后的信号需经调理、放大、滤波等一系列的处理，以将非电量信号转换为电量信号（如电压或电流），将微弱的电量信号放大，抑制干扰噪声、提高信噪比，对误差做必要的补偿和校正等，以便于后续环节的处理。

信号的调理与记录涉及的范围很广，此处主要讨论最常用的环节，如电桥、调制与解调、滤波和放大等，并对常用的信号显示与记录仪器做简要介绍。

4.1 电　　桥

电桥是用来测量参量式传感器的可变电阻、电容或电感的电路，它是将这些电参量的变化变换为电压或电流等电量信号的电路。

电桥电路简单可靠，且可根据具体需要灵活地改变成各种形式。这种电路精度高，灵敏度高，所以应用较为广泛。它既可以用于直流电路，也可以用于不同频率的交流电路。

电桥电路除能准确地测量电阻、电容、电感外，还可用来测量电参量的复数量，如各种介质或磁性材料的损耗角，电感线圈的品质因素，电路的时间常数等。本节着重讨论它将电路参数变化转换成电压或电流信号的原理和特性。

电桥按其激励电源类型可分为直流电桥和交流电桥，按其工作状态可分为零值法和偏值法两种，其中偏值法的应用更为广泛。目前使用的电桥有许多种，但它们之间没有本质差别，都可以转化为基本的四臂电桥线路。

4.1.1 直流电桥

经典的直流电桥线路由连接成环形的四个电阻组成，如图4-1所示。在电阻的两个相

对连接点 a 与 c 上接直流电源 u_0；在另两个相对的连接点 b 与 d 上引出，作为电桥的输出端，可以接平衡指示仪表或后续放大器等。电阻 R_1、R_2、R_3 和 R_4 称为桥臂，四个电阻的连接点称为顶点；接电源或输出的电路，称为对角线。两对角线将相对的两个顶点连通起来，就好像在它们之间架起了一座“桥”，现在“电桥”这一术语是指上述的整个线路。

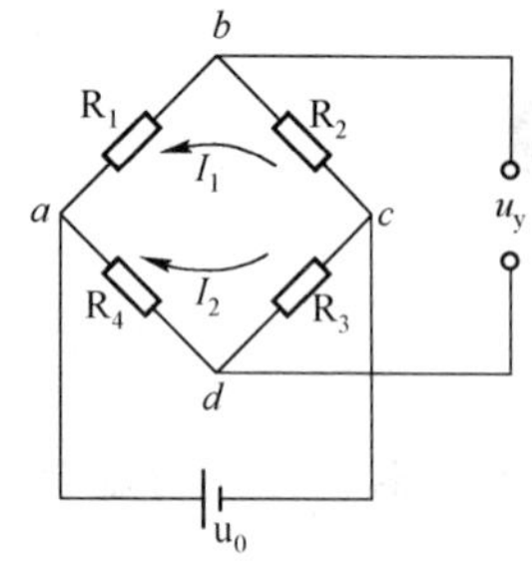

图 4-1　直流电桥

直流电桥的工作原理是当一个桥臂（或二、三、四个桥臂）由一个微变电阻式传感器构成时，被测物理量的变化转化为电阻传感器的微电阻变化 ΔR，此电阻的变化将引起直流电桥输出电压的变化 u_y。u_y 与 ΔR 的函数关系可根据电路分析的理论求出。

假设输入端是一个恒压电源。又假设输出端所接负载内阻极大，近似看作开路，即没有电流流过它。这一假设是符合实际的，因为输出端往往是接到一个高输入阻抗的指示表头或放大器上。由图 4-1，有

$$I_1=\frac{u_0}{R_1+R_2},I_2=\frac{u_0}{R_3+R_4} \tag{4-1}$$

$$u_{ab}=I_1R_1=\frac{R_1}{R_1+R_2}u_0 \tag{4-2}$$

$$u_{ad}=I_2R_4=\frac{R_4}{R_3+R_4}u_0 \tag{4-3}$$

$$\begin{aligned}u_y&=u_{ab}+u_{da}=u_{ab}-u_{ad}\\&=\left(\frac{R_1}{R_1+R_2}-\frac{R_4}{R_3+R_4}\right)u_0\\&=\frac{R_1R_3-R_2R_4}{(R_1+R_2)(R_3+R_4)}u_0\end{aligned} \tag{4-4}$$

这就是直流电桥的特性公式，由此式可见：若 $R_1R_3=R_2R_4$，则输出电压为零，电桥处于平衡状态。所以把 $R_1R_3=R_2R_4$ 称为直流电桥的平衡条件。若四个桥臂电阻中的任意一个、两个、三个以至四个有变化，使此电桥平衡条件不成立，即输出电压 $u_y\neq0$，此时的输出电压 u_y 就反映了桥臂电阻的变化情况。

输出电压 u_y 与桥臂电阻变化的函数可有下列三种情况。

① 一个桥臂电阻有变化。例如桥臂 1 电阻有 ΔR 的变化，成为 $R_1+\Delta R$，则电桥的输出电压为

$$u_y=\left(\frac{R_1+\Delta R}{R_1+\Delta R+R_2}-\frac{R_4}{R_3+R_4}\right)u_0 \tag{4-5}$$

为简化桥路，设计时往往取相邻两桥臂电阻相等，又若 $R_1=R_2=R_3=R_4=R_0$，则

$$u_y=\frac{\Delta R}{4R_0+2\Delta R}u_0 \tag{4-6}$$

若电桥用于微电阻变化的测量，$\Delta R\ll R_0$，则

$$u_y\approx\frac{\Delta R}{4R_0}u_0 \tag{4-7}$$

② 两个桥臂电阻有变化。如桥臂电阻 1 和邻边桥臂电阻 2 有大小相等、符号相反的电阻变化，即 $\Delta R_1=-\Delta R_2=\Delta R$，在 $R_1=R_2=R_3=R_4=R_0$ 且 $\Delta R\ll R_0$ 时，可导出

$$u_y \approx \frac{\Delta R}{2R_0}u_0 \tag{4-8}$$

电桥的这种接法称为半桥接法。

③ 四个桥臂电阻均有变化。假设桥臂电阻 1 和桥臂电阻 2、电阻 3 和电阻 4 有大小相等、符号相反的电阻变化，即 $\Delta R_1 = -\Delta R_2 = \Delta R_3 = -\Delta R_4 = \Delta R$，在 $R_1 = R_2 = R_3 = R_4 = R_0$且$\Delta R \ll R_0$时，其输出电压为

$$u_y \approx \frac{\Delta R}{R_0}u_0 \tag{4-9}$$

这种接法称为全桥接法。

由式（4-9）可看出各桥臂电阻变化对输出电压的影响——相邻边二桥臂电阻变化是各自引起的输出电压相减，相对边二桥臂电阻变化是各自引起的输出电压相加，这就是电桥的和、差特性。了解这一特性在实际应用中很有好处，例如一受力变形的悬臂梁（如图 4-2 所示），上表面受拉应力，下表面受压应力。如要测量该梁的应变，通常在上下表面各贴一片应变片，它们各有 $+\Delta R$ 和 $-\Delta R$ 的电阻变化，为了提高灵敏度，应使它们分别产生的输出电压相加，所以在接入电桥线路时应将二者分别接在相邻的二桥臂上。另外，如果两个应变片在温度变化时若因阻值变化（ΔR_t）而引起温度误差，由于它们是接在相邻的二桥臂上，所以产生的附加温度电压相减抵消，这样就可实现温度误差的自动补偿。若仅用一个桥臂工作，为了补偿温度误差，往往也在此工作应变片附近放置另一个相同的应变片，并作为一个桥臂，与工作桥臂相邻地接入电桥中。在工作过程中该应变片并不承受应变，只感受温度变化。由于工作应变片与此补偿应变片处于温度变化相同的环境中，它们产生的温度电阻变化相同，在电桥中相互得到补偿。

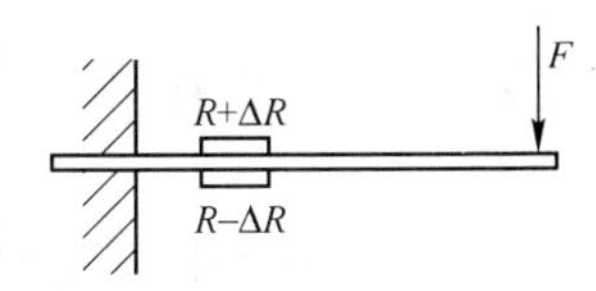

图 4-2　悬臂梁电桥

在讨论电桥电路时还应注意两点。一是电桥的灵敏度问题，在电桥电路中灵敏度的定义为

$$S = \frac{\mathrm{d}u_y}{\mathrm{d}\left(\frac{\Delta R}{R_0}\right)} \tag{4-10}$$

它是将 $\Delta R/R_0$作为输入量，而不是仅把 ΔR 当作输入量。二是在推导式（4-10）时有些地方做了简化，忽略了某些次要因素，使输出电压的变化与电阻的变化具有线性函数关系。这种线性关系是近似的，在精密测试中要考虑被忽略的因素所造成的非线性误差。

直流电桥在实际工作中有广泛的应用，其主要优点是所需的高稳定直流电源较易获得；测量静态或准静态物理量时，输出是直流量，可用直流电表测量，精度较高；其连接导线要求低，不会引进分布参数；在实现预调平衡时电路简单，仅需对纯电阻加以调整即可。直流电桥的主要缺点是容易引入工频干扰，也不适于作动态测试。因为工程上动态测试的对象是随时间迅速变化的信号，信号的频率通常由零直至数百赫兹。电桥的电压输出较小，需要放大才能推动后续处理环节。但要选用一个适于由零到几百赫兹频带，并保持增益是常值的放大器很困难。所以，动态测量时就难以采用直流电桥，往往要采用交流电桥，将其工作频率移到放大器常值增益的频带上去。

4.1.2 交流电桥

交流电桥采用交流激励电压，电桥的四个臂可为电感、电容或电阻，因此，除了电阻外还包含电抗。如果阻抗、电流及电压都用复数表示，则关于直流电桥的平衡关系式在交流电桥中也可适用，即电桥达到平衡时必须满足

$$Z_1Z_3=Z_2Z_4 \tag{4-11}$$

把各阻抗用指数式表示为

$$Z_1=Z_{01}e^{j\omega\varphi_1},\ Z_2=Z_{02}e^{j\omega\varphi_2}$$
$$Z_3=Z_{03}e^{j\omega\varphi_3},\ Z_4=Z_{04}e^{j\omega\varphi_4}$$

代入式（4-11），有

$$Z_{01}Z_{03}e^{j(\varphi_1+\varphi_3)}=Z_{02}Z_{04}e^{j(\varphi_2+\varphi_4)} \tag{4-12}$$

若此式成立，必须同时满足

$$\left.\begin{aligned}Z_{01}Z_{03}&=Z_{02}Z_{04}\\ \varphi_1+\varphi_3&=\varphi_2+\varphi_4\end{aligned}\right\} \tag{4-13}$$

式中　Z_{01}、Z_{02}、Z_{03}、Z_{04}——各阻抗的模；

φ_1、φ_2、φ_3、φ_4——阻抗角，是各桥臂电流与电压之间的相位差。

纯电阻时电流与电压同相位，$\varphi=0$；电感性阻抗，$\varphi>0$；电容性阻抗，$\varphi<0$。

式（4-13）表明，交流电桥平衡必须满足两个条件，相对两臂阻抗之模的乘积相等，并且它们的阻抗角之和也必须相等。

为满足上述平衡条件，交流电桥各臂可有不同的组合。常用的电容、电感电桥其相邻两臂接入电阻（例如 $Z_{02}=R_2$，$Z_{03}=R_3$，$\varphi_2=\varphi_3=0$），而另外两个桥臂接入相同性质的阻抗，例如都是电容或都是电感，保持 $\varphi_1=\varphi_4$。

如图4-3所示为一种常用的电容电桥，两相邻桥臂为纯电阻 R_2、R_3，另外相邻两臂为电容 C_1、C_4。此时 R_1、R_4 可视为电容介质损耗的等效电阻。根据式（4-13）平衡条件，有

$$\left(R_1+\frac{1}{j\omega C_1}\right)R_3=\left(R_4+\frac{1}{j\omega C_4}\right)R_2$$

$$R_1R_3+\frac{R_3}{j\omega C_1}=R_4R_2+\frac{R_2}{j\omega C_4}$$

令上式的实数和虚数部分分别相等，则有两个平衡条件

$$R_1R_3=R_2R_4 \tag{4-14}$$

$$\frac{R_3}{C_1}=\frac{R_2}{C_4} \tag{4-15}$$

由此可知，要使电桥达到平衡，必须同时调节电阻与电容，即调节电阻达到电阻平衡，调节电容达到电容平衡。

如图4-4所示为一种常用电感电桥，两相邻桥臂为电感 L_1、L_4 与电阻 R_2、R_3，根据式（4-13），电桥平衡条件为

$$R_1R_3=R_2R_4 \tag{4-16}$$

$$L_1R_3=L_4R_2 \tag{4-17}$$

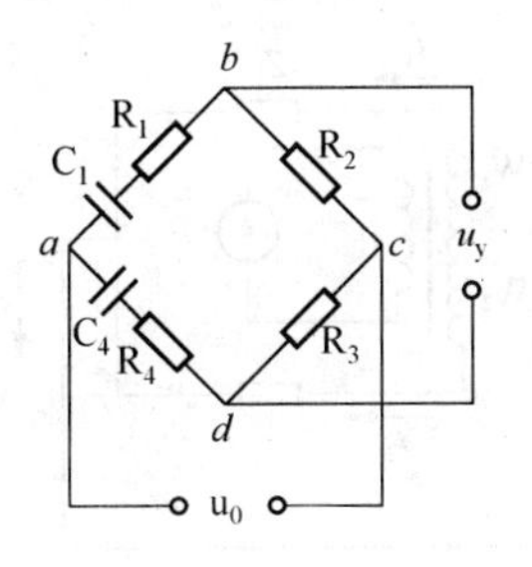

图 4-3　电容电桥

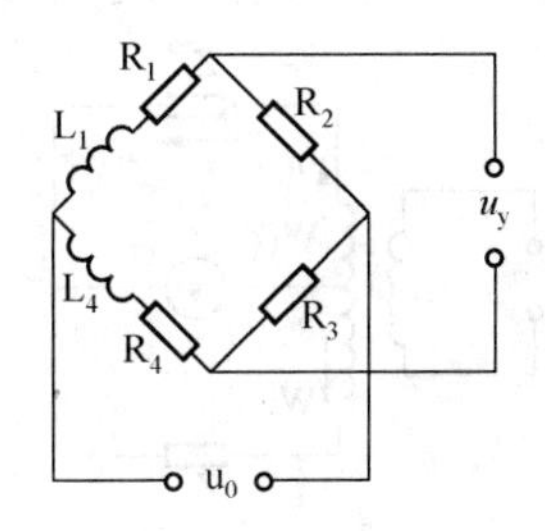

图 4-4　电感电桥

对于纯电阻交流电桥，即使各桥臂均为电阻，但由于导线间存在分布电容，相当于在各桥臂上并联了一个电容，如图 4-5 所示。为此，除了有电阻平衡外，还需有电容平衡。如图 4-6 所示为一种用于动态应变仪中的具有电阻、电容平衡的纯电阻交流电桥。电容 C_2是一个差动可变电容器，当扭动电容平衡旋钮时，电容器左右两部分的电容一部分增加，另一部分则减少，使并联到相邻两臂的电容值改变，以实现电容平衡。

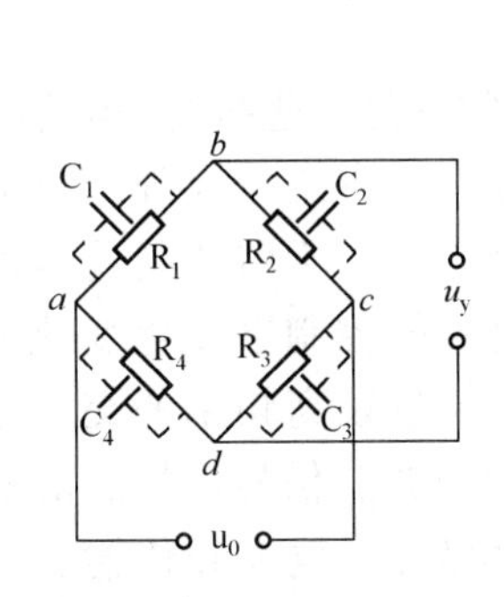

图 4-5　电阻交流电桥的分布电容

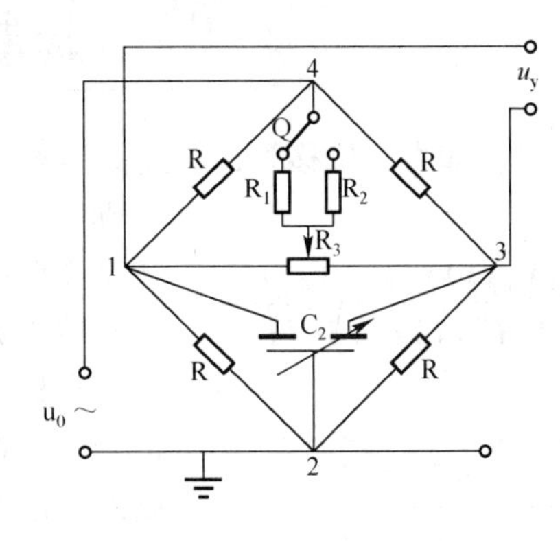

图4-6　具有电阻、电容平衡的纯电阻交流电桥

一般情况下，交流电桥的供桥电源必须具有良好的电压波形与频率稳定度。如电源电压波形畸变（即包含了高次谐波），对基波而言，电桥达到平衡；而对高次谐波，电桥不一定能平衡，因而将有高次谐波的电压输出。

一般采用音频交流电源（5 ～ 10 kHz）作为电桥电源。这样，电桥输出将为调制波，外界工频干扰不易从线路中引入，并且后接交流放大电路简单而无零漂。采用交流电桥时，必须注意到影响测量误差的一些因素，例如电桥中元件之间的互感影响、无感电阻的残余电抗、邻近交流电路对电桥的感应作用、泄漏电阻，以及元件之间、元件与地之间的分布电容等。

4.1.3　带感应耦合臂的电桥

带感应耦合臂的电桥是将感应耦合的两个绕组作为桥臂而组成的电桥，一般有下列两种形式。一种形式如图 4-7（a）所示，是用于电感比较仪中的电桥，感应耦合的绕组 W_1、W_2与阻抗 Z_3、Z_4构成电桥的四个臂。绕组 W_1、W_2相当于变压器的二次边绕组，这种桥路又称变压器电桥。平衡时，指零仪 G 指零。另一种形式如图 4-7（b）所示，电桥平衡时，绕组 W_1、W_2的激磁效应互相抵消，铁心中无磁通，指零仪 G 指零。

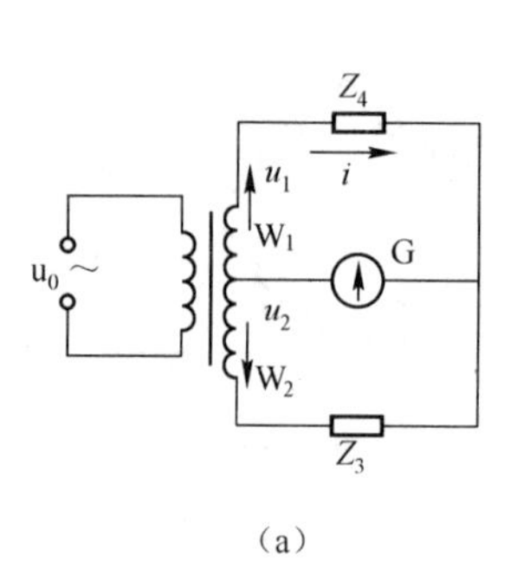

(a)

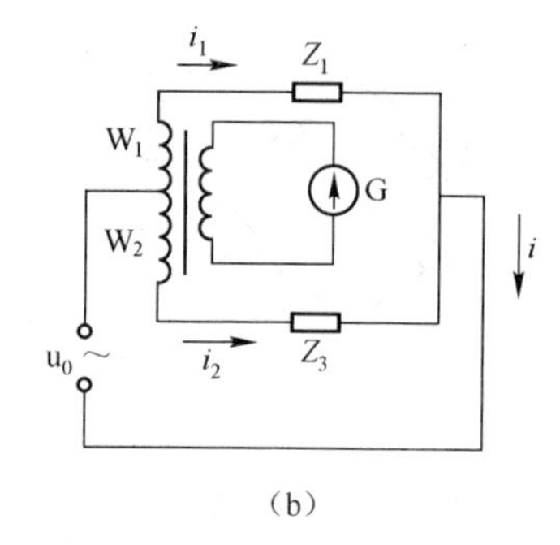

(b)

图 4-7 带感应耦合臂的电桥

以上两种电桥中的感应耦合臂可代以差动式三绕组电感传感器，通过它的敏感元件——铁心，将被测位移量转换为绕组间的互感变化，再通过电桥转换为电压或电流输出。与一般电桥比较，带感应耦合臂的电桥具有较高的精确度、灵敏度，以及性能稳定等优点。

4.2 调制与解调

一些被测量，如力、位移等，经过传感器变换以后，常常是一些缓变的电信号。从放大处理来看，这类信号除用直流放大外，目前较常用的还是先调制再用交流放大。所谓调制就是使一个信号的某些参数在另一信号的控制下发生变化的过程。前一信号称为载波，一般是较高频率的交变信号；后一信号（控制信号）称为调制信号。最后的输出是已调制波，已调制波一般都便于放大和传输。最终从已调制波中恢复出调制信号的过程，称为解调。实际上，许多传感器的输出就是一种已调制信号，因此调制-解调技术在测试领域中极为常用。

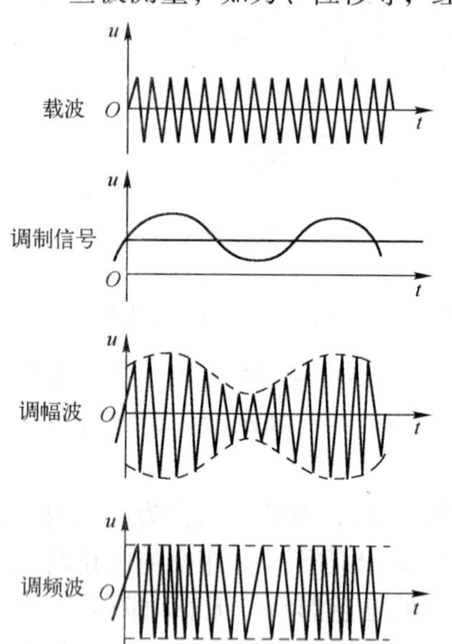

图 4-8 载波、调制信号及已调波

载波的参数主要有幅度、频率及相位。使载波的幅值、频率或相位随调制信号而变化的过程分别称为调幅（AM）、调频（FM）或调相（PM）。它们的已调制波也就分别称为调幅波、调频波或调相波。图 4-8 所示为载波、调制信号、已调的波形。本节着重讨论调幅、调频及其解调。

4.2.1 调幅与解调

1. 原理

调幅是将一个高频简谐信号（载波）与测试信号（调制信号）相乘，使高频信号的幅值随测试信号的变化而变化。现以频率为f_0的余弦信号作为载波进行讨论。

由傅里叶变换的性质可知，在时域中两个信号相乘，则对应在频域中这两个信号的卷积，即

$$x(t)y(t) \Leftrightarrow X(f) * Y(f)$$

余弦函数的频域图形是一对脉冲谱线

$$\cos 2\pi f_0 t \Leftrightarrow \frac{1}{2}\delta(f-f_0)+\frac{1}{2}\delta(f+f_0)$$

一个函数与单位脉冲函数卷积的结果，就是将其图形由坐标原点平移至该脉冲函数处。

所以，若以高频余弦信号作载波，把信号 $x(t)$ 和载波信号相乘，其结果就相当于把原信号的频谱图形由原点平移至载波频率 f_0 处，其幅值减半，如图 4-9 所示。即

$$x(t)\cos 2\pi f_0 t \Leftrightarrow \frac{1}{2}X(f)*\delta(f-f_0)+\frac{1}{2}X(f)*\delta(f+f_0) \tag{4-18}$$

所以调幅过程就相当于频谱“搬移”过程。

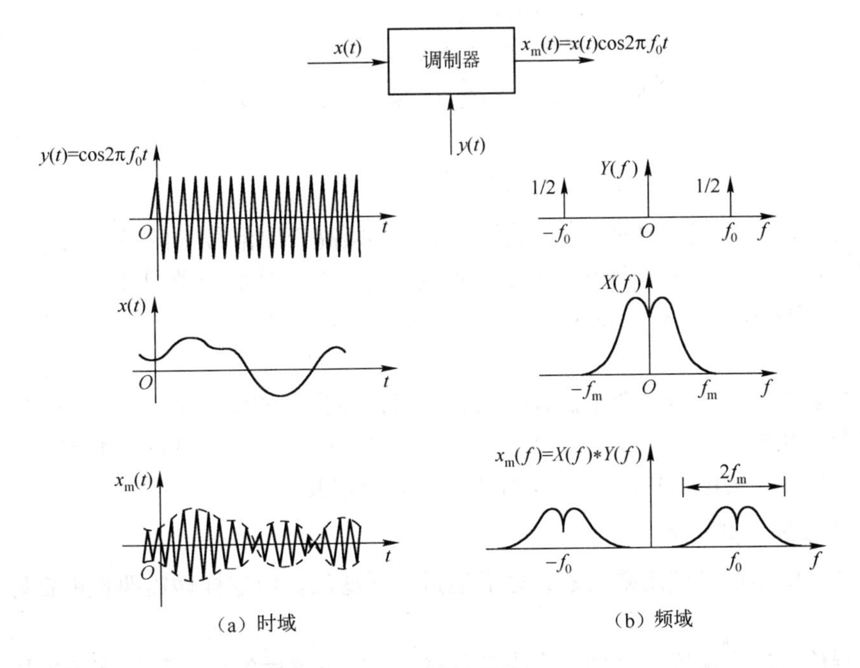

图 4-9　调幅过程

若把调幅波再次与原载波信号相乘，则频域图形将再一次进行“搬移”，其结果如图 4-10 所示。若用一个低通滤波器滤去中心频率为 $2f_0$ 的高频成分，那么将可以复现原信号的频谱（只是其幅值减小为一半，这可用放大处理来补偿），这一过程称为同步解调。“同步”指解调时所乘的信号与调制时的载波信号具有相同的频率和相位。在时域分析中可以得出

$$x(t)\cos 2\pi f_0 t\cos 2\pi f_0 t=\frac{x(t)}{2}+\frac{1}{2}x(t)\cos 4\pi f_0 t \tag{4-19}$$

低通滤波器将频率为 $2f_0$ 的高频信号滤去，则得到 $\frac{1}{2}x(t)$。

由此可见，调幅的目的是使缓变信号便于放大和传输。解调的目的则是为了恢复原信号。广播电台把声音信号调制到某一频段，既便于放大和传送，也可避免各电台之间的干扰。在测试工作中，也常用调制－解调技术在一根导线中传输多路信号。

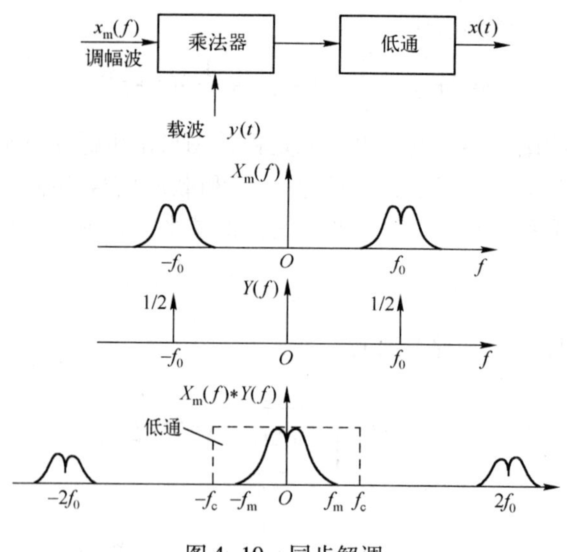

图 4-10　同步解调

根据调幅原理（如图 4-9 所示），载波频率 f_0 必须高于原信号中的最高频率 f_m，才能使已调幅波仍保持原信号的频谱图形，不至于重叠。为了减小放大电路可能引起的失真，信号的频宽（$2f_m$）相对中心频率（载波频率 f_0）应越小越好。实际载波频率常至少数倍甚至数十倍于调制信号。

幅值调制装置实际上是一个乘法器，现在已有性能良好的线性乘法器组件，霍尔元件也是一种乘法器。从式（4-7）、式（4-8）和式（4-9）可以看出，电桥在本质上也是一个乘法装置，若以高频振荡电源供给电桥，则输出 u_y 为调幅波。

2. 整流检波和相敏检波

前已述及，解调可以使用乘法器，之后通过低通滤波。但这样做需要性能良好的线性乘法器件。

若把调制信号进行偏置，叠加一个直流分量 A，使偏置后的信号都具有正电压，那么调幅波的包络线将具有原调制信号的形状，如图 4-11（a）所示。把该调幅波 $x_m(t)$ 简单地整流（半波或全波整流）、滤波就可以恢复原调制信号。如果原调制信号中有直流分量，则在整流以后应准确地减去所加的偏置电压。

若所加的偏置电压未能使信号电压都在横坐标轴（时间 t 轴）的一侧，则对调幅波只是简单地整流就不能恢复原调制信号，如图 4-11（b）所示。相敏检波技术可以解决这一问题。

采用相敏检波时，对原信号可不必再加偏置。注意到交变信号在过时间 t 轴时符号发生突变，调幅波的相位（与载波比较）也相应发生 180°的相位跳变。利用载波信号与之比相，则既能反映出原信号的幅值，又能反映其极性。如图 4-12 所示，$x(t)$ 为原信号，$y(t)$ 为载波，$x_m(t)$ 为调幅波。电路设计使变压器 B 二次边的输出电压大于 A 二次边的输出电压。若原信号 $x(t)$ 为正，调幅波 $x_m(t)$ 与载波 $y(t)$ 同相，如图中 $O-a$ 段所示。当载波电压为正时，D_1 导通，电流的流向是 $d-1-D_1-2-5-c-$负载$-$地$-d$。当载波电压为负时，变压器 A 和 B 的极性同时改变，电流的流向是 $d-3-D_3-4-5-c-$负载$-$地$-d$。若原信号 $x(t)$ 为

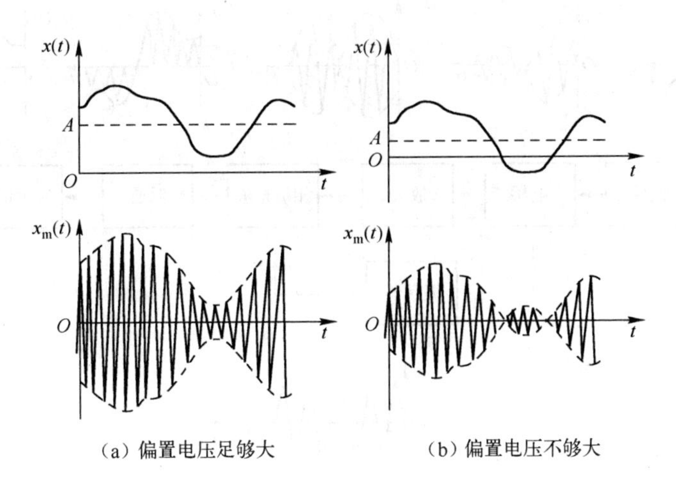

图 4-11　调制信号加偏置的调幅波

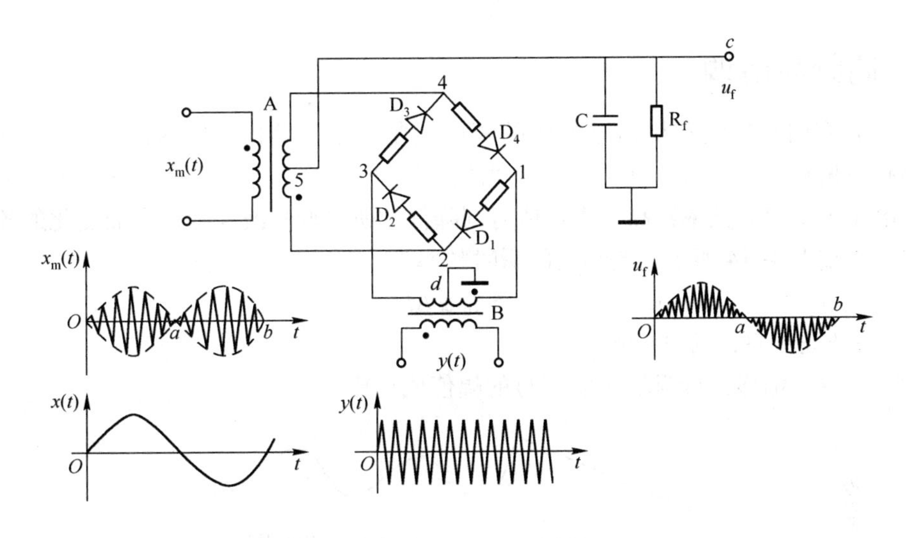

图 4-12　相敏检波

负，调幅波 $x_m(t)$ 与载波 $y(t)$ 异相，如图中 $a-b$ 段所示。这时，当载波为正时，变压器 B 的极性如图所示，变压器 A 的极性与图中相反。这时 D_2 导通，电流的流向是 $5-2-D_2-3-d-$ 地 $-$ 负载 $-c-5$。当载波电压为负时，电流的流向是 $5-4-D_4-d-$ 地 $-$ 负载 $-c-5$。因此在负载 R_f 上所检测的电压 u_f 就重现 $x(t)$ 的波形。

这种相敏检波是利用二极管的单向导通作用将电路的输出极性换向。这种电路相当于在 $O-a$ 段把 $x_m(t)$ 在 t 轴下的负部翻上去，而在 $a-b$ 段把正部翻下来，所检测到的信号 u_f 是经过“翻转”后的信号的包络。

动态电阻应变仪（如图 4-13 所示）可作为电桥调幅与相敏检波的典型实例。电桥由振荡器供给等幅高频振荡电压（一般频率为 10 kHz 或 15 kHz）。被测量（应变）通过电阻应变片调制电桥输出。电桥输出为调幅波，经过放大，最后经相敏检波与低通滤波取出所测信号。

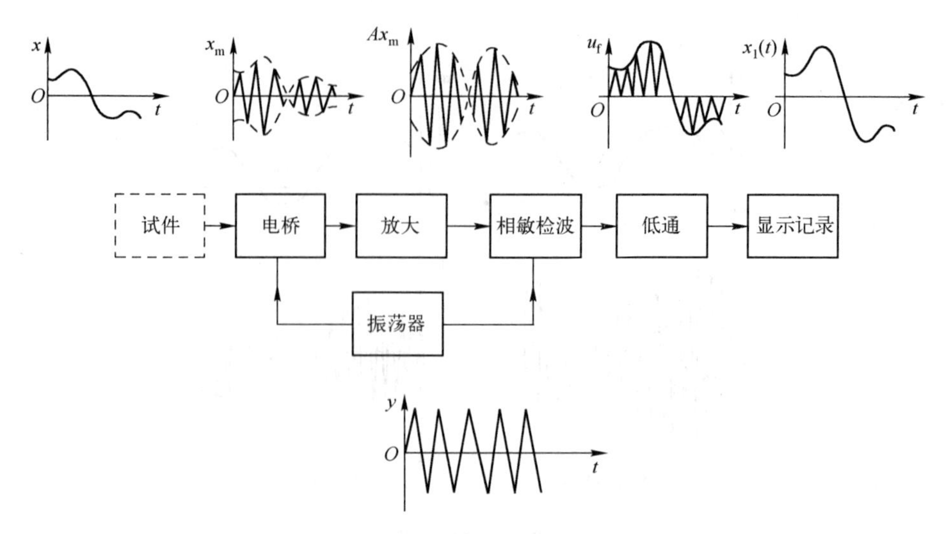

图 4-13 动态电阻应变仪框图

4.2.2 调频与解调

调频（频率调制）是利用信号电压的幅值控制一个振荡器，振荡器输出的是等幅波，但其振荡频率偏移量和信号电压成正比。当信号电压为零时，调频波的频率就等于中心频率；信号电压为正值时频率提高，为负值时则降低。所以调频波是随信号而变化的疏密不间等的等幅波，如图 4-14 所示。调频波的瞬时频率为

$$f = f_0 \pm \Delta f$$

式中 f_0——载波频率，或中心频率；

Δf——频率偏移，与调制信号 $x(t)$ 的幅值成正比。

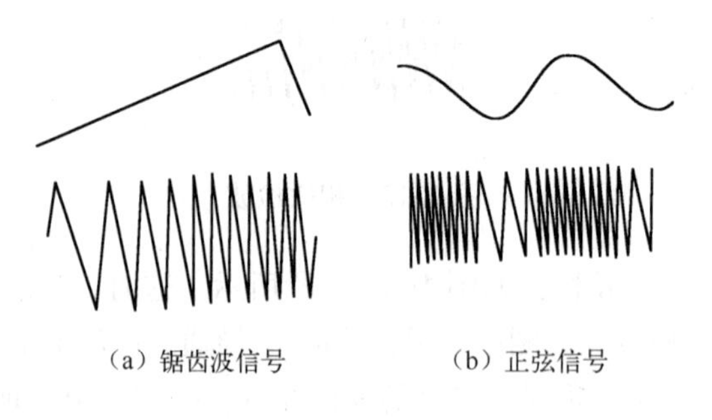

图 4-14 调频波与调制信号幅值的关系

实现信号的调频和解调的方法很多，下面介绍两种仪器中常用的调频方法及一种解调方案，其他方法可参阅有关资料。

1. 直接调频式测量电路

在对电容、涡流、电感式传感器的介绍中曾提到一种测量电路方案，当被测量在小范围变化时，电容（或电感）的变化也有与之对应的、接近线性的变化。若把该电容（或电感）作为自激振荡器的谐振回路中的一个调谐参数，那么电路的谐振频率为

$$f=\frac{1}{2\pi\sqrt{LC}} \tag{4-20}$$

例如，在电容传感器中以电容作为调谐参数，对式（4-20）进行微分，得

$$\frac{\partial f}{\partial C}=\left(-\frac{1}{2}\right)\left(\frac{1}{2\pi}\right)(LC)^{-\frac{3}{2}}L=\left(-\frac{1}{2}\right)\frac{f}{C}$$

在f_0附近有 $C=C_0$，故

$$\Delta f=-\frac{f_0\Delta C}{2C_0}$$

$$f=f_0+\Delta f=f_0\left(1-\frac{\Delta C}{2C_0}\right) \tag{4-21}$$

因此，回路的振荡频率将和调谐参数的变化呈线性关系，也就是说，在小范围内，它和被测量的变化有线性关系。

这种把被测量的变化直接转换为振荡频率变化的电路称为直接调频式测量电路，其输出也是等幅波。

2. 压控振荡器

利用压控振荡器是一种常用的调频方案。压控振荡器的输出瞬时频率与输入的控制电压值呈线性关系。如图 4-15 所示为一种压控振荡器原理图。A_1是一个正反馈放大器，其输出电压受稳压管 V_w钳制，或为 $+u_w$或为 $-u_w$。M 是乘法器，A_2是积分器。u_x是常值正电压。假设开始时 A_1输出处于 $+u_w$，乘法器输出 u_z是正电压，A_2的输出端电压将线性下降。当降到比 $-u_w$更低时，A_1翻转，其输出将为 $-u_w$。同时乘法器的输出（也即 A_2的输入）也随之变为负电压，其结果是 A_2的输出将线性上升。当 A_2的输出到达 $+u_w$时，A_1又将翻转，输出 $+u_w$。所以在常值正电压 u_x下，这个振荡器的 A_2输出频率一定的三角波，A_1则输出同一频率的方波。

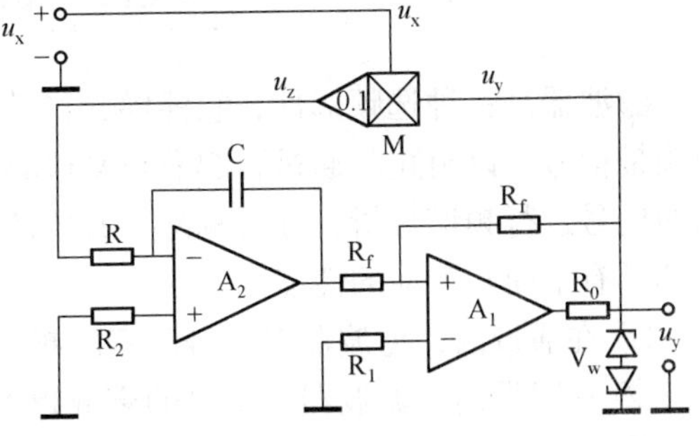

图 4-15　采用乘法器的压控振荡器原理图

乘法器 M 的一个输入端 u_y的幅度为定值（$\pm u_w$），改变另一个输入值 u_x就可以线性地改变其输出 u_z。因此，积分器 A_2的输入电压也随之改变。这将导致积分器由 $-u_w$充电至 $+u_w$（或由 $+u_w$放电至 $-u_w$）所需时间的变化。所以，振荡器的振荡频率将和电压 u_x成正比，改变 u_x就可达到线性控制振荡频率的目的。

压控振荡电路有多种形式，现在已有集成化的压控振荡器芯片出售。

3. 变压器耦合的谐振回路解调法

调频波的解调又称为鉴频，是将频率变化恢复成调制信号电压幅值变化的过程。实现鉴频过程的方案很多，如图 4-16 所示为一种采用变压器耦合的谐振回路的鉴频方法，也是测试仪器常用的鉴频法。

图 4-16（a）中 L_1、L_2是变压器耦合的一次、二次边线圈，它们和 C_1、C_2组成并联谐振回路。将等幅调频波 u_f输入，在回路的谐振频率f_n处，线圈 L_1、L_2中的耦合电流最大，二次边输出电压 u_a也最大。u_f频率离开 f_n，u_a也随之下降。u_a的频率虽然和 u_f保持一致（就是

调频波的频率)，但幅值 u_a 却不保持常值。其电压幅值和频率关系如图 4-16（b）所示。通常利用特性曲线的亚谐振区近似直线的一段实现频率—电压变换。当被测量（如位移）为零时，调频回路的振荡频率 f_0 对应特性曲线上升部分近似直线段的中点。

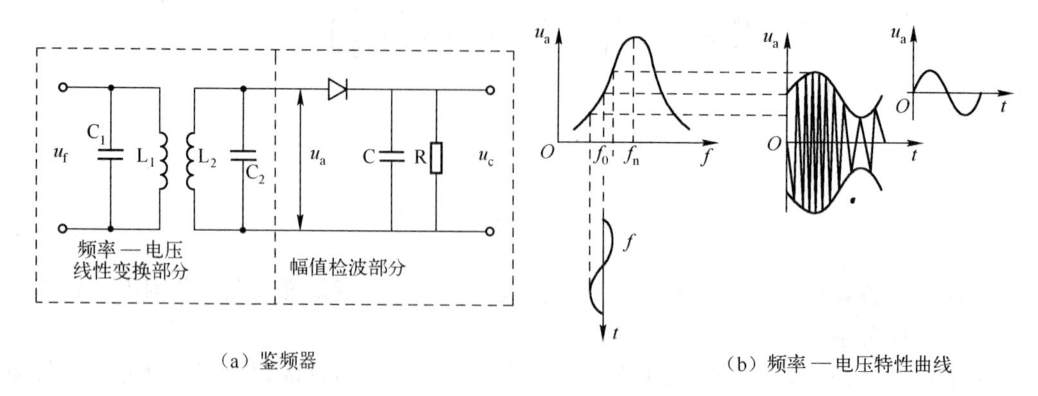

（a）鉴频器　　（b）频率—电压特性曲线

图 4-16　用变压器耦合的谐振回路鉴频

随着测量参量的变化，幅值 $|u_a|$ 随调频波频率而近似线性变化，调频波 u_f 的频率却和测量参量保持近似线性的关系。因此，对 u_a 进行幅值检波就能获得测量参量变化的信息，且保持近似线性的关系。

调幅、调频技术不仅在一般检测仪表中应用，而且是工程遥测技术的重要内容。遥测是对被测量的远距离测量，以现代通信方式（有线或无线通信、光通信）实现信号的发送和接收。

4.3 滤 波 器

滤波器是一种选频部件，它能够允许某一频率范围的信号通过，同时极大地衰减不需要的频带信号，以阻止其通过，起着对某段频率成分进行筛选的作用。在测试装置中，可对获取的信号进行频谱分析，亦可剔除不必要的干扰噪声。根据滤波器的作用，在设计制作时应使其具有下面几方面的性能。

① 在通带内，滤波器对信号的衰减越小越好，理想情况下衰减为零。

② 在阻带内，滤波器对信号的衰减越大越好，理想情况下衰减应为无穷大。

③ 通带与阻带分界要明显，理想情况下应无过渡带。

④ 在通带内，输入阻抗及输出阻抗应与前后网络阻抗相匹配。

4.3.1 滤波器的种类

如图 4-17 所示，按信号通过滤波器的情况分，滤波器可分为以下四种。

① 低通滤波器。允许 $0 \sim \omega_c$ 频率的信号通过滤波器，阻止 $\omega_c \sim \infty$ 频率的信号通过，其幅频特性如图 4-17（a）所示。

② 高通滤波器。允许 $\omega_c \sim \infty$ 频率的信号通过，阻止 $0 \sim \omega_c$ 频率的信号通过，其幅频特性如图 4-17（b）所示。

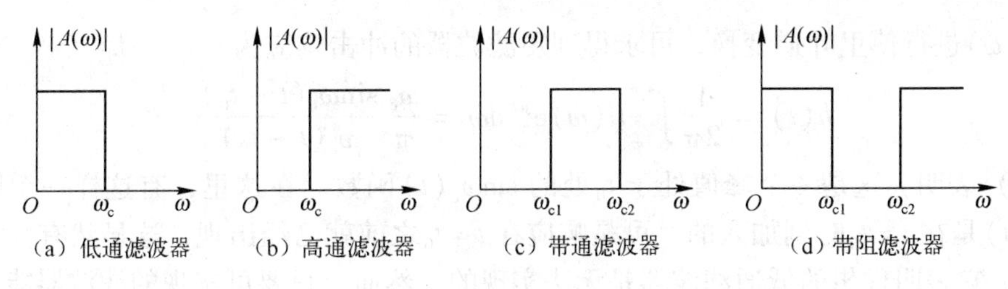

图 4-17　四种滤波器的幅频特性

③ 带通滤波器。允许 $\omega_{c1} \sim \omega_{c2}$ 频率的信号通过，阻止 $0 \sim \omega_{c1}$、$\omega_{c2} \sim \infty$ 频率的信号通过，其幅频特性如图 4-17（c）所示。

④ 带阻滤波器。允许低于 ω_{c1} 和高于 ω_{c2} 频率的信号通过，阻止 $\omega_{c1} \sim \omega_{c2}$ 频率的信号通过，其幅频特性如图 4-17（d）所示。

实际滤波器的幅频特性无法做到如图 4-17 所示的理想滤波器的幅频特性那么理想，一般在通带与阻带之间存在一个过渡带。在过渡带中，位于通带到阻带的信号受到由小到大的衰减，过渡带越窄，滤波器性能越好，越接近于理想滤波器。

若按照所用的元件来分类，滤波器可分为 RC 滤波器、LC 滤波器、晶体滤波器、陶瓷滤波器及机械装置滤波器。其中 LC 滤波器因其结构简单、滤波特性好而广为采用。

4.3.2　滤波器的性能分析

1. 理想滤波器

所谓理想滤波器，就是将滤波器网络的某些特性理想化的滤波器。虽然这在实际工作中是不可能实现的，但对理想滤波器的分析有助于深入了解滤波器的特性。理想滤波器是最常用到的具有矩形幅频特性和线性相频特性的低通滤波器，这种滤波器将低于某一频率 ω_c 的所有信号予以传送而无任何失真，将频率高于 ω_c 的信号全部衰减。ω_c 称为截止频率，其频率特性函数为

$$H(\omega)=\begin{cases} e^{j\omega_c t_0}, & -\omega_c \leqslant \omega \leqslant \omega_c \\ 0, & \omega < -\omega_c \text{ 或 } \omega > \omega_c \end{cases} \tag{4-22}$$

理想低通滤波器特性如图 4-18 所示。

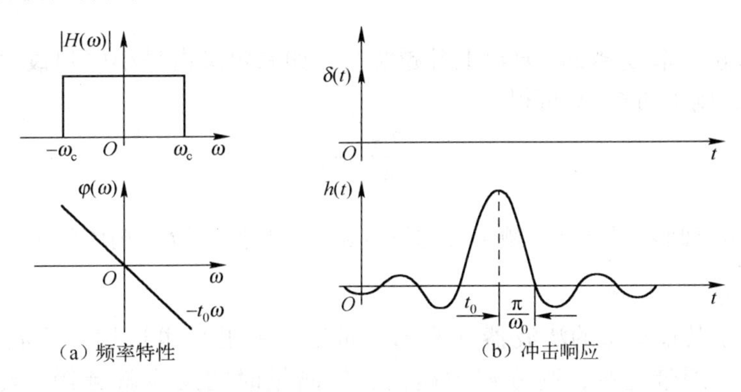

图 4-18　理想低通滤波器频率特性及冲击响应

将 $H(\omega)$ 进行傅里叶逆变换，可求得理想滤波器的冲击响应为

$$h(t)=\frac{1}{2\pi}\int_{-\infty}^{+\infty}H(\omega)e^{j\omega t}d\omega=\frac{\omega_c}{\pi}\frac{\sin\omega_c(t-t_0)}{\omega_c(t-t_0)} \tag{4-23}$$

式（4-23）表明，这是一个峰值处于 t_0 处的 $\sin\omega_c(t)$ 函数。在这里，有这样一个问题，激励信号 $\delta(t)$ 是在 $t=t_0$ 时刻加入的，可是响应在 $t=t_0$ 之前就已经出现，这显然有悖于系统的因果关系，它表明理想的低通滤波器是无法实现的。然而，只要可实现的滤波器能做到相当接近理想滤波器的特性，那么有关理想滤波器的研究就不会因其无法实现而失去价值。

设有单位阶跃激励 $u(t)$，其傅里叶变换为

$$U(\omega)=\pi\delta(\omega)+\frac{1}{j\omega} \tag{4-24}$$

滤波器的单位阶跃响应的傅里叶变换为

$$R(\omega)=H(\omega)U(\omega)=\left(\pi\delta(\omega)+\frac{1}{j\omega}\right)e^{-j\omega t_0},\ -\omega_c\leqslant\omega\leqslant\omega_c \tag{4-25}$$

求其逆变换，即可得到滤波器的单位阶跃响应为

$$r(t)=\frac{1}{2}+\frac{1}{\pi}\int_{-\omega_c}^{\omega_c}\frac{\sin\omega(t-t_0)}{\omega}d\omega \tag{4-26}$$

单位阶跃激励 $u(t)$ 与其响应 $r(t)$ 如图 4-19 所示。

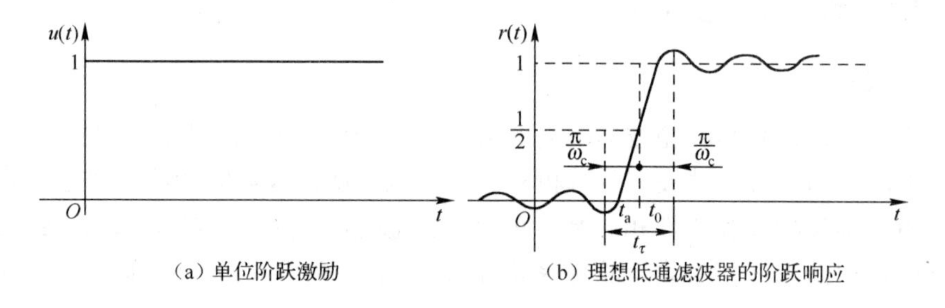

图 4-19 理想低通滤波器的阶跃响应

从图中可看到：

① 响应 $r(t)$ 不像激励信号 $u(t)$ 那样在 $t=0$ 处发生跳变，而是一段时间后在 $t=t_a$ 处以一定的斜率上升；

② 滤波器截止频率 ω_c 越低，$r(t)$ 上升越缓慢，如果定义由最小值到最大值所需要的时间为上升时间 t_τ，则由图 4-19 可得

$$t_\tau=\frac{2\pi}{\omega_c}=\frac{1}{B} \tag{4-27}$$

式中，$B=\frac{\omega_c}{2\pi}$，是将圆频率折合成频率的滤波带宽 f_c，显然，阶跃响应的上升时间与网络的截止频率（带宽 f_c）成反比。

上述结论对于其他类型的滤波器（高通、带通、带阻）也适用。滤波器的带宽表示它的频率分辨力，通带越窄，则分辨力越高，但测量时的反应就越慢，建立时间越长。若用滤波方法从信号中择取某一很窄的频率成分，就需要有足够的建立时间，否则可能产生错误。

2. 实际滤波器

1）实际滤波器基本参数

理想滤波器是不可能实现的，如图 4-20 所示为理想带通滤波器（虚线）与实际带通滤波器（实线）的幅频特性差异。

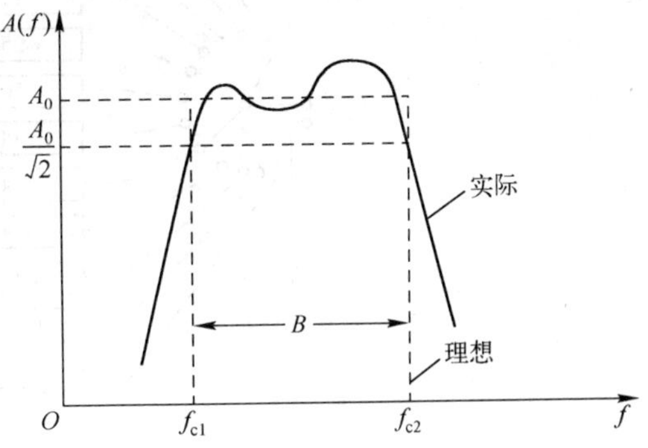

图 4-20　理想与实际带通滤波器的幅频特性

对于理想滤波器，只要用截止频率 f_{c1}、f_{c2} 就可以说明其特点。而实际滤波器的特性曲线及其描述就复杂多了，一般需用以下几个参数来表示一个带通滤波器的性能。

（1）截止频率

把幅值等于$\frac{1}{\sqrt{2}}$所对应的频率作为该滤波器的截止频率。在截止频率点上，幅值已相对于 A_0 衰减了 -3 dB；信号幅值下降 3 dB，功率正好下降 1/2，所以，-3 dB 点又称半功率点。

（2）带宽 B

上下截止频率之间的频带称带宽，它表明滤波器允许通过的频率范围。

（3）矩形系数 λ

把 -60 dB 带宽与 -3 dB 带宽的比值称为矩形系数，记作

$$\lambda = \frac{B_{-60\,\mathrm{dB}}}{B_{-3\,\mathrm{dB}}}$$

该参数表明滤波器从阻带到通带（或从通带到阻带）过渡的快慢，以及滤波器对通带以外频率分量的衰减能力，即表明了滤波器的选择性。理想滤波器 $\lambda = 1$。

2）恒带宽比滤波器和恒带宽滤波器

为了对信号做频谱分析，或者摘取信号中的某些特殊频率成分，可使信号通过放大倍数相同而中心频率不同的多个带通滤波器，各滤波器的输出主要反映信号中在该通带内频率成分的量值。可以有两种做法，一种是使带通滤波器的频率可调，通过改变调谐参数而使其中心频率跟随所要测量的信号频段，其可调范围一般是有限的；另一种做法是使用一组各自中心频率固定的，但又按一定规律相隔的多个滤波器。图 4-21 所示的谱分析装置是将所标明中心频率的各滤波器依次接通，如信号经过足够的功率放大，各滤波器的输入阻抗也足够高，那么也可把该滤波器组并联在信号源上，各滤波器输出的同时显示或记录。这样就能瞬时获得信号的频谱结构，成为“实时的”谱分析。

对用于谱分析的滤波器组，各滤波器的通带应相互搭接，覆盖所关心的整个频率范围，这样才不至于使信号中的频率成分“丢失”。通常是前一个滤波器的 -3 dB 上截止频率（高端）就是后一个滤波器的 -3 dB 下截止频率（低端）。这样一组滤波器将覆盖整个频率范围，也是“邻接”的。当然，滤波器组对其各个中心频率而言应具有同样的放大倍数。

（1）恒带宽比滤波器

若采用具有同样 Q 值的调谐滤波器做成邻接式滤波器组，则该滤波器组是由一些恒带宽比的滤波器组成的。实际上 Q 值是带宽和中心频率 f_n 的比值。滤波器的中心频率越高，其

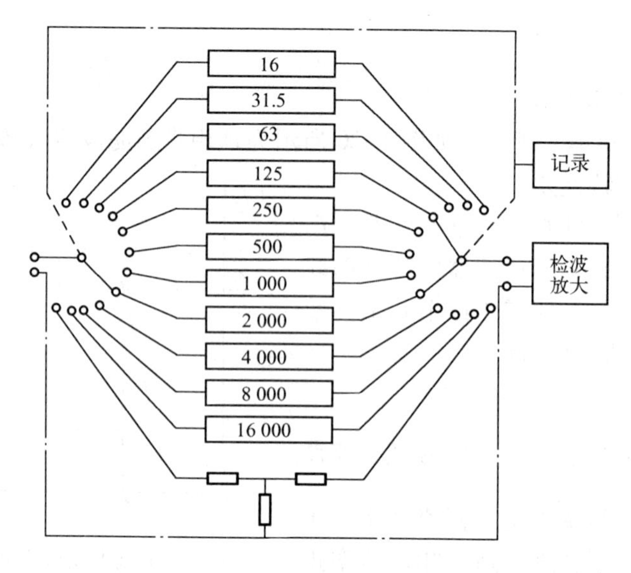

图 4-21　倍频程谱分析装置

带宽也越大$\left(B=\dfrac{f_n}{Q}\right)$。

假若一个带通滤波器的低端截止频率为f_{c1}，高端截止频率为f_{c2}，则f_{c1}和f_{c2}的关系总是可以表示为

$$f_{c2}=2^n f_{c1}$$

式中，n为倍频程数。若$n=1$，称为倍频程滤波器；若$n=\dfrac{1}{3}$，则称为$\dfrac{1}{3}$倍频程滤波器。

滤波器中心频率为

$$f_n=\sqrt{f_{c1}f_{c2}}$$

根据上面两式可得$f_{c2}=2^{\frac{n}{2}}f_n$及$f_{c1}=2^{-\frac{n}{2}}f_n$，并由$f_{c2}-f_{c1}=B=\dfrac{f_n}{Q}$，可得

$$\frac{1}{Q}=\frac{B}{f_n}=2^{\frac{n}{2}}-2^{-\frac{n}{2}} \tag{4-28}$$

故若为倍频程滤波器，$n=1$，得$Q=1.41$；若$n=\dfrac{1}{3}$，则$Q=4.38$；若$n=\dfrac{1}{5}$，则$Q=7.2$。

对一组邻接式滤波器组也很容易证明后一个滤波器的中心频率f_{n2}与前一个滤波器的中心频率f_{n1}之间的关系为

$$f_{n2}=2^n f_{n1}$$

由式（4-28）和式（4-29），只要选定n值就可设计覆盖给定频率范围的邻接式滤波器组。

例如对于$n=1$的倍频程滤波器将是：

中心频率（Hz）	16	31.5	63	125	250	…
带　宽（Hz）	11.05	22.09	44.19	88.36	176.75	…

又如对于$\dfrac{1}{3}$倍频程滤波器组将是：

中心频率（Hz）	12.5	16	20	25	31.5	40	50	633	…
带　宽（Hz）	2.9	3.6	4.6	5.7	7.2	9.1	11.5	14.5	…

（2）恒带宽滤波器

对于一组增益相同的恒带宽比滤波器，其通频带在低频段内很窄，而在高频段内则较宽，因而滤波器组的频率分辨力在低频段较好，在高频段则较差。

为使滤波器在所有频段都具有同样良好的频率分辨力，可采用恒带宽的滤波器。图 4-22 所示为恒带宽比滤波器和恒带宽滤波器的特性对照，图中滤波器的特性都为理想情况下的。

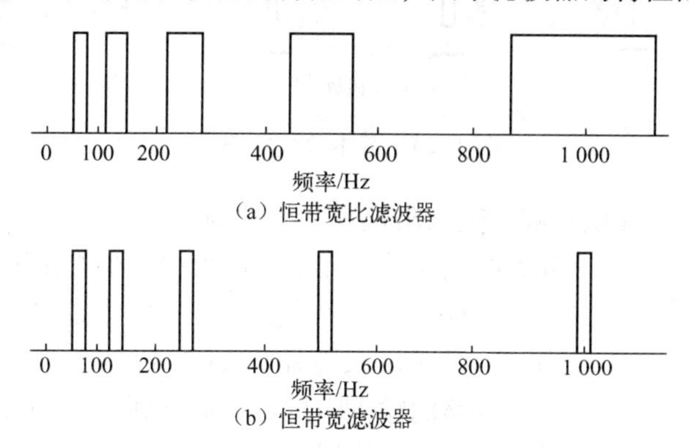

图 4-22　理想的恒带宽比和恒带宽滤波器的特性对照

为了提高滤波器的分辨能力，带宽应窄一些。这样，为覆盖整个频率范围，所需的滤波器数量就很大。因此，恒带宽滤波器就不宜采用固定中心频率的方式。一般利用一个定带宽、定中心频率的滤波器加上可变参考频率的差频变换，来适应各种不同中心频率的定带宽滤波的需要。参考信号的扫描速度应能满足建立时间的要求，尤其是滤波器带宽很窄的情况，参考频率变化不能过快。实际使用中，只要对扫频的速度进行限制，使它不大于 0.1 ～ 0.5 Hz/s，就能得到相当精确的频谱图。

常用的恒带宽滤波器有相关滤波和变频跟踪波两种，这两种滤波器的中心频率都能自动跟踪参考信号的频率。

4.4　信号的放大

通常情况下，传感器的输出信号都很微弱，必须用放大电路放大后才便于后续处理。为保证测量精度的要求，放大电路应具有如下性能。

① 足够的放大倍数。

② 高输入阻抗，低输出阻抗。

③ 高共模抑制能力。

④ 低温漂、低噪声、低失调电压和电流。

线性运算放大器具备上述特点，因而传感器输出信号的放大电路都由运算放大器组成。本节介绍几种常用的运算放大器电路。

4.4.1　基本放大电路

如图 4-23 所示为反相放大器、同相放大器和差分放大器三种基本放大电路。反相放大器的输入阻抗低，容易对传感器形成负载效应；同相放大器的输入阻抗高，但易引入共模干

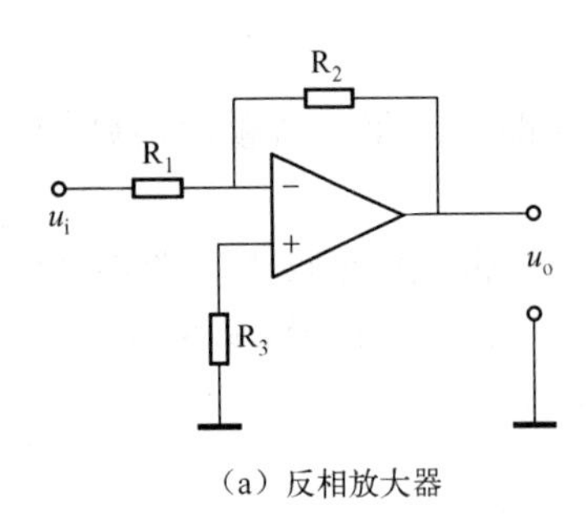

（a）反相放大器

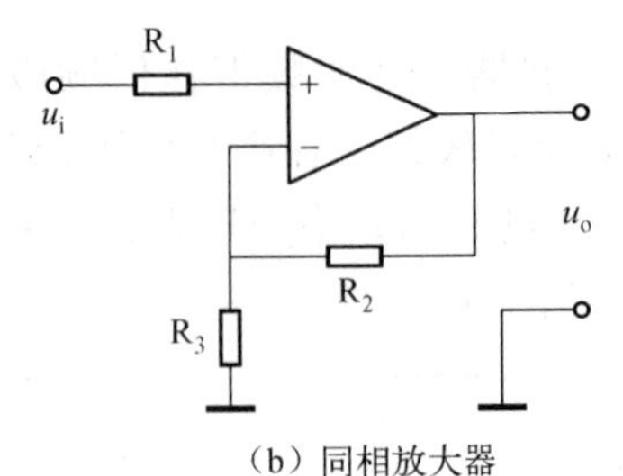

（b）同相放大器

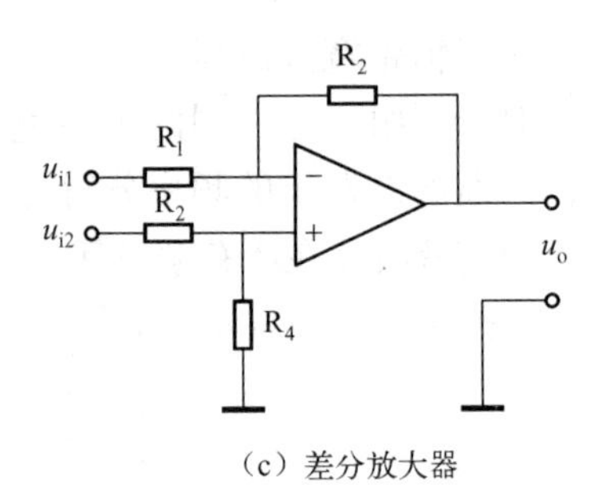

（c）差分放大器

图 4-23 基本放大电路

扰；而差分放大器也不能提供足够的输入阻抗和共模抑制比。因此，单个运算放大器构成的放大电路在传感器信号放大中很少直接采用。

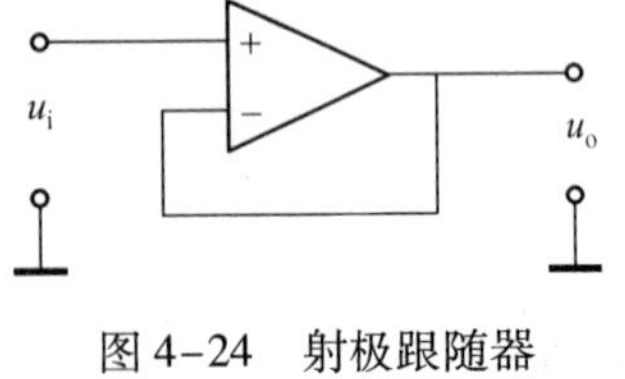

图 4-24 射极跟随器

一种常用的提高输入阻抗的办法是在基本放大电路之前串接一级射极跟随器（如图 4-24 所示）。串接射极跟随器后，电路的输入阻抗可以提高到10^9以上，所以射极跟随器也常称为阻抗变换器。

4.4.2 仪器放大器

如图 4-25 所示为一种在小信号放大中广泛使用的仪器放大器电路，它由 3 个运算放大器组成，其中 A_1、A_2接成射极跟随器形式，组成输入阻抗极高的差动输入级，在两个射极跟随器之间的附加电阻 R_G具有提高共模抑制比的作用，A_3为双端输入、单端输出的输出级，以适应接地负载的需要，放大器的增益由电阻 R_G设定，典型仪器放大器的增益范围为 1 ～ 1 000。

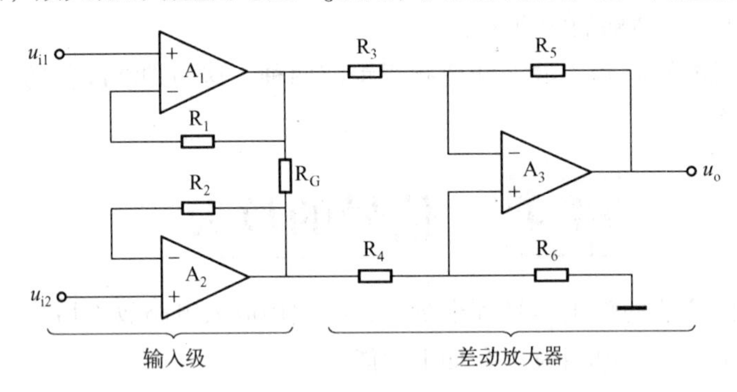

图 4-25 仪器放大器电路

该电路输出电压与差动输入电压之间的关系可用下式表示

$$u_o=\left(1+\frac{R_1+R_2}{R_G}\right)\frac{R_5}{R_3}(u_{i2}-u_{i1}) \tag{4-29}$$

若选取 $R_1=R_2=R_3=R_4=R_5=R_6=10\ \mathrm{k\Omega}$，$R_G=100\ \Omega$，即可构成一个 201 倍的高输入阻抗、高共模抑制比的放大器。

INA114 是一个低成本的普通仪器放大器，在一般应用时，只需外接一只普通电阻就可得到任意增益，可广泛用于电桥放大器、热电偶测量放大器及数据采集放大器等场合。INA114 的电路结构与基本接法如图 4-26 所示。

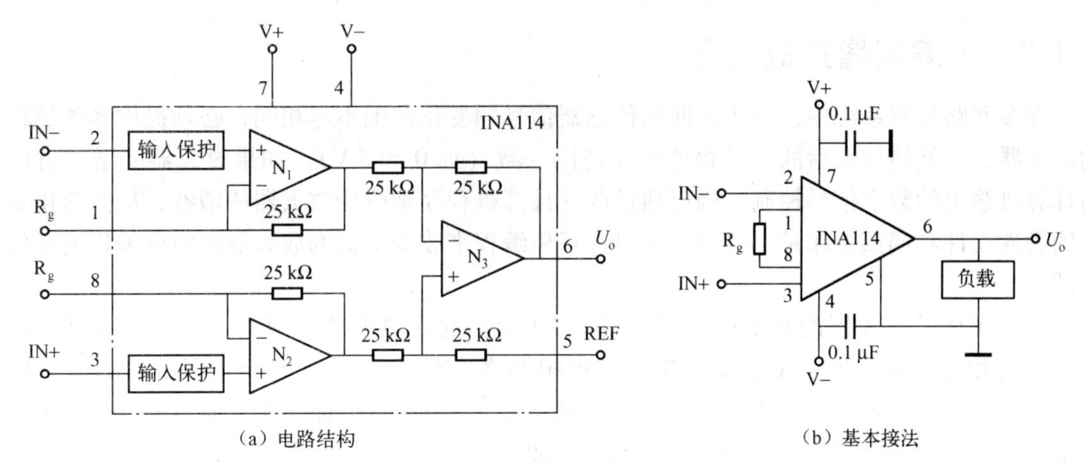

（a）电路结构　　（b）基本接法

图 4-26　INA114 的电路结构与基本接法

图 4-27（a）是一种典型的拾音传感器输入放大器。R_1 与 R_2 一般取 47 kΩ。若传感器 M 内阻过高时，R_1 与 R_2 可取 100 kΩ 左右。增益的选择不宜太高，一般设计在 100 倍以内为宜。图 4-27（b）所示为热电偶信号的放大电路。当测量点 T 过远时，应增加输入低通滤波电路，以免因噪声电压损坏器件。增益的确定要根据具体所选热电偶的类型而定。

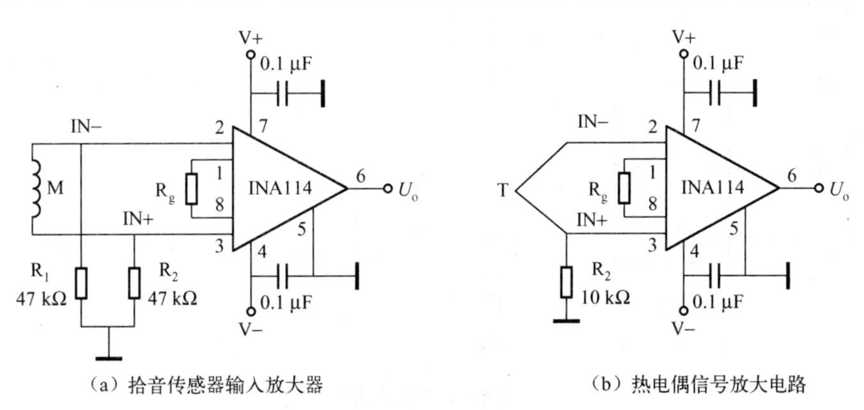

（a）拾音传感器输入放大器　　（b）热电偶信号放大电路

图 4-27　仪器放大器的应用

AD522 是精密集成放大器，非线性失真小、共模抑制比高、漂移低、噪声低，非常适合对微弱信号进行放大。AD522 的管脚功能及作为电桥放大器的实例电路如图 4-28 所示。

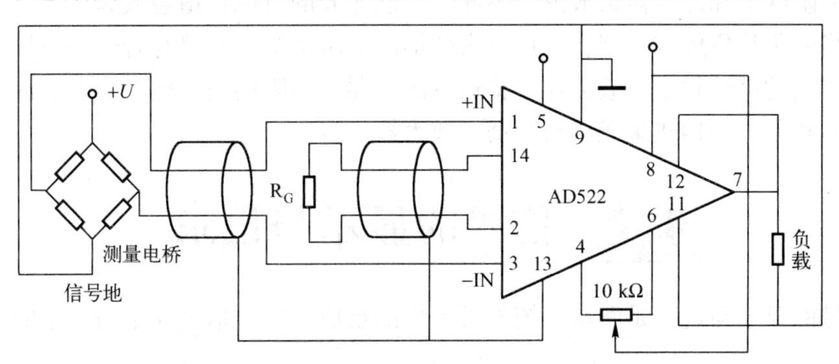

图 4-28　由仪器放大器构成的电桥放大电路

4.4.3 可编程增益放大器

在多回路检测系统中，由于各回路传感器信号的变化范围不尽相同，必须提供多种量程的放大器，才能使放大后的信号幅值变化范围一致（如 0 ～ 5 V）。如果放大器的增益可以由计算机输出的数字信号控制，则可通过改变计算机程序来改变放大器的增益，从而简化系统的硬件设计和调试工作量。这种可通过计算机编程来改变增益的放大器称为可编程增益放大器。

可编程增益放大器的基本原理可用图 4-29 所示的简单电路来说明，它是一种可编程增益的反相放大器。R_1、R_2、R_3、R_4组成电阻网络，S_1、S_2、S_3、S_4是电子开关，当外加控制信号 y_1、y_2、y_3、y_4为低电平时，对应的电子开关闭合。电子开关通过一个 2 - 4 译码器控制，当来自计算机 I/O 口的 x_1、x_2为 00、01、10、11 时，S_1、S_2、S_3、S_4分别闭合，电阻网络的 R_1、R_2、R_3、R_4分别接入到反相放大器的输入回路，得到 4 种不同的增益值。也可不用译码器，直接由计算机的 I/O 口来控制 y_1、y_2、y_3、y_4，得到 2^4 个不同增益值。

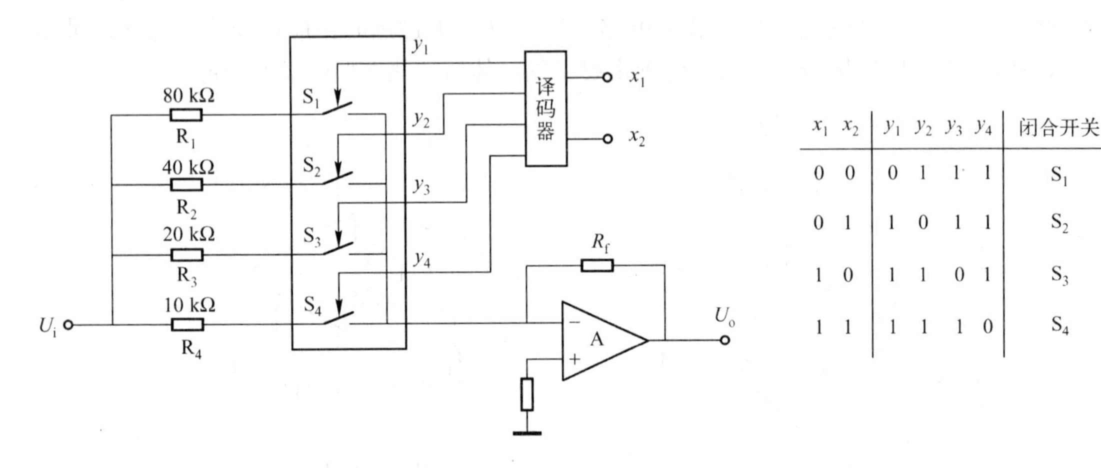

x_1 x_2	y_1 y_2 y_3 y_4	闭合开关
0 0	0 1 1 1	S_1
0 1	1 0 1 1	S_2
1 0	1 1 0 1	S_3
1 1	1 1 1 0	S_4

图 4-29　可编程增益放大器原理

从上面的分析可知，可编程增益放大器的基本思路是用一组电子开关和一个电阻网络相配合来改变放大器的外接电阻值，以此达到改变放大器增益的目的。用户可用运算放大器、模拟开关、电阻网络和译码器组成形式不同、性能各异的可编程增益放大器。如果使用片内带有电阻网络的单片集成放大器，则可省去外加的电阻网络，直接与合适的模拟开关、译码器配合构成实用的可编程增益放大器。将运算放大器、电阻网络、模拟开关及译码器等电路集成到一块芯片上，则构成集成可编程增益放大器。

4.5 信号的显示与记录

测试信号的显示与记录是测试系统不可缺少的组成部分。信号显示与记录的目的有以下方面。

① 通过显示仪器观察各路信号的大小或实时波形。

② 及时掌握测试系统的动态信息，必要时对测试系统的参数进行相应调整，如输出的信号过小或过大时，可及时调节系统增益；信号中含噪声干扰时可通过滤波器降噪，等等。

③ 重现信号记录。

④ 对信号进行后续的分析和处理。

传统的显示和信号记录装置包括万用表、阴极射线管示波器、XY 记录仪、模拟磁带记录仪等。近年来，随着计算机技术的飞速发展，记录与显示仪器从根本上发生了变化，数字式设备已成为显示与记录装置的主流，数字式设备的广泛应用给信号的显示和记录方式赋予了新的内容。

4.5.1 信号的显示

示波器是测试中最常用的显示仪器，有模拟示波器、数字示波器和数字存储示波器三种类型。

1. 模拟示波器

模拟示波器以传统的阴极射线管示波器为代表，如图 4-30 所示为一个典型通用的阴极射线管示波器原理框图。该示波器的核心部分为阴极射线管，从阴极发射的电子束经水平和垂直两套偏转极板的作用，精确聚焦到荧光屏上。通常，水平偏转板上施加锯齿波扫描信号，以控制电子束自左向右的运动，被测信号施加在垂直偏转板上时，控制电子束在垂直方向上的运动，从而在荧光屏上显示出信号的轨迹。调整锯齿波的频率可改变示波器的时基，以适应各种频率信号的测量。所以，这种示波器具有频带宽、动态响应好等优点，最高可达到 800 MHz 带宽，可记录到 1 ns 左右的快速瞬变偶发波形，适合于显示瞬态、高频及低频的各种信号，目前仍在许多场合使用。

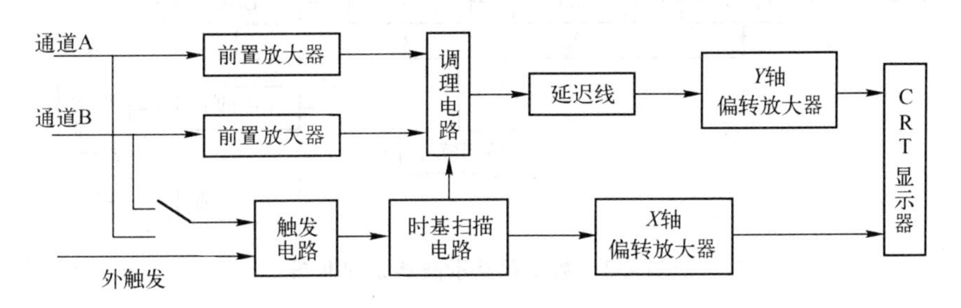

图 4-30 阴极射线管示波器原理框图

2. 数字示波器

数字示波器是随着数字电子与计算机技术的发展而发展起来的一种新型示波器，其基本原理如图 4-31 所示。它用一个核心器件——A/D 转换器将被测模拟信号进行模数转换并存储，再以数字信号方式显示。与模拟示波器相比，数字示波器具有以下突出的优点。

① 具有灵活的波形触发功能，可以进行负延迟（预触发），便于观测出发前的信号状况。

② 具有数据存储与回放功能，便于观测单次过程和缓慢变化的信号，也便于进行后续

数据处理。

③ 具有高分辨率的显示系统，便于对各类性质的信号进行观察，可看到更多的信号细节。

④ 便于程控，可实现自动测量。

⑤ 可进行数据通信。

目前，数字示波器的带宽已达到 1 GHz 以上，为防止波形失真，采样率可达到带宽的 5 ～ 10 倍。

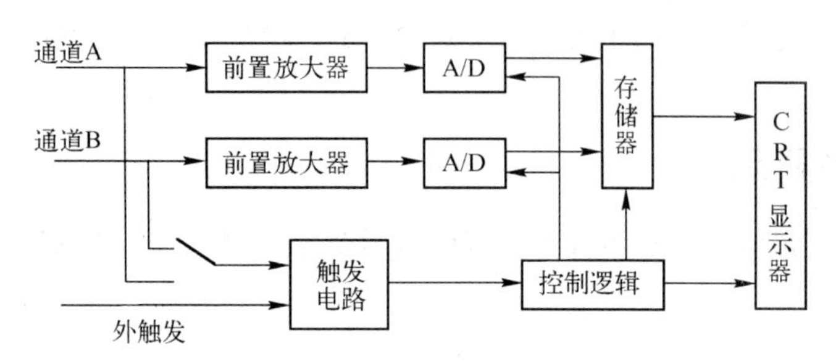

图 4-31　数字示波器原理框图

3. 数字存储示波器

数字存储示波器（其原理如图 4-32 所示）有与数字示波器一样的数据采集前端，即经 A/D 转换器将被测模拟信号进行模数转换并存储；与数字示波器不同的是其显示方式采用模拟方式，将已存储的数字信号通过 D/A 转换器恢复为模拟信号，再将信号波形重现在阴极射线管或液晶显示屏上。

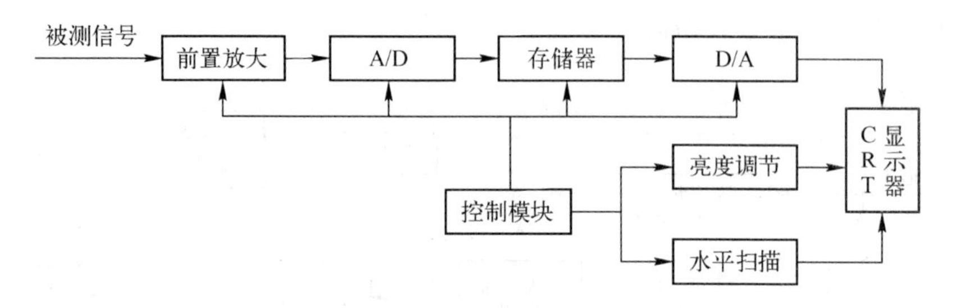

图 4-32　数字存储示波器原理框图

4.5.2　信号的记录

传统的信号记录仪器包括光线示波器、XY 记录仪、模拟磁带记录仪等。光线示波器和 XY 记录仪将被测信号记录在纸质介质上，频率响应差、分辨率低、记录长度受物理载体限制、需要通过手工方式进行后续处理，使用时有诸多不便，已逐渐被淘汰。模拟磁带记录仪可将多路信号以模拟量的形式同步存储到磁带上，但输出只能是模拟量形式，与后续的信号处理仪器的接口能力差，而且输入输出之间的电平转换比较麻烦，目前已很少使用。

近年来，信号的记录方式越来越趋向于两种途径：一种是用数据采集仪器进行信号的记录，另一种是以计算机内插 A/D 卡的形式进行信号记录。此外，有一些新型仪器前端可直接实现数据采集与记录。

1. 数据采集仪器

用数据采集仪器进行信号记录有很多优点，比如都有良好的信号输入前端（包括前置放大器、抗混滤波器等），配有高性能（高分辨率和采样速率）的 A/D 转换板卡和大容量存储器，配置有专用的数字信号分析与处理软件。

2. 计算机内插 A/D 卡

用计算机内插 A/D 卡进行数据采集与记录是一种经济易行的方式，它充分利用通用计算机的硬件资源（总线、机箱、电源、存储器及系统软件），借助插入计算机或工控机内的 A/D 卡与数据采集软件相结合，完成记录任务。在这种方式下，信号的采集速度与 A/D 卡转换速率和计算机写外存的速度有关，信号记录长度与计算机外存储器容量有关。

3. 仪器前端模块

近年来一些新型仪器的前端含有 DSP 模块，可用以实现采集控制，可将通过适调和A/D转换的信号直接送入前端仪器中的海量存储器，实现存储。这些存取的信号可通过某些接口母线由计算机调出实现后续的信号处理和显示。

复习参考题

1. 以阻值 $R=120\,\Omega$、灵敏度 $S=2$ 的电阻丝应变片与阻值为 $120\,\Omega$ 的固定电阻组成电桥，供桥电压为 3 V，并假定负载电阻为无穷大，当应变片的应变为 $2\,\mu\varepsilon$ 和 $2\,000\,\mu\varepsilon$ 时，分别求出单臂、双臂电桥的输出电压，并比较两种情况下的灵敏度。

2. 有人在使用电阻应变仪时，发现灵敏度不够，于是试图在工作电桥上增加电阻应变片数以提高灵敏度。试问在下列情况下，是否可提高灵敏度，并说明理由。

（1）半桥双臂各串联一片。

（2）半桥双臂各并联一片。

3. 用电阻应变片接成全桥测量某一构件的应变，已知其变化规律为

$$\varepsilon(t)=A\cos 10t+B\cos 100t$$

如果电桥激励电压

$$u_0=E\sin 10\,000t$$

试求此电桥的输出信号频谱。

4. 已知调幅波

$$x_a(t)=(100+30\cos\Omega t+20\cos 3\Omega t)(\cos\omega_c t)$$

其中

$$F_c=10\,\text{kHz},\ f_\Omega=500\,\text{Hz}$$

试求

（1）$x_a(t)$所包含的各分量的频率及幅值。

（2）绘出调制信号与调幅波的频谱。

5. 调幅波是否可以看作载波与调制信号的叠加，说明理由。

6. 试从调幅原理说明，为什么 Y6D3A 型动态应变仪的电桥激励电压频率为 10 kHz，而工作频率为 0 ～ 1.5 kHz?

7. 什么是滤波器的分辨力？滤波器的分辨力与哪些因素有关?

8. 已知 RC 低通滤波器，$R=1\ \mathrm{k\Omega}$，$C=1\ \mu\mathrm{F}$，则

(1) 确定各函数式 $H(s)$，$H(\omega)$，$A(\omega)$，$\varphi(\omega)$。

(2) 当输入信号 $u_x=10\sin 1\,000t$ 时，求输出信号 u_y，并比较其幅值及相位关系。

第5章 信号的分析与处理

【本章内容概要】

本章主要介绍数字信号处理系统的基本组成、随机信号、相关分析、功率谱分析及应用。

【本章学习重点与难点】

学习重点：信号的数字化、相关分析应用、谱分析应用。

学习难点：信号的相关分析、信号的功率谱分析。

测试工作的目的是获取反映被测对象状态和特征的信息，但有用的信号总是和各种噪声混杂在一起，有时本身也不明显，难以直接识别和应用。只有分离信号和噪声，并经过必要的处理和分析，清除和修正系统误差后，才能比较准确地提取测得信号中所含的有用信息。因此，信号处理的目的有以下方面。

① 分离信号和噪声，提高信噪比。

② 从信号中提取有用的特征信号。

③ 修正测试系统的某些误差，如传感器的线性误差、温度影响因素等。

信号处理系统可用模拟信号处理系统和数字信号处理系统来实现。

模拟信号处理系统有一系列能实现模拟运算的电路，诸如模拟滤波器、放大器等环节。模拟信号处理也作为数字信号处理的前奏，例如滤波、解调等预处理。数字信号处理后也常需作模拟显示和记录等。

数字信号处理系统是用数字方法处理信号，它既可在通用计算机上通过程序来实现，也可用专用信号处理机来完成。数字信号处理具有稳定、灵活、快速、应用范围广、设备体积小和重量轻等优点，在各行业获得了广泛应用。

5.1 数字信号处理概述

5.1.1 数字信号处理的基本步骤

数字信号处理的基本步骤如图 5-1 所示。

图中，预处理是把信号变成适于数字处理的形式，以减轻数字处理的困难。信号调节器用来调节输入信号的大小，通过放大或衰减调节输入信号电平，使信号幅值与 A/D 转换器的动态范围相适应，以便满足采样和后面分析系统的要求。抗频混滤波器是上限截止频率可

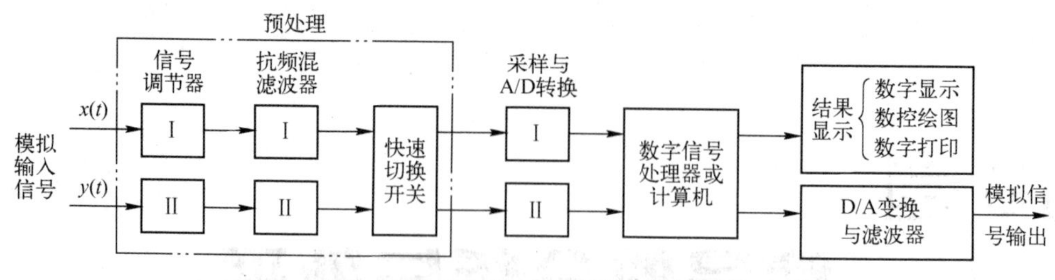

图 5-1　数字信号处理系统的简单框图

调的低通滤波器，用来滤掉信号中不必要的高频成分，以避免频混。快速切换开关用于将多路输入信号依次快速接入 A/D 转换器，将模拟量转变成数字量。预处理中有时也应有隔离信号中的直流分量的措施，一般可用简单的电容隔直措施。若输入信号为经过调制的信号，则在预处理中应进行解调。

A/D 转换包括两部分内容，即时间上的等间隔采样和幅值上的量化。

数字信号处理器或计算机是整个系统的基本环节，由它完成离散时间序列的运算处理，如做时域的概率统计、相关分析、频域的谱分析、传递函数和相干分析等。运算结果可以是数字式输出，或经 D/A 转换后变为模拟式输出。

5.1.2　信号处理过程中的几个相关概念

1. 采样、混叠与采样定理

采样是把连续时间信号离散化的过程。采样过程可以看作用等间隔的单位脉冲序列乘以模拟信号。这样，各采样点上的信号大小就变成脉冲序列的权值（如图 5-2 所示），这些权值将被量化为相应的数值。

采样间隔的选择是一个重要的问题。如在时域上采样间隔太小（采样频率高），则对于定长的时间记录其数字序列就很长，计算工作量迅速增加；如采样间隔太大（采样频率低），则可能丢掉有用的信息。如图 5-3 所示，若只有采样点 1、2、3 的值，将分不清曲线 A、B 和 C 的差别。

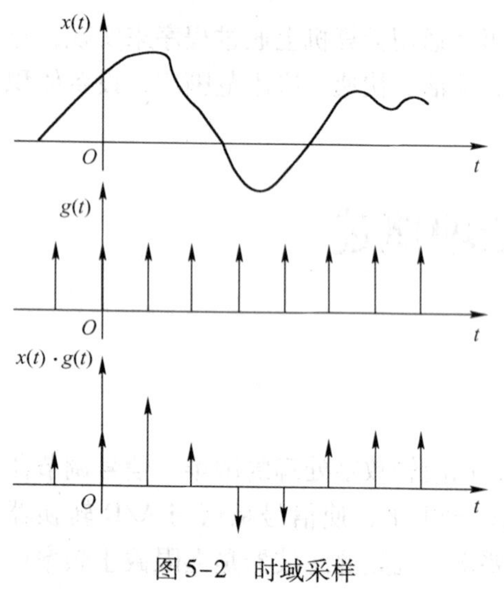

图 5-2　时域采样

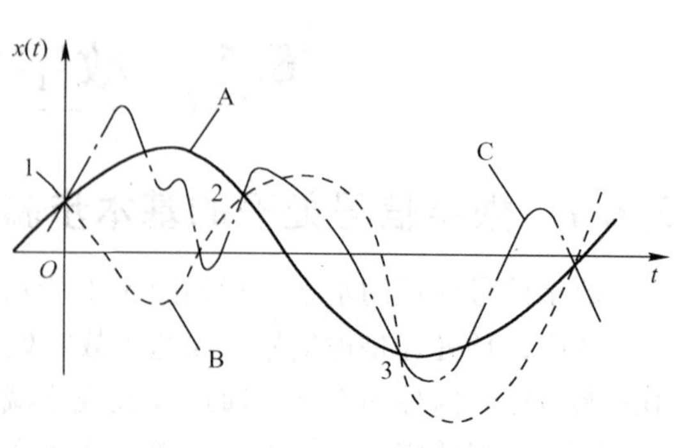

图 5-3　混淆现象

间距为 T_s 的采样脉冲序列的傅里叶变换也是脉冲序列，其间距为 $1/T_s$，即

$$g(t) = \sum_{n=-\infty}^{\infty} \delta(t - nT_s) = G(f)$$
$$= \frac{1}{T_s}\sum_{m=-\infty}^{\infty} \delta\left(f - \frac{m}{T_s}\right) \tag{5-1}$$

由表 1-1 可知，两个时域函数乘积的傅里叶变换等于二者傅里叶变换的卷积，即

$$x(t) \cdot g(t) = X(f) * G(f)$$

考虑到 δ 函数与其他函数卷积的特性，上式右端可写为

$$X(f) * G(f) = X(f) * \frac{1}{T_s}\sum_{m=-\infty}^{\infty} \delta\left(f - \frac{m}{T_s}\right)$$
$$= \frac{1}{T_s}\sum_{m=-\infty}^{\infty} X\left(f - \frac{m}{T_s}\right) \tag{5-2}$$

式（5-2）为采样后信号的频谱。一般来说，此频谱和原连续信号的频谱 $X(f)$ 并不一定相同，但二者有联系，它是将原频谱 $X(f)$ 依次平移 $\frac{1}{T_s}=f_s$ 至各采样脉冲所对应的频域序列点上，然后叠加而成，如图 5-4 所示。由此可见，信号经时域采样之后成为离散信号，新信号的频域函数就相应地变为周期函数，周期为 $\frac{1}{T_s}$。

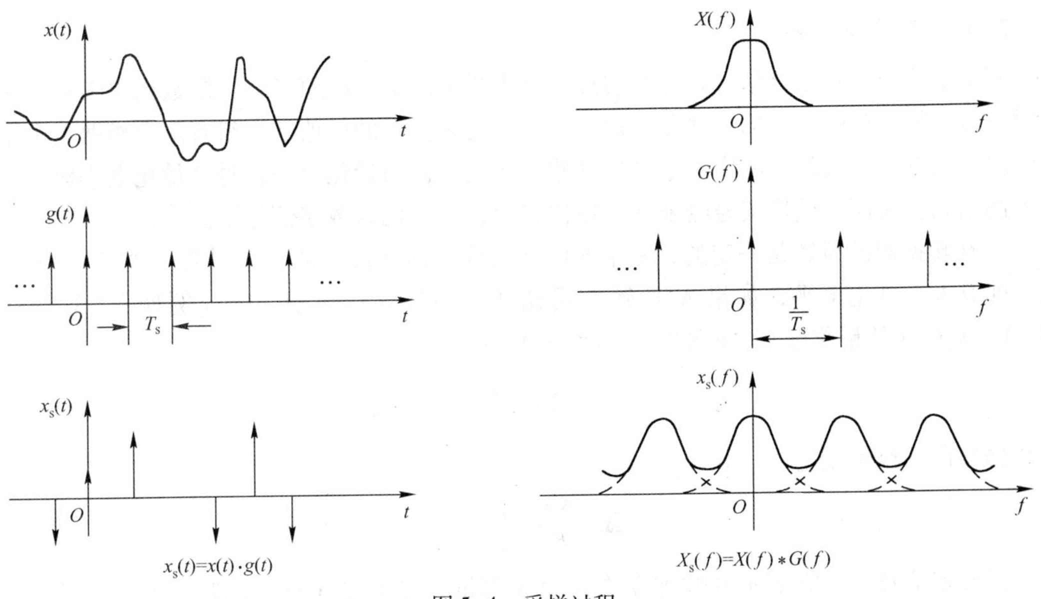

图 5-4　采样过程

如采样的间隔 T_s 太大，即采样频率 f_s 太低，在频域上平移距离 $\frac{1}{T_s}$ 过小，那么移至各采样脉冲所在处的频谱 $X(f)$ 就会有一部分相互交叠，新合成的 $X(f) * G(f)$ 图形将与原 $X(f)$ 不一致，这种现象称为混叠。发生混叠后，改变了原来频谱的部分幅值（如图 5-4 中虚线部分所示），这样就不可能从离散采样后的信号 $x(t) \cdot g(t)$ 准确地恢复原来的时域信号 $x(t)$。

若要不发生频率混叠，必须满足下面的两个条件。

① 被采样的模拟信号必须是带宽有限的。为此，在信号进入 A/D 转换器进行采样之前，常先通过模拟低通滤波器进行抗混滤波预处理。

② 采样频率f_s必须大于限带信号中的最高频率f_c的 2 倍，即

$$f_s=\frac{1}{T_s}>2f_c \tag{5-3}$$

在满足上述条件时，采样后的频谱 $X(f)*G(f)$ 就不会产生混叠现象（如图 5-5 所示）。若把该信号再通过一个中心频率为零（$f=0$）、带宽为 $\pm\frac{f_s}{2}$的理想低通滤波器（如图 5-5 中虚线所示），就可以把完整的原模拟信号的频谱 $X(f)$ 摘取出来，经傅里叶逆变换后，才有可能从采样后的离散序列准确地恢复（重构）其原模拟信号 $x(t)$。因此，为了避免混叠，采样频率f_s必须大于被采样信号最大频率f_c的 2 倍，即 $f_s>2f_c$，这就是采样定理。在实际工作中，考虑到实际滤波器不可能有理想的截止特性，在截止频率f_c之外总有一定的过渡带，故采样频率应选为 $3f_c\sim 4f_c$。

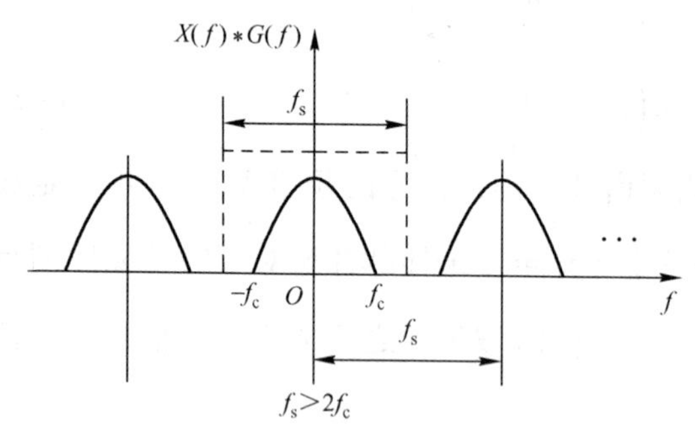

图 5-5　不产生混叠的条件

2. 量化和量化误差

模拟信号转化为数字信号就是把模拟信号采样后的电压幅值用二进制数码组表示。采样是对模拟信号在时间轴上的离散化，而量化则是把采样点的幅值在一组有限个离散电平中取其中之一来近似取代信号的实际电平。这些离散电平称为量化电平，每个量化电平对应一个二进制数码。从而，模拟信号经采样、量化之后，就转化为数字信号了。

A/D 转换器的位数是一定的，一个 b 位（又称数据字长）的二进制数，共有 $L=2^b$ 个数码，即有 L 个量化电平，如果 A/D 转换器允许的动态工作范围为 E（例如 ±5 V 或 0 ～ 10 V），则两相邻量化电平之间的间隔（级差）为

$$\Delta x=\frac{E}{2^b}$$

A/D 转换的非线性度为

$$\Delta=\frac{\Delta x}{E}=\frac{1}{2^b}=2^{-b}$$

当模拟信号采样值 $x(n)$ 的电平落在两个相邻量化电平之间时，就要舍入归并到相近的一个量化电平上，该量化电平与信号实际电平之间的归一化差值称为量化误差 e。量化误差 e 的最大值为 $\pm\frac{\Delta}{2}$，可认为量化误差 e 在$\left(-\frac{\Delta}{2},\ +\frac{\Delta}{2}\right)$区间各点出现的概率是相等的，概率分布密度为$\frac{1}{\Delta}$，误差的均值为零，误差的均方值为

$$\delta_e^{\ 2}=\int_{-\frac{\Delta}{2}}^{\frac{\Delta}{2}}e^2\frac{1}{\Delta}\mathrm{d}e=\frac{\Delta^2}{12} \tag{5-4}$$

量化误差的标准差为

$$\delta_e = \sqrt{\Delta^2/12} \approx 0.29\Delta$$

量化误差是叠加在信号采样值 $x(n)$ 上的随机噪声。应该指出，进入 A/D 转换器的信号本身常常含有相当的噪声，增加 A/D 转换器的位数可以相应地增加 A/D 转换的动态范围，因而可减小由量化误差引入的噪声，但却不能改善信号中的固有噪声。所以，对进入 A/D 转换器以前的模拟信号采取前置滤波处理是非常重要的。A/D 转换器的位数选择应视信号的具体情况和量化的精度要求而定。但位数高价格就贵，而且会降低转换速率。

3. 截断、泄漏和窗函数

截断就是将无限长的信号 $x(t)$ 乘以时域有限宽的窗函数。最简单的窗函数是矩形窗函数 $w_R(t)$（如图 1-16 所示），它的频谱函数 $W_R(f)$ 可称为谱窗。

截取一段信号，就相当于在时域中对 $x(t)$ 乘以矩形窗函数 $w_R(t)$，于是有

$$x(t) \cdot w_R(t) = X(f) * W_R(f)$$

由于 $W_R(f)$ 是一个频带无限宽的 sinc 函数，所以即使 $x(t)$ 是带限信号，在截断以后它也必然成为无限带宽的函数，这说明信号的能量沿频率分布扩展了。从上面的讨论可知，无论采样频率多高，只要信号一经截断，就不可避免地引起混叠，因此，信号截断必然导致一些误差，这种现象称为泄漏。

如果增大截断长度，则 $W_R(f)$ 的图形将压缩变窄，虽然在理论上其频谱范围仍为无穷宽，但实际上中心频率以外的频率分量衰减较快，因而泄漏误差将减小。当截断长度趋于无限大时，则 $W_R(f)$ 将变为 $\delta(f)$ 函数，而 $\delta(f)$ 函数与 $X(f)$ 的卷积仍为 $X(f)$，这就说明如果不截断，就没有泄漏误差。泄漏误差的大小与窗函数频谱的旁瓣有关，如果窗函数的旁瓣较小，相应的泄漏误差也将减小。除矩形窗外，工程上常用的窗函数及其特点如表 5-1 所示。

表 5-1　几种常用窗函数及其特点

名称	时域表达式及图形	谱窗表达式及谱图	特　点
三角窗	$w_1(t) = \begin{cases} 1-\frac{\lvert t \rvert}{T}, & \lvert t \rvert < T \\ 0, & \text{其他} \end{cases}$	$W_1(f) = T\left(\frac{\sin \pi f T}{\pi f T}\right)^2$	无负旁瓣，旁瓣比矩形窗小得多，对泄漏误差有一定抑制作用
汉宁窗	$w_3(t) = \begin{cases} \frac{1}{2}\left(1+\cos\frac{\pi t}{T}\right), & \lvert t \rvert \leq T \\ 0, & \text{其他} \end{cases}$	$W_3(f) = \frac{1}{2}W_R(f) + \frac{1}{4}W_R\left(f-\frac{1}{2T}\right) + \frac{1}{4}W_R\left(f+\frac{1}{2T}\right)$	其谱窗为三个矩形窗谱窗之和，旁瓣很小，且衰减很快，能减小高频干扰与泄漏，应用较广泛，主瓣宽度比矩形窗大

续表

名称	时域表达式及图形	谱窗表达式及谱图	特　点
哈明窗	$w_2(t)=\begin{cases}0.54+0.46\cos\dfrac{\pi t}{T}, & \lvert t\rvert\leqslant T\\ 0, & \text{其他}\end{cases}$	$W_2(f)=0.5W_R(f)+0.23\times\left[W_R\left(f-\dfrac{1}{2T}\right)+W_R\left(f+\dfrac{1}{2T}\right)\right]$ $W_R(f)=\dfrac{\sin 2\pi fT}{\pi f}$为矩形窗频谱	与汉宁窗本质上是一样的，只是参数不同，其谱窗由三个矩形窗的频谱叠加而成，但旁瓣比汉宁窗衰减得快，应用较广泛，主瓣仍太宽
指数窗	$w_4(t)=\begin{cases}u(t)\mathrm{e}^{-\alpha t}, & t\geqslant 0,\alpha>0\\ 0, & \text{其他}\end{cases}$	$W_4(f)=\dfrac{1}{\alpha+\mathrm{j}2\pi f}$	加指数窗就是人为加快信号的衰减，避免将信号截断而引起泄漏，衰减信号始端大，信噪比高，而末端小，信噪比低，适用于处理瞬态激振信号

4. 离散傅里叶变换及其快速算法

模拟信号经过时域采样和用窗函数截断以后得到有限长的时间序列，其序列点数 $N=\dfrac{T}{T_s}$，T 为窗函数宽度，T_s为采样间隔。下面讨论如何根据所得的有限长度的离散时间序列求其频谱。

因为计算机只能给出离散数据，所以若要用计算机做傅里叶变换，所给出的谱线只能是离散值。离散的谱线对应时域中的周期函数，所以要通过离散时间序列在计算机上求频谱，必须先假设信号是周期性的。对实际信号进行截取以后，“窗”外部分的信号已经摒弃，因此可以认为信号是以窗函数宽度 T 为周期进行重复的。这样人为的周期化必然引入泄漏误差。在上述假设的基础上，可以对该周期离散信号进行傅里叶分析，从而得到离散傅里叶变换（DFT）对，表示为

$$x(n)=X(k)$$

正变换 DFT 为

$$X(k)=\sum_{n=0}^{N-1}X(n)\mathrm{e}^{-\mathrm{j}2\pi nk/N} \tag{5-5}$$

逆变换 IDFT 为

$$x(n)=\frac{1}{N}\sum_{k=0}^{N-1}X(k)\mathrm{e}^{\mathrm{j}2\pi nk/N} \tag{5-6}$$

式中　$n,k=0,1,2,\cdots,N-1$；

$x(n)$为 $x(t)$函数在 $t=0$，$T_s,2T_s,\cdots,(N-1)T_s$点的采样值；

$X(k)$为 $x(n)$的傅里叶变换在$f=0,\dfrac{f_s}{N},2\dfrac{f_s}{N},\cdots,(N-1)\dfrac{f_s}{N}$点的采样值。

式（5-5）、式（5-6）的证明可见有关资料。

按式（5-5）可以进行 DFT 计算，但每计算 k 为定值的一个点 $X(k)$，就要做 N 次复数乘法，故计算全部 N 个 $X(k)$点要做 N^2次复数乘法。由于在复数运算中两复数相乘是 4 个实

数相乘，故 N^2 次复数相乘就相当于 $4N^2$ 次实数相乘，计算工作量随 N 的增大而急剧增大。1965 年 J. W. Cooley 和 J. W. Turkey 研究出一种 DFT 的快速算法，称为 FFT，使数字信号处理更为实用化。

5. 离散的谱密度估算

在数字信号处理中对谱密度只能做估算，这是因为数字处理的序列长度总是有限的，而且又经过人为的周期化，这一切都会引进一些畸变。

假如信号 $x(n)$ 和 $y(n)$ 都是序列长为 N 的周期化序列，即 $x(N+n)=x(n)$，$y(N+n)=y(n)$，那么

$$R_{xy}(n)=S_{xy}(k)$$

式中 $R_{xy}(\tau)=\frac{1}{N}\sum_{n=0}^{N-1}x(n)y(n+\tau)$ 为离散的互相关函数。在实际工作中，一般不通过相关运算求谱密度，因为这样做比较繁冗，而常常先求谱密度，再从谱密度估算相关函数。

例如已对 $x(n)$ 和 $y(n)$ 两个数字序列分别做了离散傅里叶变换，即

$$x(n)=X(k)$$

$$y(n)=Y(k)$$

则自功率谱密度估算为

$$S_x(k)=\frac{1}{N}\overline{X(k)}X(k)=\frac{1}{N}|X(k)|^2 \tag{5-7}$$

5.2 信号的相关分析及应用

相关分析是利用相关系数或相关函数来描述两个信号间的相互关系或其相似程度，还可以用来描述同一信号的现在值与过去值的关系，或者根据过去值、现在值来估计未来值。相关分析也为噪声背景下提取有用信息提供了可靠的途径。

5.2.1 相关和相关系数

所谓相关是指两个变量之间的相互关系，它有两种形式：一种是线性相关，指两个变量之间可用线性方程来描述；另一种是非线性相关，指两个变量之间需用非线性方程来描述。如图 5-6 所示，该图为 S 形测力传感器的弹性元件，在其内贴有四片电阻应变片组成全桥电路，并接入应变仪的电路。若对其进行标定试验，可得到两组成对的数据 $x_i(i=1, 2, \cdots, N)$ 和 $y_i(i=1, 2, \cdots, N)$，x_i 表示作用在弹性元件上的载荷，而 y_i 表示应变仪的输出，此输出是贴有电阻应变片处的弹性元件的应变值，其测量结果如图 5-7 所示。其中，图 5-7（a）表示载荷和应变之间具有精确的线性相关；图 5-7（d）为不相关，这是由于结构设计不合理、测量方法不当或其他因素的影响，使测得的应变并非由加在传感器上的载荷引起，两者之间无任何相互关系；图 5-7（b）为不精确的线性相关，是实际测量中常见的图形，应变与载荷之间基本上呈某种程度的线性关系，但测不精确，有一定的误差；图 5-7（c）为非线性相关，表示 x_i 与 y_i 之间存在着某

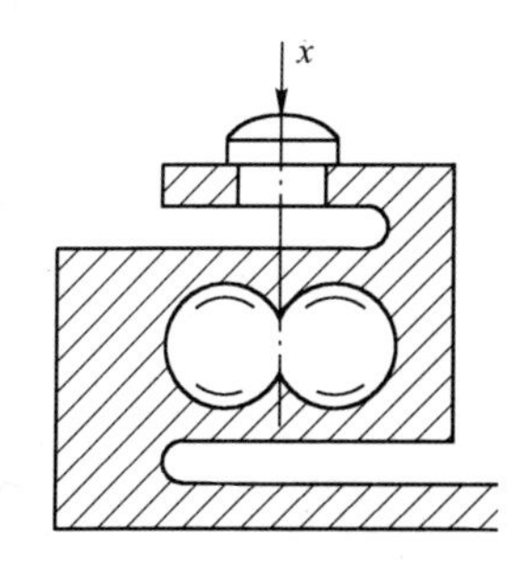

图 5-6 S 形测力传感器

种确定的非线性关系。两个随机变量 x 和 y 之间的相关程度常用相关系数 ρ_{xy} 表示，即

$$\rho_{xy}=\frac{E[(x-\mu_x)(y-\mu_y)]}{\sigma_x\sigma_y} \tag{5-8}$$

式中 E——数学期望；

μ_x——随机变量 x 的均值；

μ_y——随机变量 y 的均值；

σ_x——随机变量 x 的标准差；

σ_y——随机变量 y 的标准差。

其 $|\rho_{xy}|\leqslant 1$。当 $\rho_{xy}=\pm 1$ 时，说明 x，y 两变量是理想的线性相关（$\rho_{xy}=-1$，表示两者反向线性相关）。当 $\rho_{xy}=0$ 时，说明 x，y 两变量完全不相关。当 $0<|\rho_{xy}|<1$ 时，说明两变量之间有一定程度的相关。

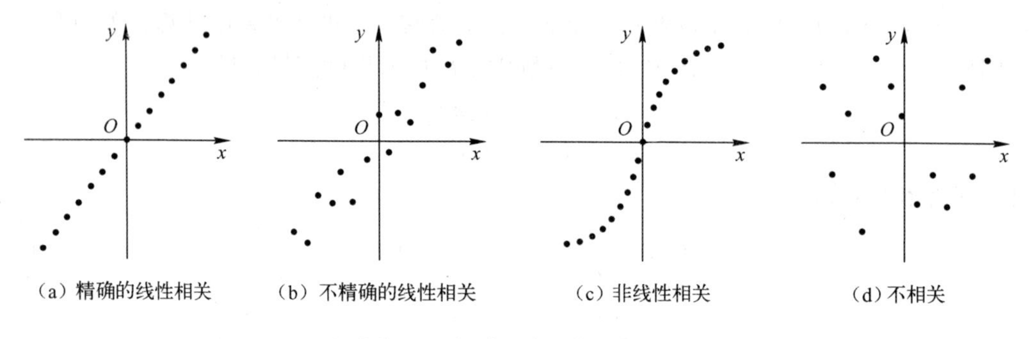

图 5-7 相关程度的变化情况

5.2.2 自相关函数

自相关函数是在延时域 τ 内，研究一个随机信号在不同的时刻之间是否存在关联。

1. 定义

假设 $x(t)$ 是某各态历经随机过程的一个样本记录，$x(t+\tau)$ 是 $x(t)$ 时移 τ 时刻后的样本记录，如图 5-8 所示。在任何 $t=t_i$ 时刻，从这两个样本记录上可分别得到两个量值 $x(t_i)$ 和 $x(t_i+\tau)$，而且两个样本记录 $x(t)$ 和 $x(t+\tau)$ 具有相同的均值 μ_x 和标准差 σ_x。则自相关函数的定义为：$x(t)$ 与 $x(t+\tau)$ 的乘积，在记录时间历程 T 趋于无穷大时的平均值。其表达式为

$$R_x(\tau)=\lim_{T\to\infty}\frac{1}{T}\int_0^T x(t)x(t+\tau)\mathrm{d}t=\lim_{T\to\infty}\frac{1}{T}\int_0^T x(t)x(t-\tau)\mathrm{d}t \tag{5-9}$$

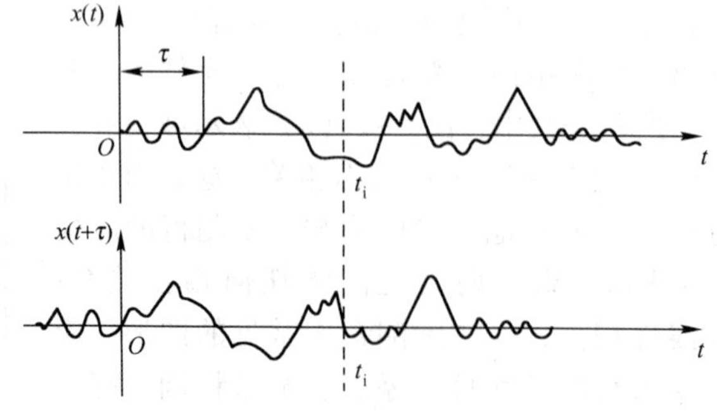

图 5-8 $x(t)$ 及其时移函数 $x(t+\tau)$

取不同的 τ 值，可得到不同的 $R_x(\tau)$ 值。

若 $x(t)$ 是一个周期信号，则其自相关函数的表达式为

$$R_x(\tau) = \frac{1}{T}\int_{-\frac{T}{2}}^{\frac{T}{2}} x(t)x(t+\tau)\,\mathrm{d}t \tag{5-10}$$

式中　T——周期信号的周期。

2. 自相关系数

上述自相关函数 $R_x(\tau)$ 未能表示出信号 $x(t)$ 在 t 时刻的值与在 $t+\tau$ 时刻的值之间的相关程度，而自相关系数 $\rho_{x(t),\,x(t+\tau)}$ 则可表示出不同时刻的相关程度。一般将自相关系数 $\rho_{x(t),\,x(t+\tau)}$ 简写成 $\rho_x(\tau)$。式(5-8)可写为

$$\begin{aligned}\rho_x(\tau) &= \frac{E\{[x(t)-\mu_x][x(t+\tau)-\mu_x]\}}{\sigma_x^2}\\ &= \frac{1}{\sigma_x^2}\{E[x(t)x(t+\tau)] - \mu_x E[x(t+\tau)] - \mu_x E[x(t)] + \mu_x^2\}\\ &= \frac{1}{\sigma_x^2}\{E[x(t)x(t+\tau)] - \mu_x^2\}\\ &= \frac{R_x(\tau)-\mu_x^2}{\sigma_x^2}\end{aligned}$$

式中　当 $T\to\infty$ 时，$E[x(t)]$ 和 $E[x(t+\tau)]$ 都趋近于 μ_x。

当 $\rho_x(\tau)=1$ 时，表示 $x(t)$ 在 t 时刻的值与在 $t+\tau$ 时刻的值完全相关；当 $\rho_x(\tau)=0$ 时，表示两时刻的值完全不相关。

3. 自相关函数的性质

① 自相关函数是 τ 的偶函数，即

$$R_x(\tau) = R_x(-\tau)$$

② 当 $\tau=0$ 时，自相关函数具有最大值，并等于其均方值，即

$$R_x(\tau=0) = \lim_{T\to\infty}\frac{1}{T}\int_0^T x^2(t)\,\mathrm{d}t = \psi_x^2$$

若信号 $x(t)$ 的均值 $\mu_x=0$，则

$$R_x(\tau=0) = \sigma_x^2$$

③ 若 $x(t)$ 是随机信号，当时移 τ 足够大或 $\tau\to\infty$ 时，$x(t)$ 与 $x(t+\tau)$ 将彼此无关，即 $\rho_x(\tau\to\infty)\to0$。那么，当随机信号中不含直流分量（即 $\mu_x=0$），也无周期信号分量时，有

$$\lim_{\tau\to\infty}R_x(\tau)=0$$

若随机信号中含有直流分量(即 $\mu_x\neq0$)时，则

$$\lim_{\tau\to\infty}R_x(\tau)=\mu_x^2$$

④ 随机信号的频带越宽，其 $R_x(\tau)$ 衰减越快，即随时移 τ 的增大，相关性迅速减弱；而窄带随机信号的 $R_x(\tau)$ 则衰减较慢。若随机信号的频谱包含所有的频率成分（即白噪声），则其 $R_x(\tau)$ 将集中成为过原点的 δ 函数。

⑤ 若 $x(t)$ 是周期信号，则其 $R_x(\tau)$ 不收敛，并且它将是一个与原信号具有相同频率的周期函数，但它不具有原信号的相位信息。例如正弦信号 $x(t)=X_0\sin(\omega t+\varphi)$ 的自相关函数为

$$R_x(\tau)=\frac{1}{T}\int_0^T x(t)x(t+\tau)\mathrm{d}t=\frac{1}{T}\int_0^T X_0\sin(\omega t+\varphi)X_0\sin[\omega(t+\tau)+\varphi)]\mathrm{d}x$$

令 $\omega t+\varphi=\theta$，则 $\mathrm{d}t=\frac{\mathrm{d}\theta}{\omega}$，$T=\frac{2\pi}{\omega}$，有

$$R_x(\tau)=\frac{X_0^2}{2\pi}\int_0^{2\pi}\sin\theta\sin(\theta+\omega\tau)\mathrm{d}\theta=\frac{X_0^2}{2}\cos\omega\tau$$

可见，正弦信号的自相关函数是一个余弦函数，它保留了原信号的圆频率 ω 的信息和幅值 X 的信息，但丢失了原信号中的初始相位信息。

随机信号自相关函数 $R_x(\tau)$ 的曲线如图 5-9 所示。

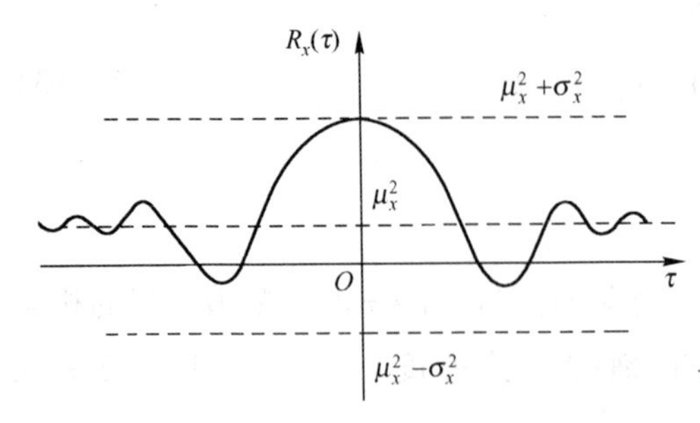

图 5-9　随机信号的自相关函数曲线

4. 典型信号的自相关函数

几种典型信号的自相关函数如图 5-10 所示。

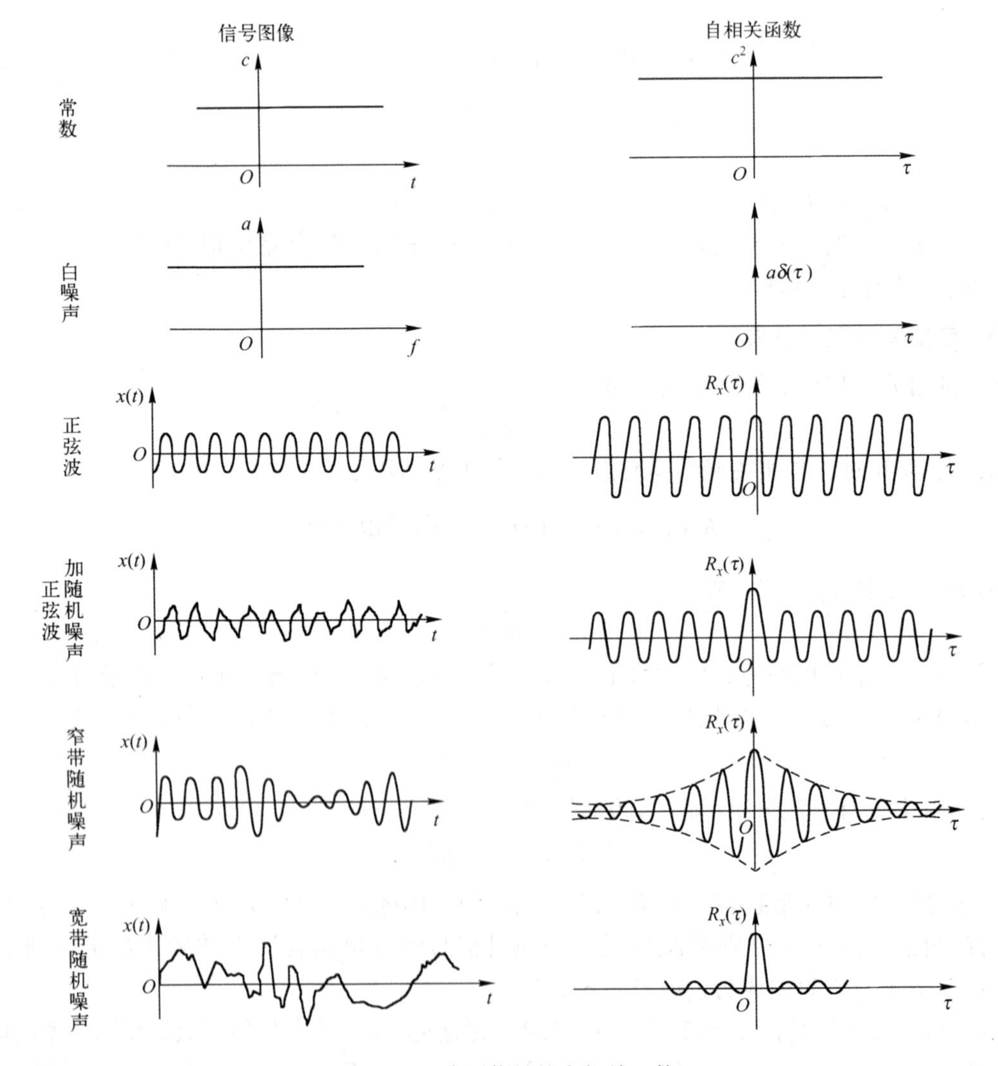

图 5-10　典型信号的自相关函数

从自相关函数的图形可分析信号的构成及性质，在稍加对比后可看到，它可从噪声背景下提取信号中的有用信息。

5.2.3　互相关函数

对于两个信号 $x(t)$ 和 $y(t)$ 之间在不同时刻的相关性（或相似性），可用互相关函数来描述。

1. 定义

若 $x(t)$ 和 $y(t)$ 是两个各态历经随机过程的样本函数，则它们的互相关函数定义为

$$R_{xy}(\tau)=\lim_{T\to\infty}\frac{1}{T}\int_0^T x(t)y(t+\tau)\mathrm{d}t=\lim_{T\to\infty}\frac{1}{T}\int_0^T x(t-\tau)y(t)\mathrm{d}t \tag{5-11}$$

2. 互相关系数

将互相关系数 $\rho_{x(t)、y(t+\tau)}$ 简写成 $\rho_{xy}(\tau)$，由式(5-8)可得

$$\begin{aligned}\rho_{xy}(\tau)&=\frac{E\{[x(t)-\mu_x][y(t+\tau)-\mu_y]\}}{\sigma_x\sigma_y}\\&=\frac{1}{\sigma_x\sigma_y}\{E[x(t)y(t+\tau)]-\mu_xE[y(t+\tau)]-\mu_yE[x(t)]+\mu_x\mu_y\}\\&=\frac{1}{\sigma_x\sigma_y}\{E[x(t)y(t+\tau)]-\mu_x\mu_y\}\\&=\frac{R_{xy}(\tau)-\mu_x\mu_y}{\sigma_x\sigma_y}\end{aligned}$$

利用互相关系数 $\rho_{xy}(\tau)$ 就可确定随机信号 $x(t)$ 和 $y(t)$ 之间的相似程度。

3. 互相关函数的性质

① 互相关函数不是偶函数，但 $R_{xy}(\tau)$ 与 $R_{yx}(\tau)$ 之间有如下关系

$$R_{xy}(\tau)=R_{yx}(-\tau)$$

因此，在书写时应特别注意下标符号的顺序。

② 互相关函数在 $\tau=0$ 时，一般不会出现最大值，如图 5-11 所示。其峰值点偏离原点的距离 τ_0 反映了两个信号最大相关时的时间间隔。

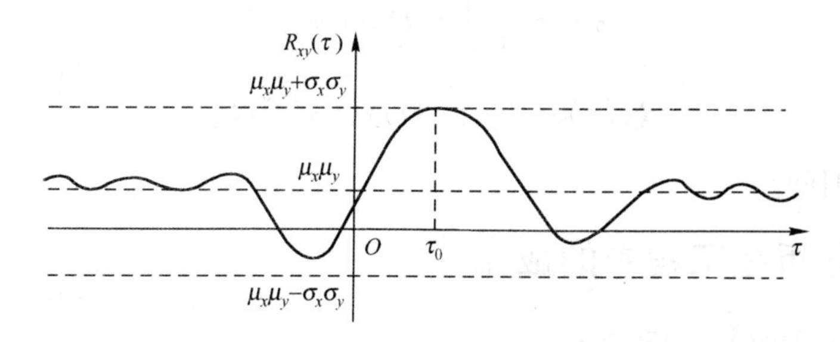

图 5-11　互相关函数曲线

若 $x(t)$ 和 $y(t)$ 是两个随机信号，且它们之间没有同频的周期成分，那么，当时移 τ 很大时，将彼此无关，即 $\rho_{xy}(\tau\to\infty)\to0$；而其 $R_{xy}(\tau\to\infty)\to\mu_x\mu_y$。$R_{xy}(\tau)$ 的变化范围是

$$\mu_x\mu_y-\sigma_x\sigma_y\leqslant R_{xy}(\tau)\leqslant\mu_x\mu_y+\sigma_x\sigma_y \tag{5-12}$$

③ 若两个随机信号中具有同频的周期成分，则在互相关函数中，即使 $\tau\to\infty$ 也会出现该

频率的周期成分。例如，两个同频周期信号分别为 $x(t)$ 和 $y(t)$，若

$$x(t)=A\sin(\omega t-\theta)$$
$$y(t)=B\sin(\omega t-\varphi)$$

由于两信号是同频的周期信号，故可用一个共同周期 T 内的平均值来代替整个时间历程的平均值，即

$$\begin{aligned}R_{xy}(\tau) &= \frac{1}{T}\int_0^T x(t)y(t+\tau)\mathrm{d}t \\ &= \frac{1}{T}\int_0^T A\sin(\omega t-\theta)B\sin[\omega(t+\tau)-\varphi]\mathrm{d}t \\ &= \frac{AB}{2}\sin(\omega\tau-\theta-\varphi)\end{aligned} \tag{5-13}$$

由此可知两个同频正弦信号的互相关函数仍为正弦函数，它既保留了原信号的圆频率 ω 及其幅值 A、B 的信息，又保留了两个信号相位 θ、φ 的信息。

当两个周期信号的频率不相等（$\omega_1\neq\omega_2$），即不具有共同的周期时，则其互相关函数 $R_{xy}(\tau)=0$。例如

$$x(t)=A\sin(\omega_1 t-\theta)$$
$$y(t)=B\sin(\omega_2 t-\varphi)$$

根据正（余）弦函数的正交性，可知

$$\begin{aligned}R_{xy}(\tau) &= \frac{1}{T}\int_0^T x(t)y(t+\tau)\mathrm{d}t \\ &= \frac{1}{T}\int_0^T A\sin(\omega_1 t-\theta)B\sin[\omega_2(t+\tau)-\varphi]\mathrm{d}t=0\end{aligned} \tag{5-14}$$

由此可见，两个周期信号若具有不同的圆频率，则不相关。

5.2.4 相关函数的测量与估计

对于随机信号，在有限观测时间内的自相关函数的估计值 $\hat{R}_x(\tau)$ 和互相关函数的估计值 $\hat{R}_{xy}(\tau)$ 分别为

$$\hat{R}_x(\tau)=\frac{1}{T}\int_0^T x(t)x(t+\tau)\mathrm{d}t \tag{5-15}$$

$$\hat{R}_{xy}(\tau)=\frac{1}{T}\int_0^T x(t)y(t+\tau)\mathrm{d}t \tag{5-16}$$

式中 T——观测时间。

5.2.5 相关分析在工程中的应用

1. 检测混于随机信号的周期成分

利用自相关函数的性质，可辨别任意时域信号中是否含有周期成分。图 5-12（a）所示是某一机械加工零件表面粗糙度的波形，从该波形中不可能辨别出随机信号中的周期成分，但通过自相关分析可辨别出来。从图 5-12（b）中看到，其自相关函数图形呈现出明显的周期性，这表明造成表面粗糙度的原因中包含有某种周期性振动因素。求出自相关函数波形的周期，就能确定激振频率，从而可进一步找出引起机床振动的振源。

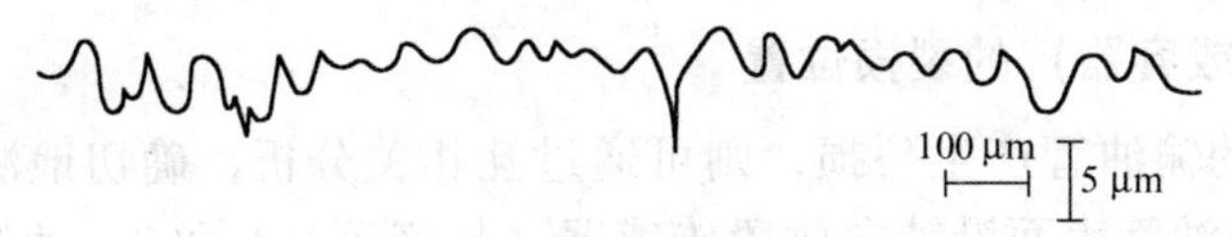

（a）表面粗糙度的波形

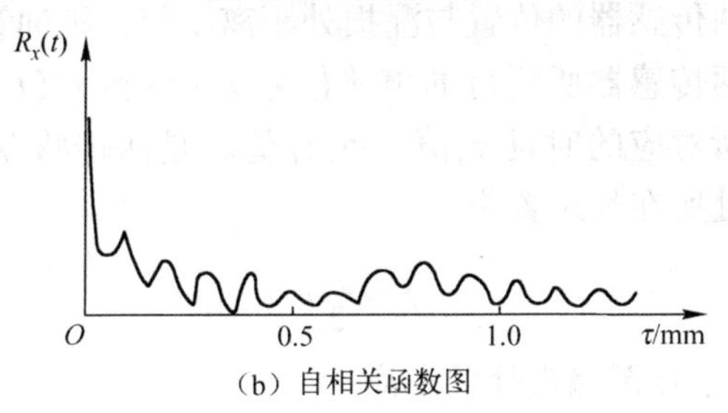

（b）自相关函数图

图 5-12　表面粗糙度的波形与自相关函数

2. 速度测定

在运动物体上或在相对于运动物体的位置上，沿运动方向取间隔距离为 l 的两处各放置一个传感器，然后将所测得的两个信号进行互相关分析，可确定出互相关函数达到最大值时的 τ_0 值，此 τ_0 值即是运动物体由第一个传感器到第二个传感器所经历的时间，这样，可很容易地求出运动物体的速度 v，即

$$v=\frac{l}{\tau_0} \tag{5-17}$$

例如，测定热轧钢带的运动速度，如图 5-13（a）所示，在钢带运动方向上，距离为 l 的两处分别装有光电特性一致的光电管 1 和 2。钢带表面的反射光经透射镜聚焦在两个光电管上。两束反射光强度的波动均通过光电管转换为电信号 $x_1(t)$ 和 $x_2(t)$，如图 5-13（c）所示。信号 $x_1(t)$ 时延到 τ_1 时，$x_1(t-\tau_1)$ 与 $x_2(t)$ 将会出现相似波形。将 $x_1(t-\tau_1)$ 和 $x_2(t)$ 输入到相关函数分析仪中进行互相关处理，则可得到互相关函数 $R_{x_1x_2}(\tau)$，其值在 τ_1 处为最大，如图 5-13（c）所示。从而可求得钢带的运动速度。

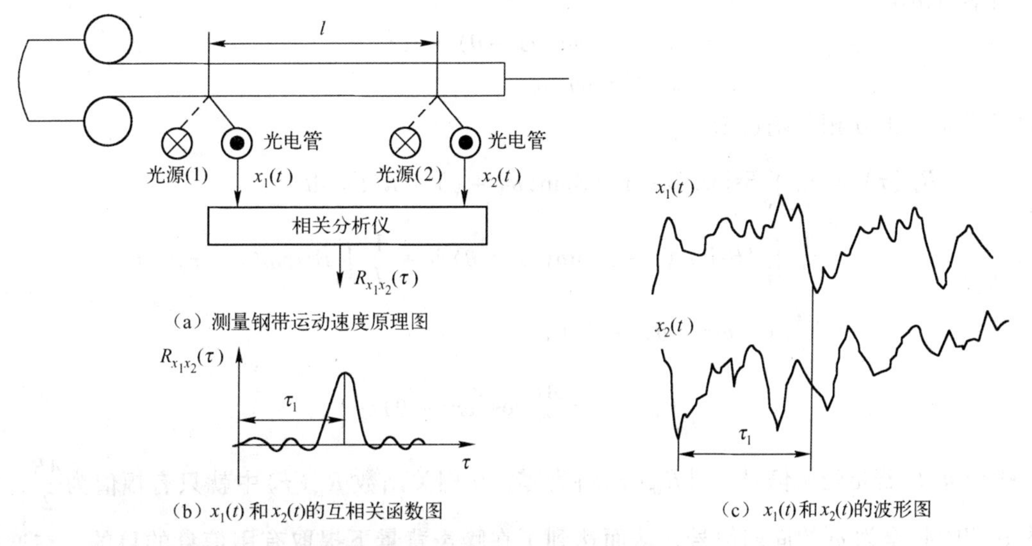

图 5-13　测定热轧钢带的运动速度

3. 诊断管道（或容器）的裂损位置

若深埋在地下的输油管产生裂损，则可通过互相关分析，确切地测定出裂损位置。如图5-14所示，在输油管表面沿轴向放置传感器（拾音器）1和2，油管裂损处可视为向两侧传播声响的声源。若两传感器的位置与漏损处距离不等，则油管漏油处的声响传至两传感器时将产生时间差。将两传感器所测得的声响信号 $x_1(t)$ 和 $x_2(t)$ 进行互相关分析，即可得到互相关函数值最大处所对应的时延 τ_0 值，此 τ_0 值就是两传感器获取漏损处音响信号的时间差，这样，油管漏损处所在的位置为

$$S=\frac{1}{2}v\tau_0$$

式中 S——两传感器的中点至漏损处的距离；

v——声响通过管道的传播速度。

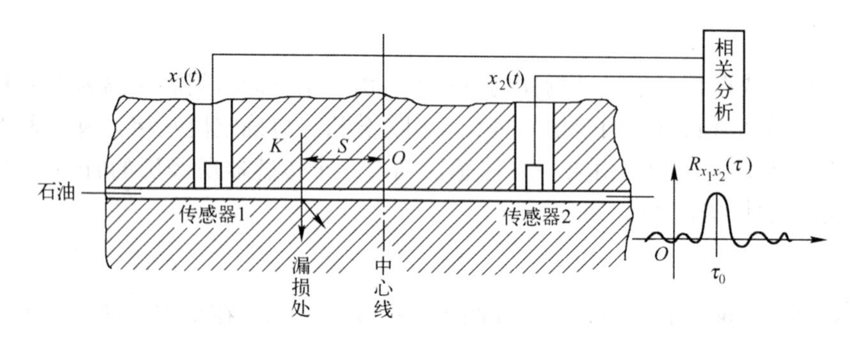

图5-14 诊断油管裂损位置

4. 检测混杂在噪声信号中的正弦信号

为检测淹没在噪声信号 $x(t)$ 中的正弦信号 $A\sin\omega_x t$，可用一个定幅值的扫频信号 $s(t)=K\sin\omega t$ 与噪声信号进行互相关分析，当 $\omega=\omega_x$ 时，即可检测出淹没在噪声中的正弦信号的幅值、频率和相位。

若
$$x(t)=A\sin(\omega t+\theta)+n(t)$$
$$s(t)=B\sin\omega t$$

则 $x(t)$ 和 $s(t)$ 的互相关函数为

$$\begin{aligned}R_{xs}(\tau)&=\frac{1}{T}\int_0^T B\sin\omega(t-\tau)[A\sin(\omega t+\theta)+n(t)]\mathrm{d}t\\&=\frac{1}{T}\int_0^T AB\sin\omega(t-\tau)\sin(\omega t+\theta)\mathrm{d}t+\frac{1}{T}\int_0^T B\sin\omega(t-\tau)n(t)\mathrm{d}t\\&=\frac{AB}{2}\cos(\omega\tau-\theta)+R_{xn}(\tau)\end{aligned}$$

或
$$R_{xs}(\tau)=\frac{AB}{2}\cos(\omega\tau-\theta)$$

噪声 $n(t)$ 若是随机信号，则 $R_{xn}(\tau)$ 将为零，互相关函数 $R_{xs}(\tau)$ 中就只有幅值为 $\frac{AB}{2}$、相位为 θ 和圆频率为 ω 的周期信号，从而达到了在噪声背景下提取有用信息的目的。在通信和雷达中常用这种分析方法检测有用的信息。

5.3 信号的功率谱分析及应用

5.3.1 功率谱密度函数的定义

对于随机信号 $x(t)$，由于其任一样本函数都是时间无限的函数，一般不能满足傅里叶变换的存在条件——积分$\int_{-\infty}^{+\infty}|x(t)|\mathrm{d}t$必须收敛。如果将样本函数取在一个有限区间$\left(-\frac{T}{2},\frac{T}{2}\right)$内，如图5-15所示，令在该区间以外的 $x(t)=0$，则积分$\int_{-\infty}^{+\infty}|x(t)|\mathrm{d}t$收敛，这样可按式（1-27）写出随机信号 $x(t)$ 在有限区间的傅里叶变换，即样本记录的傅里叶变换（样本记录的连续频谱函数）为

$$X(f)=\int_{-\frac{T}{2}}^{\frac{T}{2}}x(t)\mathrm{e}^{-\mathrm{j}2\pi ft}\mathrm{d}t \tag{5-18}$$

可将积分限$\left(-\frac{T}{2},\frac{T}{2}\right)$改为$(-\infty,+\infty)$，则式（5-18）可写为

$$X(f)=\int_{-\infty}^{+\infty}x(t)\mathrm{e}^{-\mathrm{j}2\pi ft}\mathrm{d}t$$

另外，假定随机信号 $x(t)$ 的均值 $\mu_x=0$，且没有周期分量，那么根据自相关函数的性质可知，$\lim\limits_{T\to\infty}R_x(\tau)=0$，其积分$\int_{-\infty}^{+\infty}|R_x(\tau)|\mathrm{d}\tau$收敛。因此，可用傅里叶变换分析 $R_x(\tau)$ 的频率结构。由式（5-9）可知

$$R_x(\tau)=\lim_{T\to\infty}\frac{1}{T}\int_{-\frac{T}{2}}^{\frac{T}{2}}x(t)x(t+\tau)\mathrm{d}t$$

对上式两边取傅里叶变换，有

$$\begin{aligned}
F[R_x(\tau)] &= F\left[\lim_{T\to\infty}\frac{1}{T}\int_{-\frac{T}{2}}^{\frac{T}{2}}x(t)x(t+\tau)\mathrm{d}t\right]\\
&=\int_{-\infty}^{+\infty}\left[\lim_{T\to\infty}\frac{1}{T}\int_{-\frac{T}{2}}^{\frac{T}{2}}x(t+\tau)\mathrm{d}t\right]\mathrm{e}^{-\mathrm{j}2\pi f\tau}\mathrm{d}\tau\\
&=\lim_{T\to\infty}\frac{1}{T}\int_{-\infty}^{+\infty}x(t)\mathrm{e}^{\mathrm{j}2\pi ft}\left[\int_{-\infty}^{+\infty}x(t+\tau)\mathrm{e}^{-\mathrm{j}2\pi f(t+\tau)}\mathrm{d}(t+\tau)\right]\mathrm{d}t\\
&=\lim_{T\to\infty}\frac{1}{T}\int_{-\infty}^{+\infty}x(t)\mathrm{e}^{\mathrm{j}2\pi ft}X(f)\mathrm{d}t\\
&=\lim_{T\to\infty}\frac{X(f)}{T}\int_{-\infty}^{+\infty}x(t)\mathrm{e}^{-\mathrm{j}2\pi(-f)t}\mathrm{d}t\\
&=\lim_{T\to\infty}\frac{X(f)X(-f)}{T}=\lim_{T\to\infty}\frac{X(f)\,\overline{X(f)}}{T}\\
&=\lim_{T\to\infty}\frac{|X(f)|^2}{T}=S_x(f)
\end{aligned} \tag{5-19}$$

在式（5-19）中，$X(f)$ 是随机信号的有限傅里叶变换，而$\overline{X(f)}=X(-f)$是 $X(f)$ 的共轭函数。

定义$S_x(f)$为$x(t)$的自功率谱密度函数，简称自功率谱或自谱，它是随机信号自相关函数的傅里叶变换。式（5-19）中的$S_x(f)$与$R_x(\tau)$是傅里叶变换对，即

$$R_x(\tau)\Leftrightarrow S_x(f)$$

$$S_x(f)=\int_{-\infty}^{+\infty}R_x(\tau)\mathrm{e}^{-\mathrm{j}2\pi f\tau}\mathrm{d}\tau \tag{5-20}$$

$$R_x(f)=\int_{-\infty}^{+\infty}S_x(f)\mathrm{e}^{\mathrm{j}2\pi f\tau}\mathrm{d}f \tag{5-21}$$

同理，两个随机信号$x(t)$和$y(t)$的互功率谱密度函数$S_{xy}(f)$（互功率谱或互谱）是此两个随机信号的互相关函数$R_{xy}(\tau)$的傅里叶变换，即

$$S_{xy}(f)=\int_{-\infty}^{+\infty}R_{xy}(\tau)\mathrm{e}^{-\mathrm{j}2\pi f\tau}\mathrm{d}\tau \tag{5-22}$$

$$R_{xy}(\tau)=\int_{-\infty}^{+\infty}S_{xy}(f)\mathrm{e}^{\mathrm{j}2\pi f\tau}\mathrm{d}f \tag{5-23}$$

$$R_{xy}(\tau)=S_{xy}(f) \tag{5-24}$$

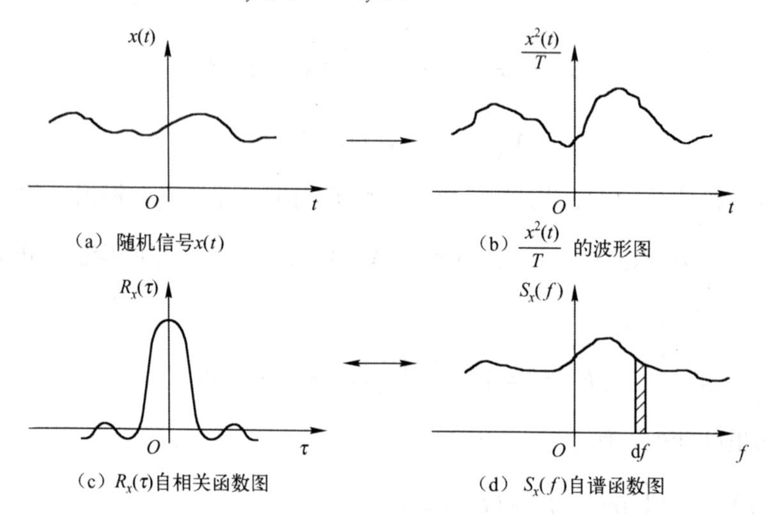

图5-15 自谱几何图形解释

5.3.2 功率谱函数的物理意义

功率谱密度函数作为随机信号在频域内描述的函数，具有何种物理意义呢？下面以自功率谱密度函数为例做一简要的解释。

在式（5-21）中，令$\tau=0$，则

$$R_x(0)=\int_{-\infty}^{+\infty}S_x(f)\mathrm{e}^0\mathrm{d}f$$

再根据自相关函数的表达式，当$\tau=0$时，有

$$R_x(0)=\lim_{T\to\infty}\frac{1}{T}\int_0^T x(t)x(t-0)\mathrm{d}t=\lim_{T\to\infty}\frac{1}{T}\int_0^T x^2(t)\mathrm{d}t=\lim_{T\to\infty}\int_0^T\frac{x^2(t)}{T}\mathrm{d}t$$

由以上两式可得

$$\int_{-\infty}^{+\infty}S_x(f)\mathrm{d}f=\lim_{T\to\infty}\int_0^T\frac{x^2(t)}{T}\mathrm{d}t \tag{5-25}$$

式（5-25）的图解含义如图 5-15 所示。图 5-15（a）为原始的随机信号 $x(t)$，图 5-15（b）为$\frac{x^2(t)}{T}$的函数波形图，图 5-15（c）是 $x(t)$ 的自相关函数 $R_x(\tau)$，图 5-15（d）是 $R_x(\tau)$ 的傅里叶变换 $S_x(f)$，即自谱函数图。根据式（5-25）可知，$S_x(f)$ 曲线下的总面积与$\frac{x^2(t)}{T}$曲线下的总面积相等。由一般的物理理解，$x^2(t)$ 是信号 $x(t)$ 的能量，$\frac{x^2(t)}{T}$是信号 $x(t)$ 的功率，而 $\lim\limits_{T\to\infty}\int_0^T \frac{x^2(t)}{T}\mathrm{d}t$ 是信号 $x(t)$ 的总功率，由于这一总功率与 $S_x(f)$ 曲线下的总面积相等，所以，$S_x(f)$ 曲线下的总面积就是信号 $x(t)$ 的总功率。由 $S_x(f)$ 曲线可知，这一总功率是由无数多个在不同频率处的功率元 $S_x(f)\mathrm{d}f$ 总合而成。$S_x(f)$ 波形的起伏表示总的功率在各频率处的功率元的分布情况，是所谓“功率元频谱”，故称 $S_x(f)$ 为随机信号 $x(t)$ 的自功率谱密度函数。类似的解释也可以推及互功率谱密度函数。所以，对于随机信号而言，它不存在频谱函数，只存在功率谱密度函数。

5.3.3　功率谱密度函数的应用

近年来，谱分析技术有了飞速的发展，它在各个工程领域得到了越来越广泛的应用，下面简要地介绍几种应用实例。

1. 结构各阶固有频率的测定

工程结构，特别是大型结构（如高层楼房、桥梁、高塔和重要机械设备等）要防止共振引起的破坏，需要测定其固有频率。如对结构加以激励（或以大地的脉动信号作为激励信号），即可测定结构的响应（振动信号），再对响应信号做自功率谱分析，便可由谱图中的谱峰确定结构的各阶固有频率。

2. 利用功率谱的数学特点求取信号传递系统的频率响应函数

对于一个线性系统，如图 5-16（a）所示，若其输入为 $x(t)$，输出为 $y(t)$，则在理想情况下，系统的频率响应函数为

$$H(f)=\frac{Y_x(f)}{X(f)} \tag{5-26}$$

式中　$X(f)$——输入 $x(t)$ 的频谱函数（傅里叶变换）；

$Y_x(f)$——由输入 $x(t)$ 引起的输出 $y_x(t)$ 的频谱函数（傅里叶变换）。

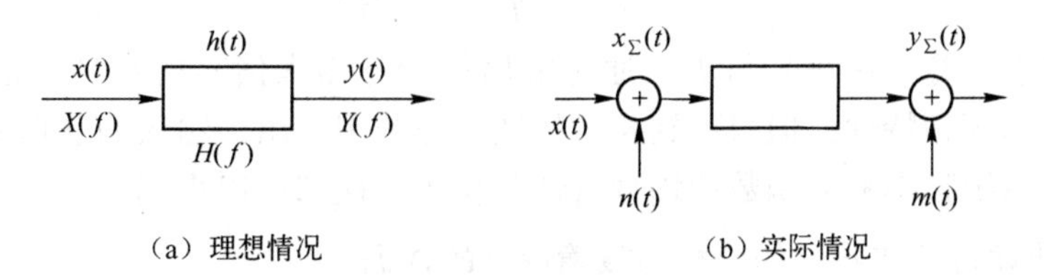

（a）理想情况　（b）实际情况

图 5-16　频率响应函数的求取

在实际情况下，由于受外界干扰，输入和输出均有噪声混入，如图 5-16（b）所示，该系统的实际输入为

$$x_{\Sigma}(t)=x(t)+n(t)$$

式中 $n(t)$——噪声干扰输入。

系统的实际输出为

$$y_{\Sigma}(t)=y_x(t)+y_n(t)+m(t)$$

式中 $y_x(t)$——由信号 $x(t)$ 所引起的输出；

$y_n(t)$——由输入噪声 $n(t)$ 所引起的输出；

$m(t)$——在系统输出端引入的干扰噪声。

假如将上述输出 $y_{\Sigma}(t)$ 和输入 $x_{\Sigma}(t)$ 的傅里叶变换之比作为系统的频率响应函数，即

$$H'(f)=\frac{Y_{\Sigma}(f)}{X_{\Sigma}(f)}=\frac{Y_x(f)+Y_n(f)+M(f)}{X(f)+N(f)} \tag{5-27}$$

它与式（5-26）所表示的系统频率响应函数有较大的误差，这是由于在输入端和输出端混入噪声所致。假如采用功率谱来求取频率响应函数，则可得到较好的结果。采用功率谱计算的方法是先在时域做相关分析，再在频域做运算。在理论上，信号中的随机噪声在时域做自相关分析时，如 τ 取得足够长，即可使其自相关函数值等于零。而随机噪声与有用信号之间因互相没有任何相关的关系，二者之间的互相关函数也为零。所以含有随机噪声的信号经相关处理后，所得的相关函数可以排除噪声成分，仅剩下有用信号的相关函数。这样，再对相关函数做傅里叶变换，而得到功率谱函数，进而求得的频率响应函数将是较为精确的。功率谱函数与频率响应函数之间的数学关系可按下述方法导出，根据式（5-19）和式（5-24），有

$$R_x(\tau)\leftrightarrow S_x(f)=\frac{1}{T}\,|X(f)|^2=\frac{1}{T}\overline{X(f)}X(f)$$

$$R_y(\tau)\leftrightarrow S_y(f)=\frac{1}{T}\,|Y(f)|^2=\frac{1}{T}\overline{Y(f)}Y(f)$$

$$R_{xy}(\tau)\leftrightarrow S_{xy}(f)=\frac{1}{T}\overline{X(f)}Y(f)$$

所以，

$$\frac{S_y(f)}{S_x(f)}=|H(f)|^2 \tag{5-28}$$

$$\frac{S_{xy}(f)}{S_x(f)}=\frac{\frac{1}{T}\overline{X(f)}Y(f)}{\frac{1}{T}\overline{X(f)}X(f)}=H(f) \tag{5-29}$$

从式（5-28）、式（5-29）可见，通过输出信号与输入信号的自功率谱之比可以得到频率响应函数中的幅频特性，但得不到相频特性；而若用输出、输入的互功率谱与输入的自功率谱之比，则系统频率响应函数的幅频特性和相频特性都可以得到。

3. 作为工业设备工作状况的分析和故障诊断的依据

根据功率谱图的变化，可以判断机器设备的运转是否正常。同时，还可根据机器设备正常工作和不正常工作时，振动加速度信号的功率谱的差别，查找不正常工作时，功率谱图中额外谱峰产生的原因及排除故障的方法。图 5-17 所示为由某机器滚动轴承处测取的振动加速度信号经处理后所得的功率谱图。图中下面的曲线表示采用新轴承时的功率谱曲线，上面

的曲线表示轴承内表面产生点蚀现象时的功率谱曲线。由图可见，滚动轴承变坏时，其功率谱图中的高频分量明显增大。

图 5-18 所示为用高速钢（W18Cr4V）车刀切削 45 钢时，在不同的刀具磨损量情况下声发射的时域波形。从图中可看到，随着刀具磨损量 h 的增加，声发射信号的突发波形由疏变密，这表明了信号事件率的增加。图中波形 a 是在非切削状态下测得的。

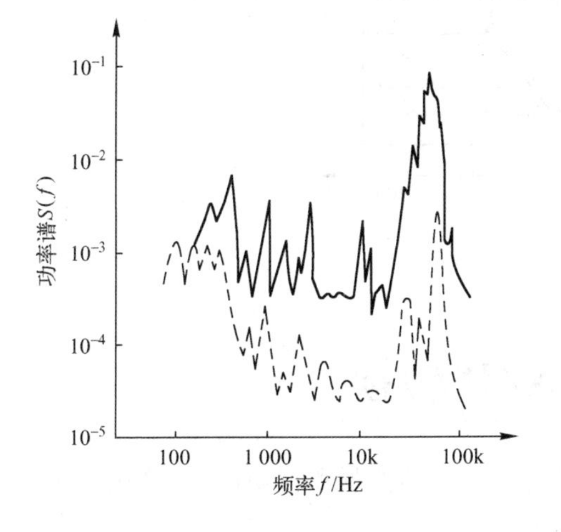

图 5-17　新旧滚动轴承振动功率谱图

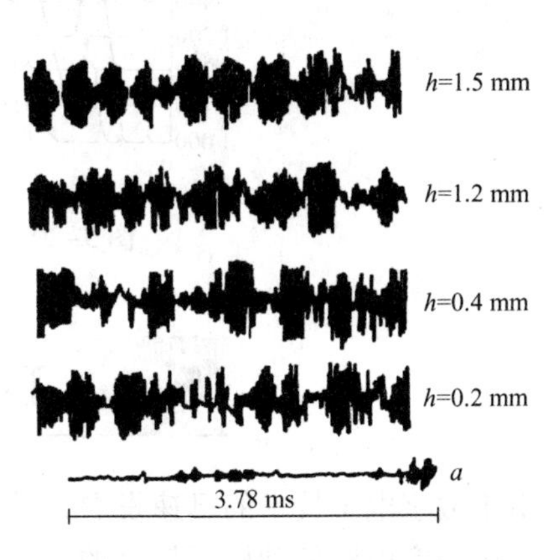

图 5-18　刀具磨损的声发射信号

a—非切削状态

图 5-19 所示为在不同的刀具磨损量情况下，声发射信号的功率谱阵图。三个坐标分别表示频率(F)，功率谱值[$S(f)$]和刀具磨损量(h)，a 表示非切削状态。从图中可看出，功率谱主峰值的变化是随刀具磨损量的增加而增加的。因此，可用声发射信号的功率谱主峰值来监测刀具的磨损情况。

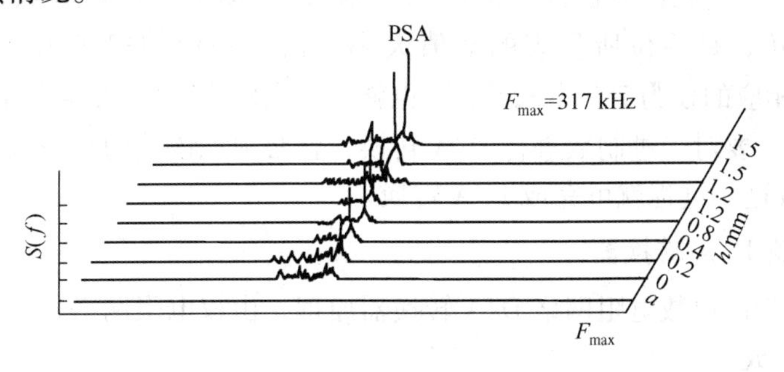

图 5-19　刀具磨损的声发射信号谱阵图

a—非切削状态

近几年来出现了下述监测工况和故障分析的方法。在机器启动增速和高速降速过程中，在不同转速下进行振动或声响信号的采集，然后求取功率谱，再将各转速下的功率谱组合在一起成为一个转速-功率谱三维图，以便进行有关的分析。图 5-20 是柴油机振动的三维转速谱图，从图中可以看出，在转速为 1 480 r/min 的 3 次频率上和 1 990 r/min 的 6 次频率上的谱峰较高，这说明在这两个转速上产生两种阶次的共振。这样可以定出危险的转速，寻找引起这种共振的结构根源，并以此作为改进柴油机设计的依据。

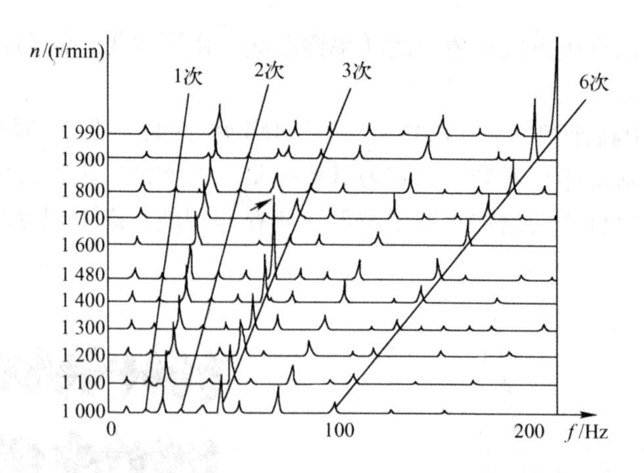

图 5-20 柴油机振动三维转速谱图

5.4 D/A 与 A/D 转换

由于数字电子技术的迅速发展，尤其是微型计算机在自动控制和自动检测系统中的广泛应用，用数字电路处理模拟信号的情况变得非常普遍。

为了能够使用数字电路处理模拟信号，必须把模拟信号转换成相应的数字信号，才能送入数字系统进行处理；反之，也必须把数字系统处理后的数字结果转换成相应的模拟信号，才能作为系统的最终输出。

5.4.1 D/A 转换

把一个二进制数 D_n 变换为它所代表的实际数值的模拟量称为 D/A 转换。一个二进制数 $D_n = d_{n-1}d_{n-2}\cdots d_1 d_0$，每一位所代表的数值大小可由这一位的权表示，如二进制数 $D_n = d_{n-1}d_{n-2}\cdots d_1 d_0$，相应的权为 $2^{n-1},\cdots,2^1,2^0$，也就是说它的实际值 $D_n = d_{n-1}\times 2^{n-1}+\cdots+d_1\times 2^1+d_0\times 2^0$。显然，要对二进制数进行 D/A 转换，就必须把该数的每一位权相应的数值体现出来并相加，完成这一过程就可完成 D/A 转换。

1. 权电阻网络 D/A 转换器

图 5-21 所示为四位数电阻网络 D/A 转换器原理，由权电阻网络、位开关、电流加法及电流电压转换器组成。

由图 5-21 可知，权电阻网络中每一个电阻的阻位与对应的二进制位的权电阻成反比。分位开关 S_3,S_2,S_1,S_0 分别对应二进制数的 d_3,d_2,d_1,d_0 位。相应的二进制位为 1 时，对应位开关把电阻接上参考电压 U_{REF}。相应位为零时，电阻接地，该位无电流流过。可见，每一位的权电阻上的电流和对应位的权成正比。运算放大器 A 将每一位权电阻的电流相加，其结果必然与二进制数 D_n 代表的数值成正比，即

$$I = I_3 + I_2 + I_1 + I_0 = \frac{U_{REF}}{2^0 R}d_3 + \frac{U_{REF}}{2^1 R}d_2 + \frac{U_{REF}}{2^2 R}d_1 + \frac{U_{REF}}{2^3 R}d_0$$

$$= \frac{U_{REF}}{2^3 R}(d_3\times 2^3 + d_2\times 2^2 + d_1\times 2^1 + d_0\times 2^0)$$

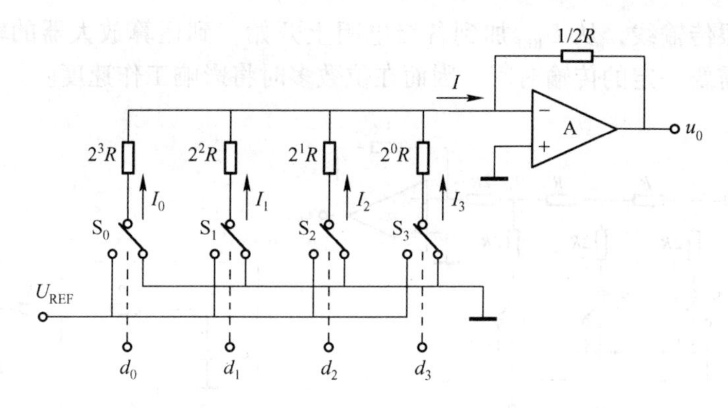

图 5-21　四位数电阻网络 D/A 转换器

推广到 n 位二进制数，n 位的权电阻网络 D/A 转换器有

$$I=\frac{U_{\mathrm{REF}}}{2^{n-1}R}(d_{n-1}\times 2^{n-1}+\cdots+d_1\times 2^1+d_0\times 2^0)\tag{5-30}$$

运算放大器 A 同时完成把电流量 I 变为电压量的转换，如 A 的输出为 $u_0=-IR_{\mathrm{f}}$。如果取 $R_{\mathrm{f}}=\frac{1}{2}R$，有

$$u_0=-\frac{U_{\mathrm{REF}}}{2^n}(d_{n-1}\times 2^{n-1}+\cdots+d_1\times 2^1+d_0\times 2^0)\tag{5-31}$$

式（5-31）表明，输出模拟电压 u_0正比于输入数字信号 D_{n}，从而实现了数字量到模拟量的转换。

权电阻网络 D/A 转换器电路结构简单，物理概念明确。它的缺点是所用的电阻阻值相差大，尤其在位数多时，该问题尤为突出。如一个八位权电阻网络 D/A 转换器，最大电阻将达到 2^7R，与最小电阻相差 $2^7=128$ 倍。为了克服这个问题，目前的 D/A 转换器多采用 T 形电阻网络 D/A 转换器。

2. T 形电阻网络 D/A 转换器

图 5-22 所示为四位 T 形电阻网络 D/A 转换器。由图可见，电阻网络中只采用了 R 和 $2R$ 两种阻值的电阻，使用起来十分方便。根据戴维南原理，当开关 S_0闭合后，通过该开关向放大器 A 提供的电压为$\frac{U_{\mathrm{REF}}}{2^4}$，开关 S_1提供的电压为$\frac{U_{\mathrm{REF}}}{2^3}$，$S_2$提供的电压为$\frac{U_{\mathrm{REF}}}{2^2}$，$S_3$提供的电压为$\frac{U_{\mathrm{REF}}}{2^1}$。

根据叠加原理，各个开关所提供的电压的共同结果为

$$u_{\Sigma}=\frac{U_{\mathrm{REF}}}{2^4}(d_3\times 2^3+d_2\times 2^2+d_1\times 2^1+d_0\times 2^0)\tag{5-32}$$

其等效电路如图 5-23 所示。

于是可得到

$$\begin{aligned}u_0&=-u_{\Sigma}\\&=-\frac{U_{\mathrm{REF}}}{2^4}(d_3\times 2^3+d_2\times 2^2+d_1\times 2^1+d_0\times 2^0)\end{aligned}\tag{5-33}$$

四位 T 形电阻网络 D/A 转换器的缺点是使用电阻数目较大。同时，在动态过程中 T 形

电阻网相当于一根传输线，从 U_{REF} 加到各级电阻上开始，到运算放大器的输入电压稳定地建立起来为止，需要一定的传输时间，因而在位数多时将影响工作速度。

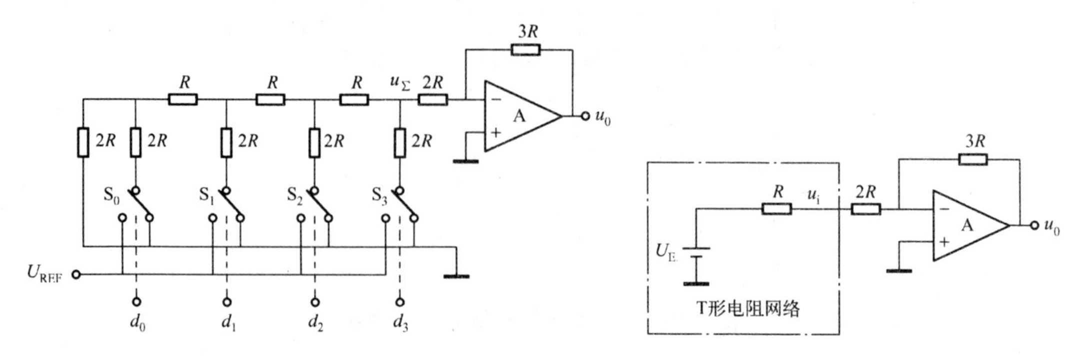

图 5-22　四位 T 形电阻网络 D/A 转换器

图 5-23　四位 T 形电阻网络的等效电路

5.4.2　A/D 转换

1. A/D 转换的一般步骤

一个完整的 A/D 转换过程可分为采样、保持、量化、编码四个步骤。不过，在实际使用中，这些步骤常可以合并在一起进行。如采样与保持一般都合在一起完成，量化与编码也常放在一起完成。

1）采样保持电路

为了能完整地把模拟信号 u_i 采集下来，保证将来能正确地还原成原来被采用的信号，采样脉冲必须有足够高的频率。根据采样定理（香农定理），采样脉冲频率 f_s 必须满足

$$f_s \geqslant 2f_{imax} \tag{5-34}$$

式中　f_{imax}——模拟信号最高频率分量的频率。

如图 5-24 所示，模拟信号 u_i 在采样脉冲的作用下，形成一串不等幅值的脉冲序列 u_s，其幅值与采样脉冲作用时刻模拟信号的瞬时值相当。此脉冲序列 u_s 就是该模拟信号采样后的信号。

图 5-25 所示为采样保持电路的基本形式，V 为 N 沟道场效应管，起采样闸门的作用，

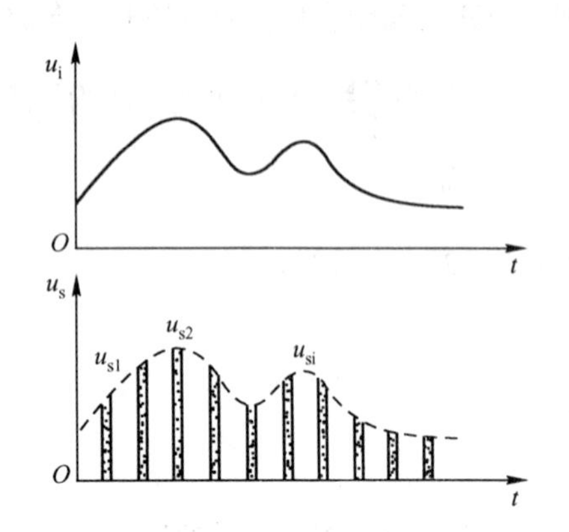

图 5-24　对输入模拟信号的采样

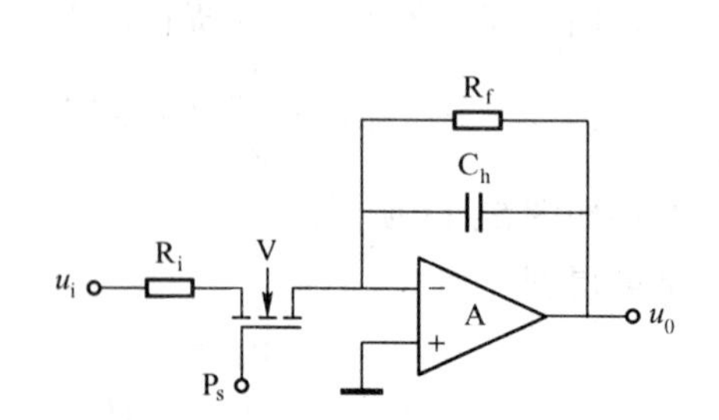

图 5-25　采样保持电路的基本形式

当采样脉冲到来时 P_s 为高电平，V 导通，输入信号 u_i 通过 V，R_i 对 C_h 充电。如果取 $R_i = R_f$，则应有 $u_0 = u_c - u_i$，u_c 为电容 C_h 上的电压。采样脉冲过后，P_s 为低电平，V 截止，C_h 因充放电的通道被阻断而保持住 $u_c = - u_i$，达到了保持采样信号的目的。显然，C_h 的漏电越小，运算放大器的输入阻抗越高，保持的时间就越长。采样保持电路通常被集成为专用单片。

2）量化及编码

数字信号的数值大小不可能像模拟信号那样是连续的，而只能是某个规定的最小数量单位的整数倍。因此，在进行 A/D 采样时必须把连续的模拟电压归于这个最小单位的整数倍数，这个过程称为量化。所取的最小数量单位称为量化单位，用 Δ 表示。显然，数字信号最低有效位的 1 所代表的数量大小为 Δ。把量化的结果用二进制代码表示出来称为编码。这些代码就是 A/D 转换的结果。例如把 0 ～ 1 V 之间的模拟电压转换成三位二进制代码可取量化单位 $\Delta = \frac{1}{8}$ V。在量化过程中把 0 ～$\frac{1}{8}$ V 之间的模拟电压都当作 $0\Delta = 0$ V 对待，在编码时用二进制 000 表示，把$\frac{1}{8}$～$\frac{2}{8}$ V 之间的模拟电压都当作 1Δ 对待，用二进制 001 表示，依此类推，如图 5-26 所示。很明显这种量化的方法可能出现的最大量化误差为 Δ，即$\frac{1}{8}$ V。

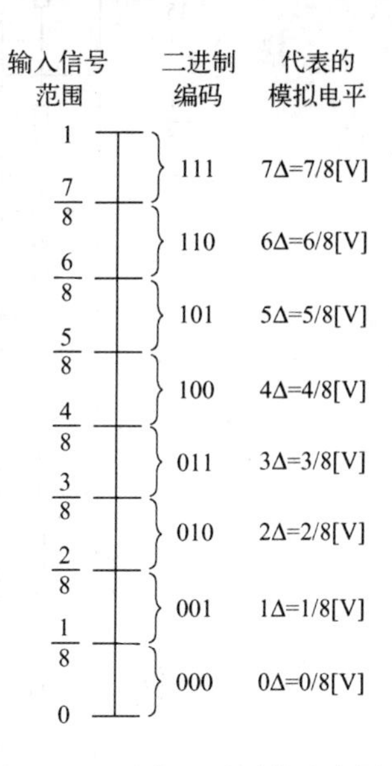

图 5-26　量化电平划分示意图

2. 直接 A/D 转换器

直接 A/D 转换器把编码过程一次完成，不需要经过中间环节。直接 A/D 转换器包括并联比较型与反馈比较型两种。

1）并联比较型

图 5-27 所示为并联比较型 A/D 转换器，参考电压为 U_{REF}，输入模拟电压范围在 0 ～ U_{REF}之间。电路由电压比较器、寄存器及编码器三个部分组成，输出为三位二进制数 $d_2d_1d_0$。八个分压电阻 R 及七个电压比较器构成量化比较器，七个 D 触发器作为量化结果寄存器。完成量化电平的分割，电阻串把参考电压 U_{REF}分成$\frac{1}{15}U_{REF}$～$\frac{13}{15}U_{REF}$七个比较电平。并把这七个比较电平分别接到七个电压比较器 A_1～ A_7的一个比较端上，输入模拟电压 u_i接到每一个比较器的另一个输入端上。当 $u_i < \frac{1}{15}U_{REF}$时，所有比较器全输出低电平，CP 脉冲来后，所有寄存器 F_1～ F_7都被置成“0”状态。当$\frac{1}{15}U_{REF} < u_i < \frac{3}{15}U_{REF}$时，$A_1$输出高电平，$F_7$被置成“1”，其余触发器置成“0”。依此类推，可得出 u_i落在不同的比较电平范围时寄存器的状态。

并联型 A/D 转换器的最大优点是转换速度快，缺点是电路复杂。

2）反馈比较型

反馈比较型 A/D 转换器的基本构思是取一个数字量加到 D/A 转换器，得到一个模拟电

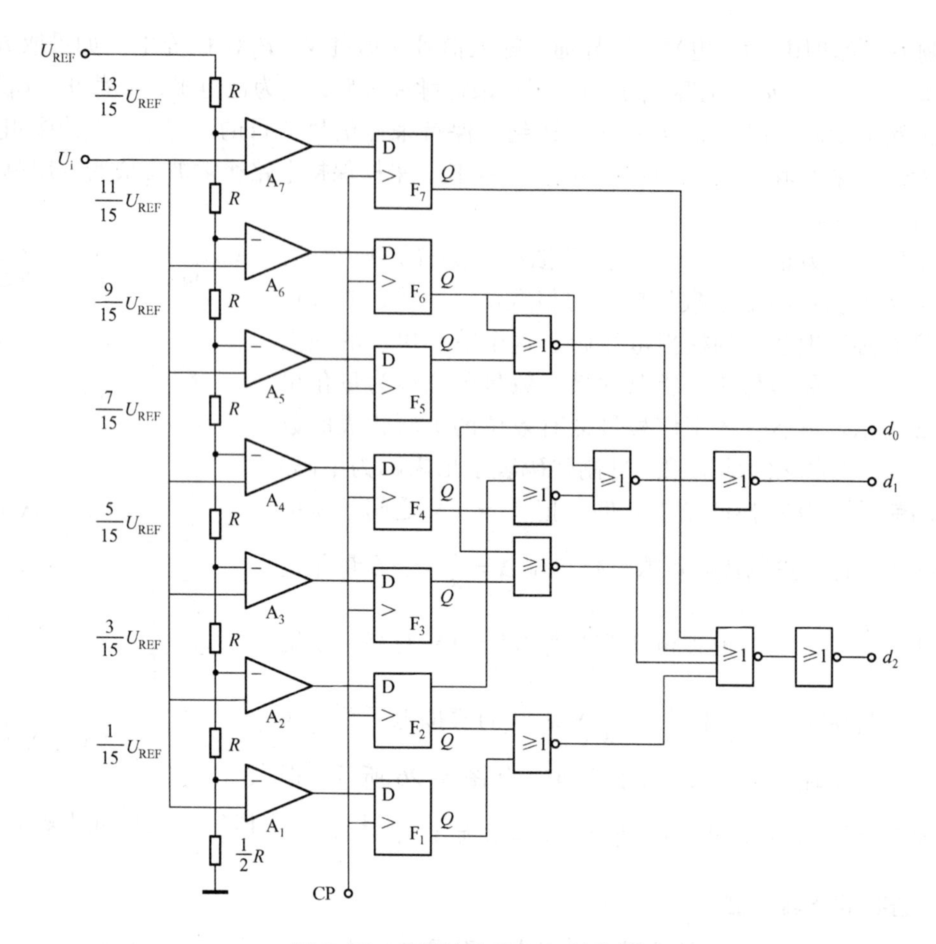

图 5-27　并联比较型 A/D 转换器

压输出，将这个模拟电压和待转换的输入模拟电压 u_i 比较，如两者不等，调整所取的数字量，直至两个模拟电压相等为止，最后所取的数字量就是所求的转换结果。

反馈比较型中的逐次渐进型 A/D 转换器的工作原理可以用图 5-28 所示，这种转换器包括比较器、D/A 转换器、寄存器、时钟信号和控制逻辑五个部分。

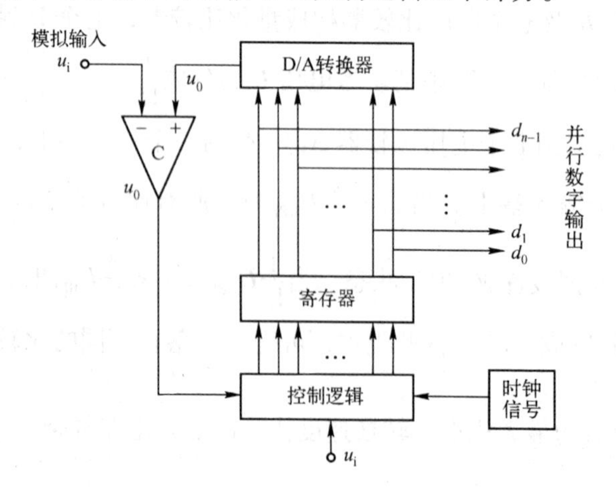

图 5-28　逐次渐进型 A/D 转换器的工作原理图

转换开始前先将寄存器清零，所以加给 D/A 转换器的数字量也全是0。转换控制信号 u_i 变成高电平后开始转换，时钟信号通过控制逻辑首先将寄存器的最高位置成1，使寄存器的输出变为100…00，这个数字量被 D/A 转换器转换成相应的模拟电压 u_0，并送到比较器与模拟信号 u_i比较，如果 $u_0>u_i$，说明数字过大了，则将这个1清除；如果 $u_0<u_i$，说明数字还不够大，这个1应予保留。然后再按同样的方法将次高位置成1，并比较 u_0与 u_i的大小以确定这一位的1是否应当保留，这样逐位比较下去，直到最低位被确定为止。比较完毕以后，寄存器内的数字就是所求的 A/D 转换结果了。整个 A/D 转换过程如同用天平称量一个未知质量的物体时所进行的操作，只是所用的砝码每一个比前一个质量少一半。

复习参考题

1. 求周期方波的傅里叶级数（复指数函数形式），画出 $|c_n|$—ω 和 φ_n—ω 图。

2. 求正弦信号 $x(t)=x_0\sin\omega t$ 的绝对均值 $|\mu_x|$ 和均方根值 x_{rms}。

3. 求被截断的余弦函数 $\cos\omega_0 t$（如题图 5-1 所示）的傅里叶变换。已知

$$x(t)=\begin{cases}\cos\omega_0 t, & |t|<T,\\ 0, & |t|\geqslant T。\end{cases}$$

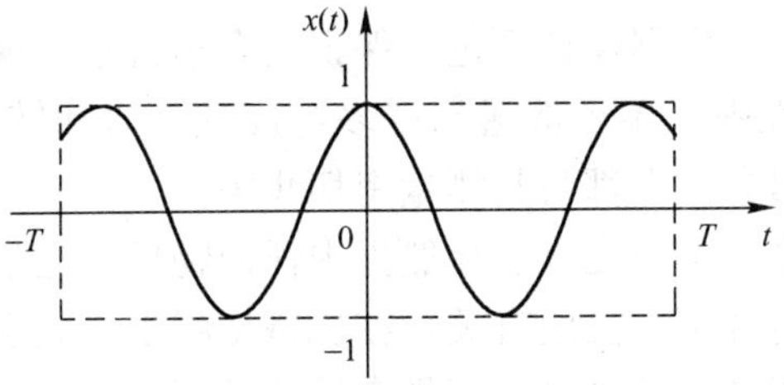

题图 5-1

4. 设有一时间函数 $f(t)$及其频谱如题图 5-2 所示，现乘以余弦型振荡 $\cos\omega_0 t$（$\omega_0>\omega_m$）。在这个关系中，函数 $f(t)$ 称作调制信号，余弦型振荡 $\cos\omega_0 t$ 称作载波。试求调幅信号 $f(t)\cos\omega_0 t$的傅里叶变换，示意画出调幅信号及其频谱。又问若 $\omega_0<\omega_m$时将会出现什么情况？

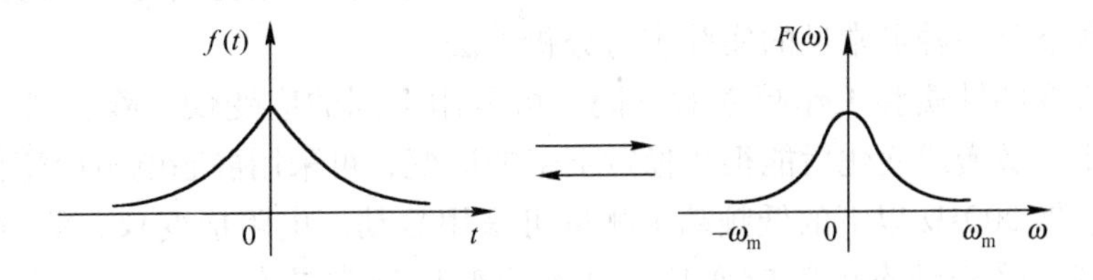

题图 5-2

5. 求正弦信号 $x(t)=x_0\sin(\omega t+\varphi)$的均值$\mu_x$、均方值 ψ_x^2和概率密度函数 $p(x)$。

6. 已知信号的自相关函数为 $A\cos\omega\tau$，请确定该信号的均方值 ψ_x^2和均方根值 x_{rms}。

7. 对三个正弦信号 $x_1(t)=\cos2\pi t$，$x_2(t)=\cos6\pi t$，$x_3(t)=\cos10\pi t$ 进行采样，采样频率 $f_s=4\mathrm{Hz}$，求三个采样输出序列，比较这三个结果，画出 $x_1(t)$，$x_2(t)$和 $x_3(t)$的波形及采样点位置并解释频率混叠现象。

第6章 测试技术的工程应用

【本章内容概要】

本章主要介绍应变、力与力矩的测量，温度测量及流体参数的测量。

【本章学习重点与难点】

学习重点：应变、力与力矩的测量。

学习难点：应变与力矩的测量。

本章主要涉及机械工程领域中一些常见参量的测量，比如应变、力、转矩和温度等。

应变、力和转矩的测量非常重要。通过对它们的测量可以分析和研究零件、机构或结构的受力状况和工作状态，验证设计计算结果的正确性，确定整机工作过程中的负载谱和某些物理现象的机理。因此，它对发展设计理论、保证安全运行及实现自动检测、自动控制等都具有重要作用。在机械工程中，还经常遇到许多与应变、力和转矩有关的量，如功率、压力、刚度等，这些量在测量方法上都与其测量密切相关。

温度是国际单位制七个基本量之一。自然界中任何物理、化学过程都紧密地与温度相联系，许多物质的物理力学特性都与温度有关。在机械工程中，关于温度的研究与测量，对提高产品质量、生产率及实现自动控制等，都具有重要的意义。

6.1 应变、应力的测量

应用电阻应变片和应变仪测定构件的表面应变，然后再根据应变与应力的关系式，确定构件表面应力状态是一种最常见的实验应力分析方法。

根据被测应变的性质和工作频率的不同，可采用不同的应变仪。静态载荷作用下的应变，以及变化十分缓慢或变化后能很快稳定下来的应变，可采用静态电阻应变仪；以静态应变测量为主、兼做200Hz以下的低频动态测量可采用静动态电阻应变仪；测量0～2 000Hz范围的动态应变，采用动态电阻应变仪，这类应变仪通常具有4～8个通道；测量0～20 000Hz的动态过程和爆炸、冲击等瞬态变化过程，则采用超动态电阻应变仪。

我国目前生产的电阻应变仪大多采用调幅放大电路，一般由电桥、前置放大器、功率放大器、相敏检波器、低通滤波器、振荡器和稳压电源等单元组成。

6.1.1　应变仪的电桥特性

应变仪中多采用交流电桥，电源以载波频率供电，4 个桥臂均为电阻，由可调电容来平衡分布电容，但基本公式与直流电桥具有相似的形式。由式（4－4）得电桥输出电压为

$$u_y = \frac{R_1R_3 - R_2R_4}{(R_1+R_2)(R_3+R_4)}u_0$$

式中　R_1、R_2、R_3和 R_4为电桥的 4 个桥臂。若它们所产生的电阻变化用 ΔR_1、ΔR_2、ΔR_3和 ΔR_4表示，初始状态电桥的各臂阻值均相等，即 $R_1 = R_2 = R_3 = R_4 = R$，且考虑到 $\Delta R \ll R$，忽略了 ΔR 的高次项，则上式可写为

$$u_y = \frac{u_0}{4}\left(\frac{\Delta R_1}{R} - \frac{\Delta R_2}{R} + \frac{\Delta R_3}{R} - \frac{\Delta R_4}{R}\right) \tag{6-1}$$

当各桥臂应变片的灵敏度 S_g相同时，式（6-1）可改写为

$$u_y = \frac{u_0}{4}S_g(\varepsilon_1 - \varepsilon_2 + \varepsilon_3 - \varepsilon_4) \tag{6-2}$$

在第四章曾述及电桥可以有单臂、双臂和四臂等工作方式（如图 4-1 所示），其输出电压如表 6-1 所示。

表 6-1　应变仪电桥工作方式和输出电压

工作方式	单　臂	双　臂	四　臂
应变片所在桥臂	R_1	R_1、R_2	R_1、R_2、R_3、R_4
输出电压 u_y	$\frac{1}{4}u_0S_g\varepsilon$	$\frac{1}{2}u_0S_g\varepsilon$	$u_0S_g\varepsilon$

注：若 R_1或 R_1、R_3产生 $+\Delta R$，则 R_2或 R_2、R_4产生 $-\Delta R$。

6.1.2　应变片的布置和接桥方法

应变片的布置和电桥连接应根据测量的目的、对载荷分布的估计而定。在测量复合载荷作用下的应变时，还应利用应变片的布置和接桥方法来消除相互影响的因素。表 6-2 列举了轴向拉伸（压缩）载荷下应变测量时应变片的布置和接桥方法。从表中可清楚看到，不同的布置和接桥方法对灵敏度、温度补偿情况和消除弯矩的影响等方面是不同的。一般应优先选用输出信号大、能实现温度补偿、粘贴方便和便于分析的方案。

表 6-2　轴向拉伸（压缩）载荷下布片、接桥组合图例

序号	受力状态简图	应变片的数量	电桥组合形式		温度补偿情况	电桥输出电压	测量项目及应变值	特　点
			电桥形式	电桥接法				
1	R1 F F R2	2	半桥式	R1 R2 a b c	另设补偿片	$u_y = \frac{1}{4}u_0S_g\varepsilon$	拉（压）应变 $\varepsilon = \varepsilon_i$	不能消除弯矩的影响
2	R1 F R2 F	2			互为补偿	$u_y = \frac{1}{4}u_0S_g\varepsilon\cdot(1+\nu)$	拉（压）应变 $\varepsilon = \frac{\varepsilon_i}{1+\nu}$	输出电压提高到 $1+\nu$ 倍，不能消除弯矩的影响

续表

序号	受力状态简图	应变片的数量	电桥组合形式		温度补偿情况	电桥输出电压	测量项目及应变值	特　　点
			电桥形式	电桥接法				
3	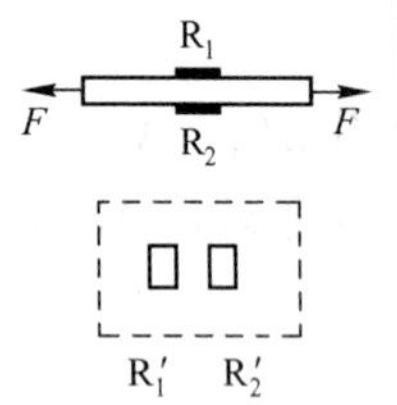 R_1，R_2，F，F；R_1' R_2'	4	半桥式	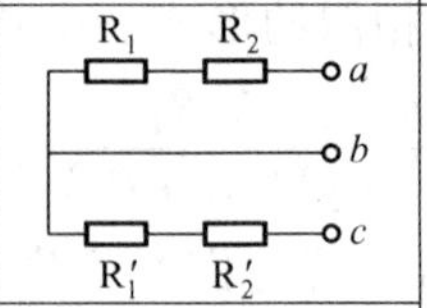 R_1 R_2 a；b；R_1' R_2' c	另设补偿片	$u_y=\frac{1}{4}u_0S_g\varepsilon$	拉（压）应变 $\varepsilon=\varepsilon_i$	可以消除弯矩的影响
4		4	全桥式	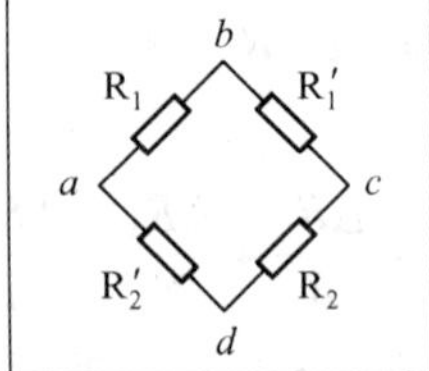 b，R_1，R_1'，a，c，R_2'，R_2，d		$u_y=\frac{1}{2}u_0S_g\varepsilon$	抗（压）应变 $\varepsilon=\frac{\varepsilon_i}{2}$	输出电压提高1倍，且可消除弯矩的影响
5	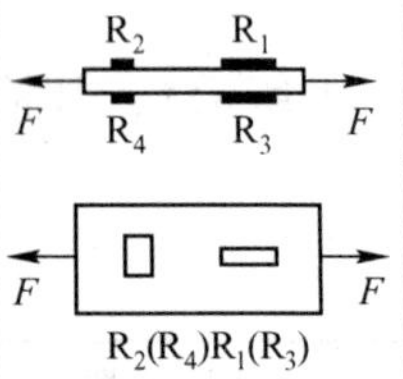 R_2 R_1，F，R_4 R_3，F；F，F，$R_2(R_4)R_1(R_3)$	4	半桥式	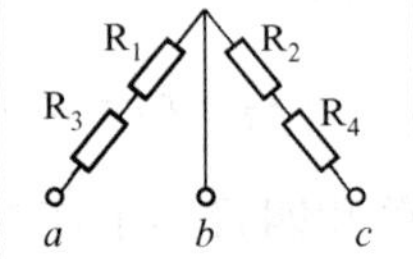 R_1，R_2，R_3，R_4，a，b，c	互为补偿	$u_y=\frac{1}{4}u_0S_g\varepsilon\times(1+\nu)$	抗（压）应变 $\varepsilon=\frac{\varepsilon_i}{1+\nu}$	输出电压提高到 $1+\nu$ 倍，且能消除弯矩影响
6		4	全桥式	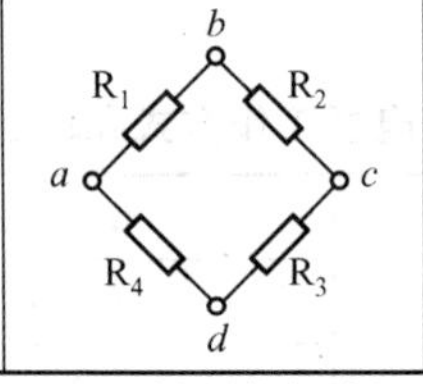 b，R_1，R_2，a，c，R_4，R_3，d		$u_y=\frac{1}{2}u_0S_g\varepsilon\times(1+\nu)$	抗（压）应变 $\varepsilon=\frac{\varepsilon_i}{2(1+\nu)}$	输出电压提高到 $2(1+\nu)$ 倍，能消除弯矩影响

注：S_g—应变片的灵敏度；u_0—供桥电压；ν—被测件的泊松比；ε_i—应变仪测读的应变值，即指示应变；ε—所要测量的机械应变值。

关于在弯曲、扭转和拉（压）、弯扭复合等其他典型载荷下，应变片的布置和接桥方法可参阅有关资料。

6.1.3　在平面应力状态下主应力的测定

在实际工作中，常常需要测量一般平面应力场内的主应力，其主应力方向可能是已知的或未知的。

1. 主应力方向已知

例如承受内压的薄壁圆筒形容器的筒体，就是处于平面应力状态下，其主应力方向是已知的。这时只需要沿两个互相垂直的主应力方向各贴一片应变片，另外再采取温度补偿措施，就可以直接测出主应变 ε_1 和 ε_2。其贴片和接桥方法如图6-1所示。随后可计算出主应力为

$$\sigma_1=\frac{E}{1-\gamma^2}(\varepsilon_1+\gamma\varepsilon_2) \tag{6-3}$$

$$\sigma_2=\frac{E}{1-\gamma^2}(\varepsilon_2+\gamma\varepsilon_1) \tag{6-4}$$

2. 主应力方向未知

这种情况一般是采取贴应变花的办法进行测量。对于平面应力状态，如能测出某点三个方向的应变 ε_1、ε_2 和 ε_3，就可以计算该点主应力的大小和方向。应变花（如图6-2所示）

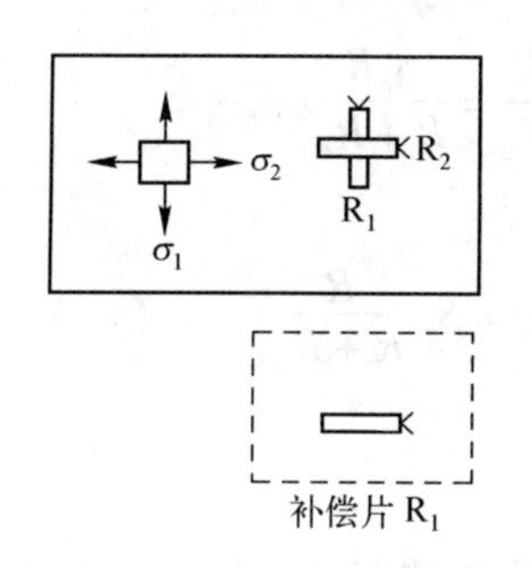

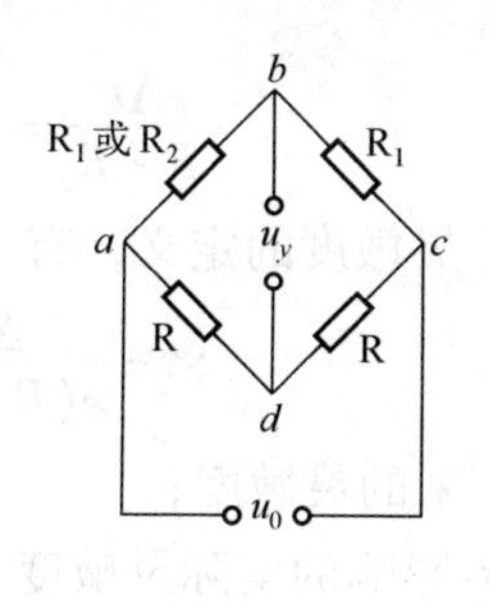

图 6-1　用半桥单点测量桥测量主应变

是由三个（或多个）互相之间按一定角度关系排列的应变片所组成的，用它可以测量某点三个方向的应变，然后按已知公式求出主应力的大小和方向。图 6-2 列举了几种常用的应变花构造原理图，其主应力计算都有现成公式可查。现在市场上已有多种图案复杂的应变花供应，可以根据各种工况的需要选购。

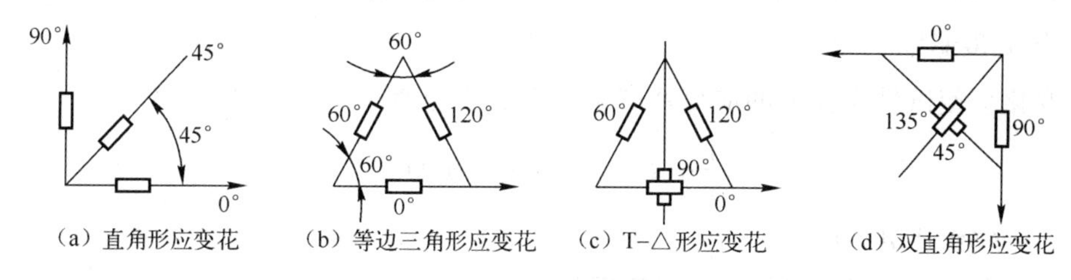

图 6-2　常用的应变花

对每一种应变花，各应变片的相对位置在制造时都已确定，因而使用时粘贴接桥和测量都比较简单，只要分别测出每片的应变值就可以了。

6.1.4　提高应变测量精确度的措施

在使用电阻应变片测量应变时，应尽可能消除各种误差，以提高测试精确度。一般可采用下列措施。

1. 选择合适仪器并进行准确标定

应根据对象要求，选用静、动特性满足要求的应变仪。在进行测量之前，应对整个测试系统进行标定，测定灵敏度和标定曲线，即用标准量来确定测试系统的电输出量与机械输入量之间的关系。在动态测量情况下，应测定系统的频率响应特性。此外，还要测定环境因素对灵敏度的影响等。标定时的条件力求与工作条件一致，如能在测量现场对整个测试系统进行标定，将会显著提高测量的精确度。

2. 消除导线电阻引起的影响

应变片的电阻变化率为$\frac{\Delta R}{R}$，其中 $\Delta R=\varepsilon S_g R$。若导线电阻 R_c不可忽略，则电阻变化率应为$\frac{\Delta R}{R+R_c}$，即

$$\frac{\Delta R}{R+R_c}=\frac{\varepsilon S_g R}{R+R_c}=\frac{S_g R}{R+R_c}\varepsilon$$

这时，根据电阻应变片灵敏度的定义，有

$$S'=\frac{\Delta R}{\varepsilon(R+R_c)}=S_g\frac{R}{R+R_c} \tag{6-5}$$

式中 S_g——应变片原来的灵敏度；

S'——考虑了 R_c 影响的实际灵敏度。

式（6-5）表明，在同样 ε 的情况下，由于 R_c 的存在，所产生的电阻变化率将减小，从而使灵敏度变小。因此，当导线长超过 10 m 时，为了获得正确的 ε 值，应对灵敏度加以修正，或把应变片原有灵敏率 S_g 乘以 $R/(R+R_c)$。

3. 减小读数漂移

具体办法主要有使电桥电容尽可能对称；采用屏蔽线并接地，以避免由于导线抖动而引起分布电容的改变；尽可能使工作片与补偿片的导线电阻相等。

4. 补偿温度影响

温度变化会使试件表面上的应变片产生一定的应变值

$$\varepsilon_t=\frac{1}{S_g}\alpha(t-t_0)+(\beta_1-\beta_2)(t-t_0) \tag{6-6}$$

式中 S_g——应变片灵敏度；

α——应变片丝栅材料的电阻温度系数；

β_1——试件材料的线膨胀系数；

β_2——应变片丝栅材料的线膨胀系数；

$t-t_0$——温度变化差值。

应变片的总输出应变值为

$$\varepsilon_{\sum}=\varepsilon+\varepsilon_t \tag{6-7}$$

式中 ε——被测试件的机械应变值。

ε_t 是由温度变化所产生的应变值，是应变测量中不需要的部分，它对测量结果精确度的影响是不可忽视的。一般情况下，温度变化总是同时作用到应变片的试件上的。消除由温度引起的影响，或者对它进行修正，以求出仅由载荷作用引起的真实应变的方法，称为温度补偿法。其主要方法是采用温度自补偿应变片，或采用电路补偿片。后者是用两个同样的应变片，一片为工作片，贴在试件上需要测量应变的地方，作为电桥中的 R_1；另一片为补偿片，贴在与试件同材料、同温度条件但不受力的补偿件上，作为电桥中的 R_2。由于工作片和补偿片处于相同的温度－膨胀状态下，产生相等的 ε_t，当分别接到电桥电路的相邻两桥臂上，温度变化所引起的电桥输出等于零，起到了温度补偿的作用。

5. 减少贴片误差

测量单向应变时，应变片的轴线与主应变方向有偏差时，也会产生测量误差。因此，在粘贴应变片时应给予充分的注意。

6. 力求实际工作条件和额定条件一致

当应变片灵敏度定度时的试件材料与被测材料不同，以及应变片名义电阻值与应变仪桥臂电阻不同，都会引起误差。一定基长的应变片，有一定的允许极限频率。例如，要求测量误差不大于 1% 时，基长为 5 mm，允许的极限频率为 77 kHz，而基长为 20 mm 时，则极限频率只能达到 19 kHz。

7. 排除测量现场的电磁干扰

测量时仪表的示值抖动大多由电磁干扰引起，如接地不良、导线间互感、漏电、静电感应、现场附近有电焊机的强磁场干扰及雷击干扰等，应设法排除。

6.1.5　测点的选择

测点的选择和布置对能否正确了解结构的受力情况和实现正确的测量影响很大。测点越多，越能了解结构的应力分布状况，然而却增加了测试和数据处理的工作量和贴片误差。因此，应根据以最少的测点达到足够真实地反映结构受力状态的原则来选择测点。为此，一般应考虑以下方面。

① 预先对结构进行大致的受力分析，预测其变形形式，找出危险断面及危险位置。这些地方一般是处在应力最大或变形最大的部位，而最大应力一般又是在弯矩、剪力或转矩最大的截面上。然后，根据受力分析和测试要求，结合实践经验最后选定测点。

② 在截面尺寸急剧变化的部位或因孔、槽导致应力集中的部位，应适当多布置一些测点，以便了解这些区域的应力梯度情况。

③ 如最大应力点的位置难以确定，或者为了了解截面应力分布规律和曲线轮廓段应力过渡的情况，可在截面上或过渡段上比较均匀地布置 5 ～ 7 个测点。

④ 利用结构与载荷的对称性，以及对结构边界条件的有关知识来布置测点，往往可以减少测点数目，减轻工作量。

⑤ 可以在不受力或已知应变、应力的位置上安排一个测点，以便在测试时进行监视和比较，有利于检查测试结果的正确性。

6.2　力的测量

在国际单位制中，力是一个导出量，由质量和加速度的乘积来定义。力的基准量取决于质量、时间和长度的基准量。

6.2.1　常用的测力方法

常用的测力方法大致有下列几种。

① 用已知重力或电磁力平衡被测力，从而直接测得被测力。

② 通过测量一个在被测力作用下的已知质量的物体的加速度来间接测量被测力。

③ 通过测量由被测力产生的流体压力测得被测力。

④ 当被测力张紧一振动弦，该弦的固有频率将随被测力的大小而改变。通过测量该频率的变化来测得被测力。

⑤ 通过测量在被测力作用下某弹性元件的变形或应变来测得被测力。

上述的测力方法大部分用于静态力或缓慢变化力的测量，但最后一种方法则适用于静态力或频率数千赫兹以下的动态力的测量，是一种应用极为广泛的测力方法。本章只介绍与之有关的问题。

6.2.2 弹性变形式的力传感器

这类传感器的测量基础是弹性元件的弹性变形和作用力成正比的现象。这类传感器原则上可简化成单自由度系统，为输入力和输出弹性变形（或位移）之间的关系。

值得注意的是，上述模型是以基座静止为前提的。如果基座有了运动，力传感器又是一个加速度计，会对该运动产生附加的输出信号。其次，严格地说，传感器的弹性和惯性参数是分布的而不是集中的，作为集中参数的质量、弹簧刚度和阻尼比都很难确定，而且其固有频率也总是和外部承力构件的质量有关。因此，对于任何一个这类传感器，都应进行全面的定度和标定，以建立其输出和输入力之间的关系和确定其灵敏度、固有频率等特性参数。最后，为了提高这类力传感器的灵敏度，可考虑采用低弹性模量的材料（如某些铝合金）。但应注意到，这样做会使弹性元件刚度和固有频率下降，某些低弹性模量的材料还可能有较大的迟滞和较低的疲劳寿命的缺点。

这类传感器也可用输出应变来代替输出位移，并用应变片将其转换成电量。下面介绍几种常用的此类力传感器。

1. 电阻应变片式力传感器

如图 6-3 所示是一种用于测量压缩力的应变片式测力头的典型构造。受力弹性元件是一个由圆柱加工成的方柱体，应变片粘贴在四个侧面上。在不减小柱体的稳定性和应变片粘贴面积的情况下，为提高灵敏度，可采用内圆外方的空心柱。侧向加强板用来增大弹性元件在 $x-y$ 平面中的刚度，减小侧向力对输出的影响。加强板的 z 向刚度很小，以免明显影响传感器的灵敏度。应变片按图 6-3 所示粘贴并采用全桥接法，能消除弯矩的影响，也有温度补偿功能。对于精确度要求特别高的力传感器，可在电桥某一臂上串接一个温度敏感电阻 R_g，以补偿四个应变片电阻温度系数的微小差异。用另一温度敏感电阻 R_m 和电桥串接，改变电桥的激励电压，以补偿弹性元件弹性模量随温度而变化的影响。这两个电阻都应装在力传感器内部，以保证和应变片处于相同的温度环境。

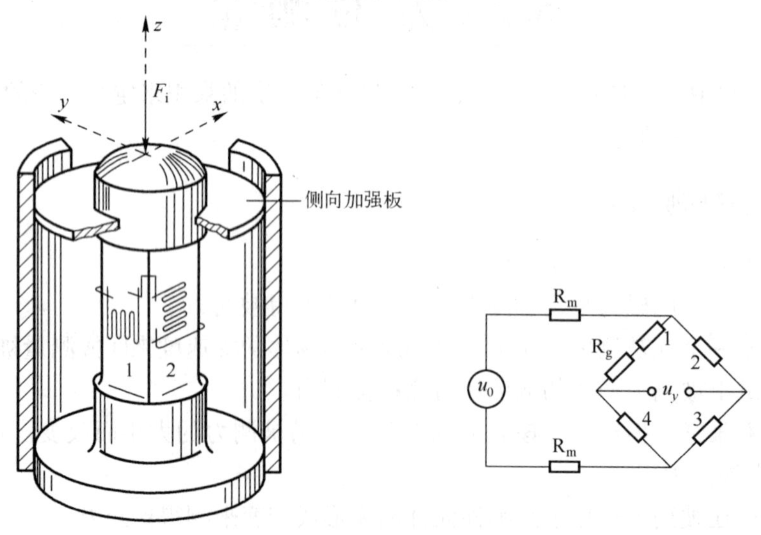

图 6-3 贴应变片柱式力传感器

注：应变片 3 和 4 分别贴在 1 和 2 的对面

图 6-4 是用来测量拉/压力传感器的典型弹性元件。为了获得较大的灵敏度，采用梁式结构。显然，刚度和固有频率都会相应地降低。如果结构和粘贴都对称，应变片参数相同，则这种传感器具有较高的灵敏度，并能实现温度补偿和消除 x 和 y 方向力的干扰。

2. 差动变压器式力传感器

图 6-5 所示为一种差动变压器式的力传感器，弹性元件的变形由差动变压器转换成电信号。其工作温度范围比较宽，为 −54 ～ +93℃。在长径比较小时，受横向偏心力的影响较小。

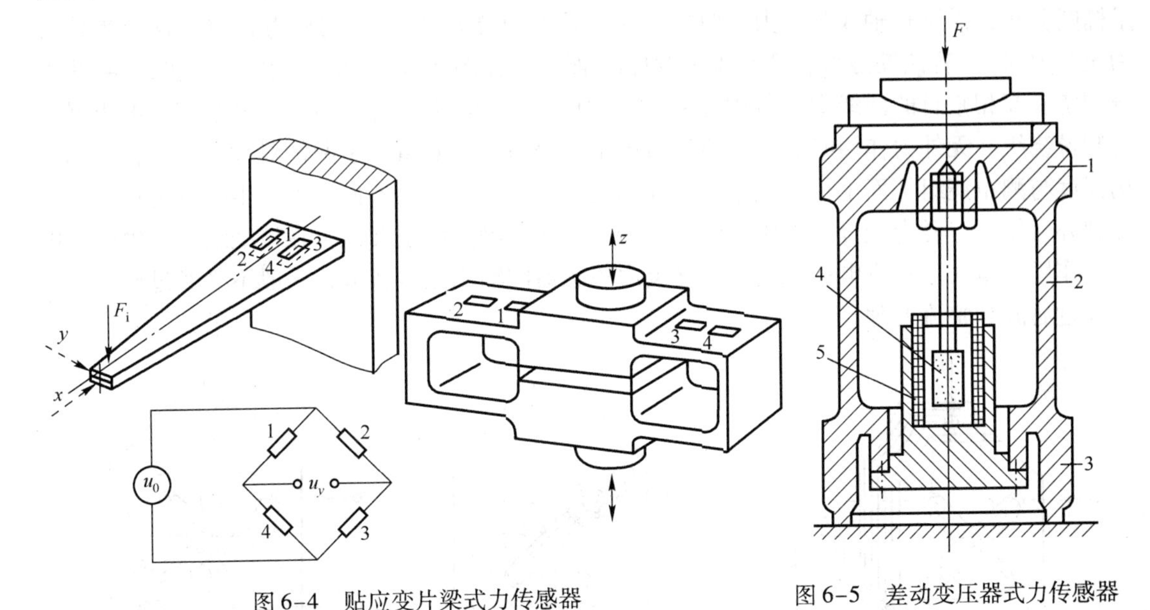

图 6-4　贴应变片梁式力传感器

注：应变片 2 和 4 在梁的下面

图 6-5　差动变压器式力传感器

1—上部　2—变形部　3—下部

4—铁心　5—差动变压器线圈

3. 压电式力传感器

图 6-6 所示为两种压电式力传感器的构造。图 6-6（a）所示的力传感器的内部加有恒

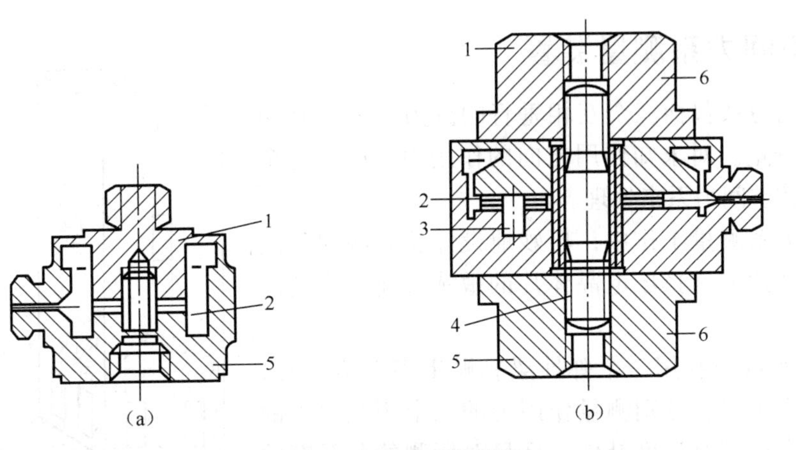

图 6-6　压电式力传感器

1—承力头　2—压电晶体片　3—导销　4—预紧螺栓　5—基座　6—预紧螺母

定预压载荷，使之在1 000 N 的拉伸力到5 000 N 的压缩力范围内工作，不致出现内部元件的松弛。图6-6（b）所示的力传感器带有一个外部预紧螺母，可用来调整预紧力，以保证力传感器在4 000 N 拉伸力到16 000 N 压缩力的范围内正常工作。

4. 压磁式力传感器

某些铁磁材料（如正磁致伸缩材料）受压缩时，其导磁率沿应力方向下降，而沿着与应力垂直的方向增加。材料受拉时，导磁率变化正好相反。无外力作用时，载流导线通过这种材料中的孔槽，材料中的磁力线成为以导线为中心的同心圆分布。在外力作用下，磁力线呈椭圆分布，椭圆长轴或与外力方向一致（当外力为拉力时），或与外力方向垂直（当外力为压缩力时）。若该铁磁材料开有4个对称的通孔（如图6-7所示），在1、2和3、4孔中分别绕着互相垂直的两线圈，其中1－2线圈通过交流电流 i，作为励磁绕组；3－4线圈作为测量绕组。无外力作用时，励磁绕组所产生的磁力线在测量绕组两侧对称分布，合成的磁场强度与测量绕组平面平行，磁力线不和测量绕组交链，从而不使后者产生感应电势。一旦受到外力作用，磁力线分布发生变化，部分磁力线和测量绕组交链，在该绕组中产生感应电势。作用力越大，感应电势也越大。这类力传感器的输出电势较大，一般不必经过放大，但需经过滤波和整流处理。

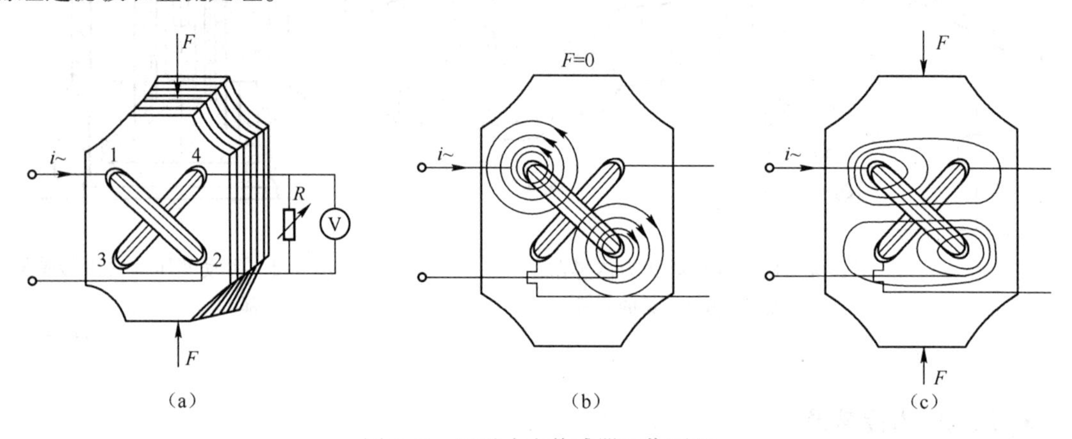

图6-7 压磁式力传感器工作原理

6.2.3 空间力系测量装置

一般空间力系包括三个互相垂直的分力和三个互相垂直的力矩分量。对未知作用方向的作用力，如要完全测定，也需按空间力系来处理。

在空间力系测量工作中，巧妙地设计受力的弹性元件和布置应变片或选择压电晶体片的敏感方向是成功的关键。

图6-8所示为利用一个弹性梁粘贴上多个应变片，组成三个独立电桥，分别测量作用力的三个相互垂直的分量。每个电桥都有温度补偿，且只对所测的分量有输出。这些特性完全依赖于应变片的巧妙布置，以达到消

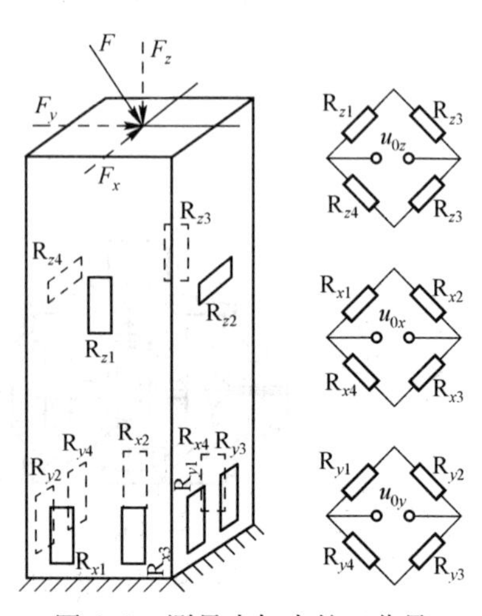

图6-8 测量未知力的三分量

除非测量分量影响的目的。这种构造的力传感器的缺点是力的作用点不能偏离梁截面的中心，一旦偏离中心，例如在 x 方向有偏心，就会在 $x-z$ 平面中形成弯曲力矩，在 x 方向造成弯曲应力。电桥无法将这一应力和 F_x 所引起的应力区分开，从而造成附加的输出。F_x 和 F_y 的存在使梁产生弯曲变形，会使这种偏心加剧。为了减轻这种变形，应使梁有足够的刚度，但却会降低传感器的灵敏度。

图 6-9 所示的八角环也是多向测力装置常用的弹性元件。八角环弹性元件是由圆环演变来的，在圆环上施加单向径向力 F_y 时，圆环各处的应变不同，其中与作用力成 39.6°处应变等于零（如图 6-9（a）所示）。在水平中心线上则有最大的应变，若将应变片 R_1、R_2、R_3、R_4 贴在此处灵敏度最佳。此时 R_1 和 R_3 受拉应力，R_{12} 和 R_{14} 受压应力。

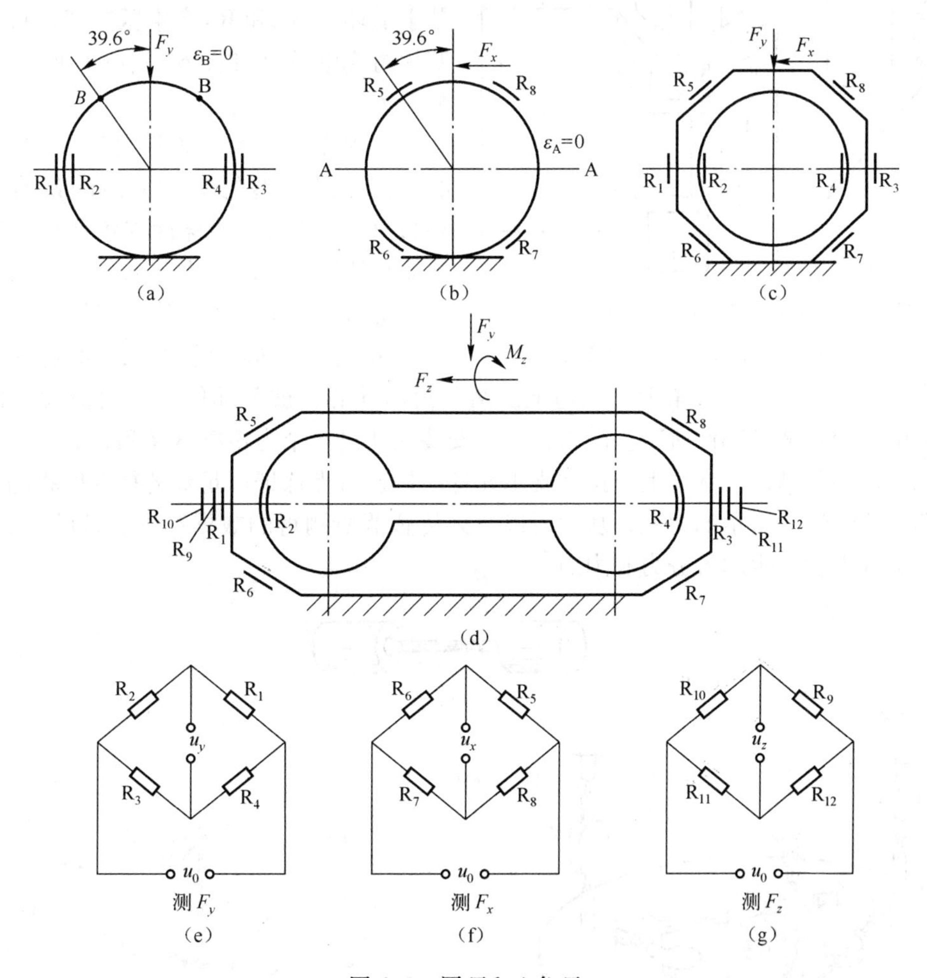

图 6-9　圆环和八角环

如果圆环一侧固定，另一侧受切向力 F_x（如图 6-9（b）所示），零应变处于与着力点成 90°的地方（如图中 A 点所示）。若将应变片贴在与垂直中心线成 39.6°处，则 R_5 和 R_7 受拉应力，R_6 和 R_8 受压应力。这样，当圆环上同时作用着 F_x 和 F_y 时，将应变片 R_1、R_2、R_3、R_4、R_5、R_6、R_7、R_8 分别组成电桥（如图 6-9（e）和（f）所示），就可以互不干扰地测出 F_x 和 F_y。

由于圆环不易夹紧固定，实际上常用八角环代替，如图 6-9（c）所示。当八角环的h/r较小时（h为环的厚度，r为环的平均半径），零应变点在39.6°附近。随着h/r比值的增大，此角度也增大；当$h/r=0.4$时，零应变点在45°处，故一般八角环的一部分应变片贴在45°处。

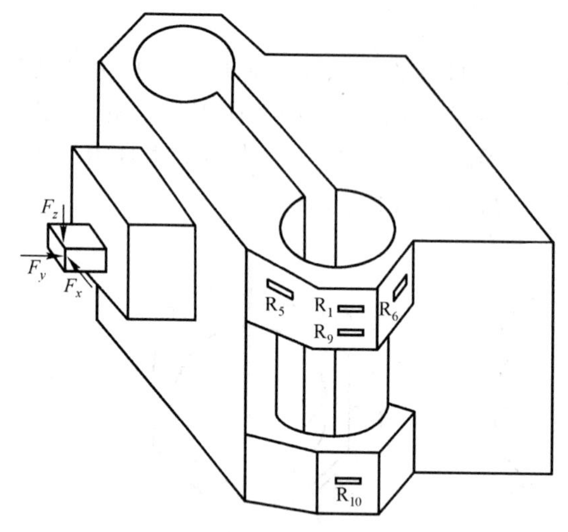

图 6-10　八角环式车床切削测力计

图 6-10 所示为八角环用于测量车床切削力的情况。主切削力F_z使八角环受到压缩力和弯矩M_z（如图 6-9 所示）。所有应变片的方向和F_z垂直，不受其影响。M_z使贴于测力计上环的应变片R_9和R_{11}产生拉应变，使贴于下环的R_{10}和R_{12}产生压应变。将此四应变片组成电桥（如图 6-9（g）所示）就可测得F_z。

采用挠性支承件的测力架（如图 6-11 所示）是最典型的空间力系测量装置。图 6-11（a）是所用的挠性支承元件，其构造保证它的轴向刚度很大，而其他方向刚度很小。将这种支承件和力传感器组成一体（如图 6-11（b）所示），其中 1、2 和 3 安装在一个较大的等边三角形的顶点，而 4、5 和 6 则安装在另一个较小的等边三角形的三边上。两三角形同心，被测部件（如火箭发动机）就固定在其中心处。被测部件所产生的力，将从安装板通过 6 个力传感器及和它们相连接的挠性支承元件传递到刚性的基座上。挠性支承元件的构造特点保证以足够的精确度将测力架简化成如图 6-11（c）所示的力系，从而可以从力传感器所测得的数据和安装板的有关尺寸，计算出被测部件所产生的各分力和力矩。

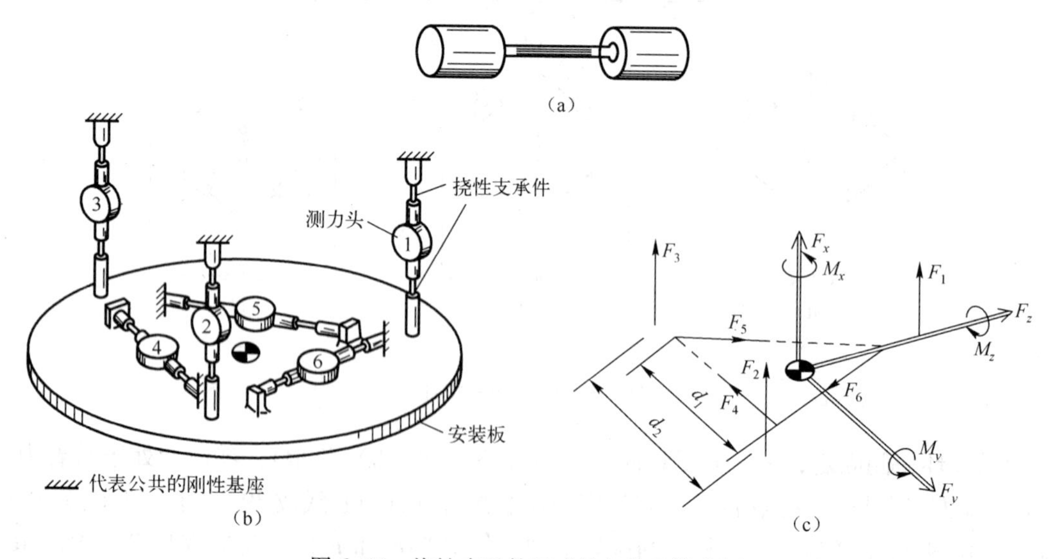

图 6-11　挠性支承件组成的六分量测力架

它们是

$$
\left.\begin{aligned}
F_x &= F_1 + F_2 + F_3 \\
F_y &= \frac{F_5 + F_6}{2} - F_4 \\
F_z &= \frac{\sqrt{3}}{2}(F_5 + F_6) \\
M_x &= \frac{-d_1(F_4 + F_5 + F_6)}{2\sqrt{3}} \\
M_y &= \frac{-d_2(2F_1 - F_2 - F_3)}{2\sqrt{3}} \\
M_z &= \frac{d_2(F_3 - F_2)}{2}
\end{aligned}\right\} \tag{6-8}
$$

此外，人们注意到采用不同切型的压电晶体片也易于解决空间力系的测量。三分力压电式力传感器（如图 6–12 所示）由三对压电晶片组成。其中一对具有纵向压电效应，用以测量 z 向力。另外两对具有横向压电效应，且方向互相垂直，分别用来测量 x 和 y 方向向力。这样的力传感器将作用力自动地分解为互相垂直的三分力。

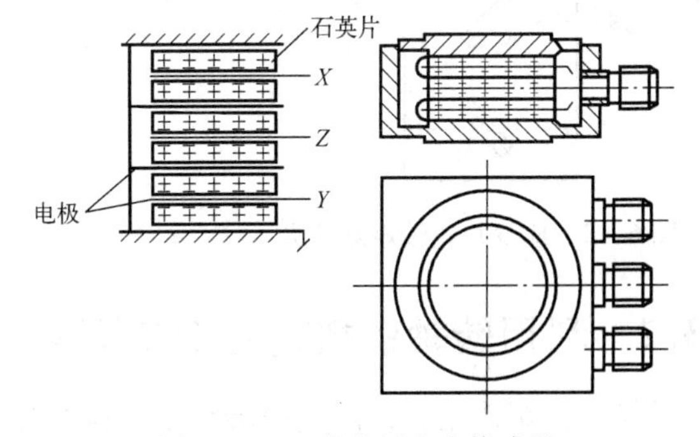

图 6–12　三分力压电式传感器

6.3　转矩的测量

测量转矩的方法很多，其中以测量转轴两横截面之间的相对扭转角或转轴的扭转应力为基础的测量方法最常用。

6.3.1　通过转轴应变或应力测量转矩

在这种测量方法中，最常采用的是应变式扭矩传感器。在转轴的适当部位按图 6–13 所示粘贴四片应变片做全桥连接，便成为扭矩传感器。若能保证应变片粘贴位置准确，应变片特性匹配，则这种装置具有良好的温度补偿和消除弯曲应力、轴向应力影响的功能。粘贴后的应变片必须准确地与轴线成 45°角，应变片 1 和 3，2 和 4 应在同一直径的两端。采用应变花可以简化粘贴并易于获得准确的位置。为了把随轴旋转的应变片产生的信号送到固定的应变仪，或采用集流环，通过此旋转元件和静止元件（电刷）的接触，将信号传输出来；或采用发射器件和接收器件之间电磁场的耦合方式，无接触地将信号耦合到接收端。由于应变片电阻的变化率本来就很小，因此要求集流环和电刷的接触电阻变化应很小，以免造成测量误差。

显然这样测得的是在转矩作用下转轴表面的主应变 ε。从材料力学得知，主应变和所受到的转矩成正比。

压磁式扭矩传感器（如图 6–14 所示）是利用铁磁材料制成的转轴在受转矩作用后，应力变化导致磁阻变化的现象来测量转矩的。两个绕有线圈的 Π 型铁心 A 和 B，其中 A – A 沿轴线，B – B 沿垂直于轴线的方向放置，两者相互垂直。其开口端和被测轴表面保持 1 ～ 2 mm

的空隙。当 A－A 线圈通过交流电流时，形成通过转轴的交变磁场。在转轴不受转矩时，磁力线和 B－B 线圈不交链。当转轴受转矩作用后，转轴材料磁阻沿正应力方向减小，沿负应力方向增大，从而改变了磁力线的分布状况，使部分磁力线与 B－B 线圈交链，并在其中产生感应电势 u_y。感应电势 u_y 将随转矩增大而增大，并且，在一定范围内两者呈线性关系。此种传感器是一种非接触测量方式的传感器，使用非常方便。

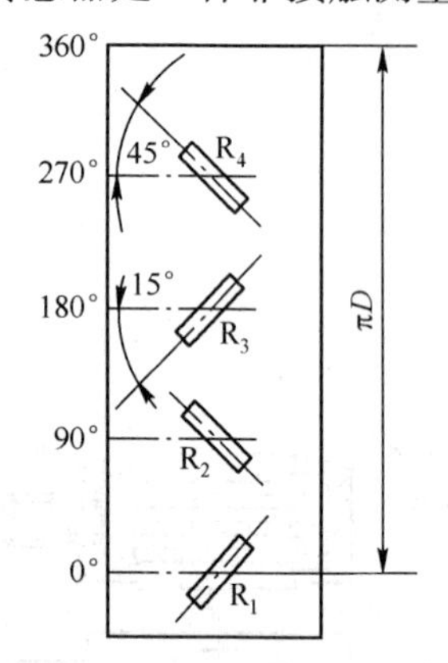

图 6-13　应变片式转矩测量法

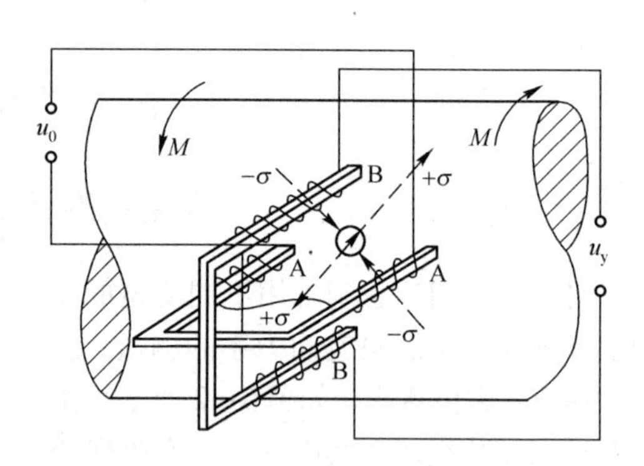

图 6-14　压磁式扭矩传感器

6.3.2　利用转轴的扭转变形来测量转矩

转轴受转矩作用后，产生扭转变形，两横截面的相对扭转角与转矩成正比。利用光电式、感应式等传感器可以测得相对扭转角，从而测得转矩。

感应式扭矩传感器（如图 6-15 所示）是在转轴上固定两个齿轮 2，它们的材质、尺寸、齿形和齿数均相同。由永久磁铁和线圈组成的磁电式检测头 3 和 4 对着齿顶安装。在转轴不承受转矩时，两线圈输出信号有一初始相位差。承载后，该相位差将随两齿轮所在横截面之间的相对扭转角的增加而加大，其大小与相对扭转角、转矩成正比。

光电式扭矩传感器（如图 6-16 所示）是在转轴上固定两圆盘光栅。在未承受转矩时，两光栅的明暗区正好互相遮挡，没有光线透过光栅照射到光敏元件，也无输出。当转轴受转矩后，扭转变形将使两光栅相对转过一角度，使部分光线透过光栅照射到光敏元件上而产生输出。转矩越大，扭转角越大，穿过光栅的光量越大，输出越大，从而可测得转矩。

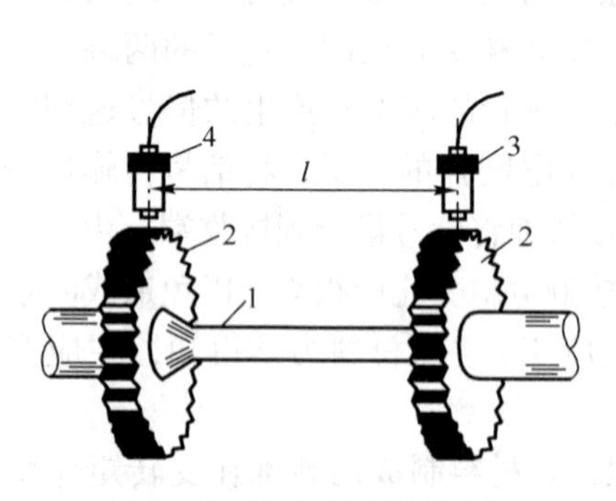

图 6-15　感应式扭矩传感器

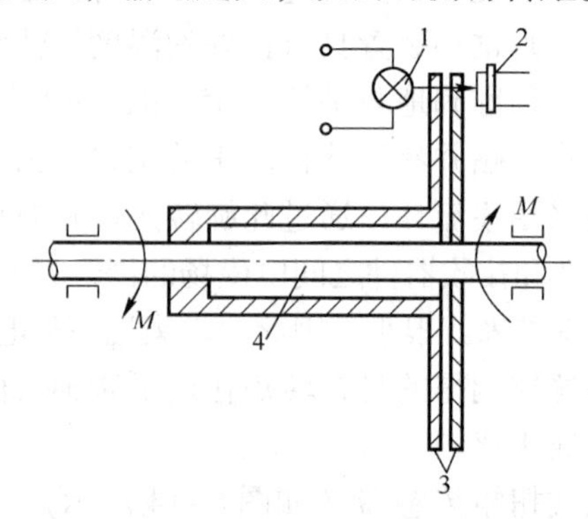

图 6-16　光电式扭矩传感器

1—光源　2—光敏元件　3—光栅　4—转轴

6.4　温度的测量

6.4.1　温度测量方法

根据被测对象的特点和测试目的，可选用不同的测温方法。温度测量方法可分为接触式测温和非接触式测温两类。

接触式测温是把测温用的传感器和被测对象直接接触，两者进行热交换，最终达到热平衡，并显示出温度值。常用的接触式测温仪器有热膨胀式温度计、热电阻温度计及热电偶等。这类测温仪器发展较早，比较成熟，应用广泛，但对被测对象的温度场有干扰，影响测量精确度，并且在不允许接触或无法直接接触的场合不能应用。例如，测量高压输电线路上的接头温度、高速转动件的温度等，都无法采用此方法。

非接触式测温是基于物质的热辐射原理，测温传感器与被测对象不直接接触。此法不会扰乱被测对象的温度分布，可实现远距离控制和测量。这类测温仪器有辐射温度计、热电探测器等。

常用测温方法、类型及其特点见表 6-3。

表 6-3　常用测温方法、类型及特点

<table>
<tr><th>测温方式</th><th colspan="3">温度计或传感器类型</th><th>测温范围/℃</th><th>精度/%</th><th>特　点</th></tr>
<tr><td rowspan="7">接触式</td><td rowspan="4">热膨胀式</td><td colspan="2">水银</td><td>-50～650</td><td>0.1～1</td><td>简单方便，易损坏（水银污染），感温部大</td></tr>
<tr><td colspan="2">双金属</td><td></td><td></td><td>结构紧凑、牢固可靠</td></tr>
<tr><td rowspan="2">压力</td><td>液</td><td>-30～600</td><td rowspan="2">1</td><td rowspan="2">耐振、坚固、价廉、感温部大</td></tr>
<tr><td>气</td><td>-20～350</td></tr>
<tr><td>热电偶</td><td colspan="2">铂铑-铂
其他</td><td>0～1 600
-200～1 100</td><td>0.2～0.5
0.4～1.0</td><td>种类多，适应性强，结构简单，经济，方便，应用广泛；须注意寄生热电势及动圈式仪表电阻对测量结果的影响</td></tr>
<tr><td rowspan="2">热电阻</td><td colspan="2">铂
镍
铜</td><td>-260～600
-50～300
0～180</td><td>0.1～0.3
0.2～0.5
0.1～0.3</td><td>精度及灵敏度均较好，感温部大，须注意环境温度的影响</td></tr>
<tr><td colspan="2">热敏电阻</td><td>-50～350</td><td>0.3～1.5</td><td>体积小，响应快，灵敏度高；线性差，须注意环境温度的影响</td></tr>
<tr><td rowspan="2">非接触式</td><td colspan="3">辐射温度计
光高温计</td><td>800～3 500
700～3 000</td><td>1
1</td><td>非接触测温，不干扰被测温度场，辐射影响小，应用简便；不能用于低温</td></tr>
<tr><td colspan="3">热电探测器
热敏电阻探测器
光子探测器</td><td>200～2 000
-50～3 200
0～3 500</td><td>1
1
1</td><td>非接触测温，不干扰被测温度场，响应快，测温范围大，适于测温度分布；易受外界干扰，标定困难</td></tr>
<tr><td>其他</td><td>示温涂料</td><td colspan="2">碘化银，二碘化汞，氯化铁，液晶等</td><td>-35～2 000</td><td><1</td><td>测温范围大，经济方便，特别适于大面积连续运转零件上的测温；精度低，人为误差大</td></tr>
</table>

6.4.2　常用测温仪器

1. 热膨胀式温度计

利用液体或固体热胀冷缩的性质而制成的温度计称为热膨胀式温度计，常用的有水银、双金属、压力温度计等几种类型。

双金属温度计是一种固体膨胀式温度计，其测温敏感元件由两种热膨胀系数不同的金属箔片组合而成（例如黄铜 $\alpha = 22.8 \times 10^{-6}$，镍钢 $\alpha = 1 \times 10^{-6} \sim 2 \times 10^{-6}$），一端固定，另一端自由。当温度变化时，由于两者伸缩不一致而发生弯曲，自由端就产生位移。利用这一原理可制成直线、长螺纹、盘螺纹等形式的温度计，如图 6-17 所示。这种温度计结构紧凑，牢固可靠，在某些情况下还可用以制作自动调节装置的开关元件。图 6-18 所示为一种预警装置，当温度达到某一极限值时，电路即接通而发出信号。

图 6-17　双金属温度计

压力式温度计是利用液体或蒸汽压力工作的。如图 6-19 所示，感温筒置于被测介质中，温度升高时，筒内的酒精或水银等受热膨胀，通过毛细管使波登管端部产生角位移，指示出温度值。

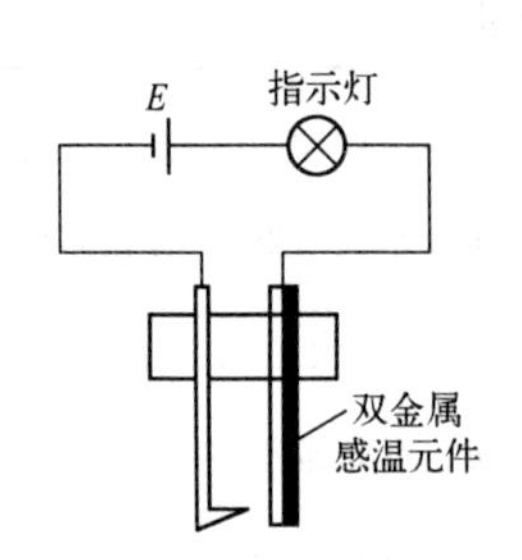

图 6-18　由双金属感温元件构成的信号装置

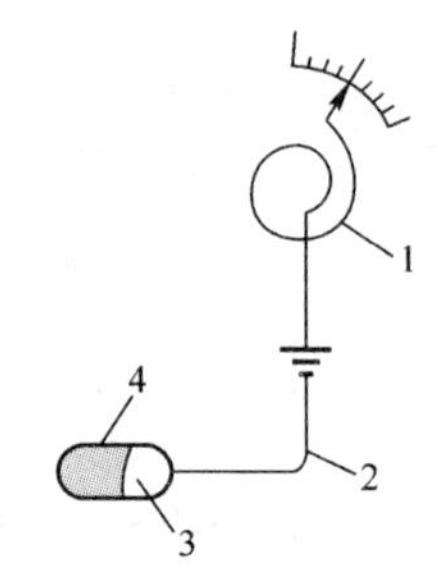

图 6-19　压力式温度计

1—波登管　2—毛细管　3—感温筒　4—酒精或水银

2. 热电阻温度计

热电阻温度计的工作原理是利用导体或半导体的电阻值随温度变化的性质。构成热电阻温度计的测温敏感元件有金属丝电阻及热敏电阻。

1）金属丝热电阻

一般金属导体具有正的电阻温度系数，电阻率随温度上升而增加。在一定温度范围内，电阻与温度的关系为

$$R_t = R_0[1 + \alpha(t - t_0)] = R_0(1 + \alpha\Delta t) \tag{6-9}$$

式中　R_t——温度为 t 时的电阻值；

R_0——温度为 t_0时的电阻值；

α——电阻温度系数，随材料不同而不同。

常用测温电阻材料有铂、镍、铜等。图 6-20 为铂与镍的电阻随温度升高而增加的关系。从图中可知，铂电阻随温度变化的线性很好，测量范围很宽，铂电阻温度计被用作 -259.24℃～630.74℃范围内复现国际实用温标的基准器。铜和镍一般用于低温范围，铜为 0℃～180℃；镍为 50℃～300℃。

电阻丝式测温传感器与电阻丝应变式测力传感器一样，都属于能量控制型传感器，测量时，必须从外部供给辅助能源。

由于温度引起的电阻变化，一般采用电桥转换为电压的变化，并由动圈式仪表（毫伏计等）直接测量或经放大器输出，实现自动测量或记录。

图 6-21 所示为一种电阻丝测温传感器，铂丝绕于玻璃轴上，置于陶瓷或金属制成的保护管内，按引出导线根数可分为二线式或三线式。

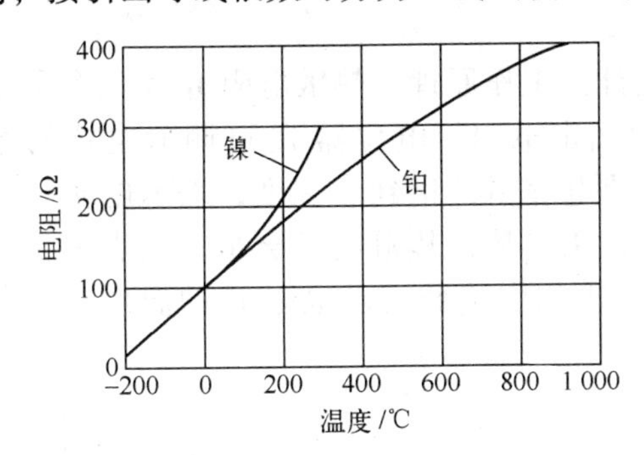

图 6-20　铂、镍电阻与温度的关系

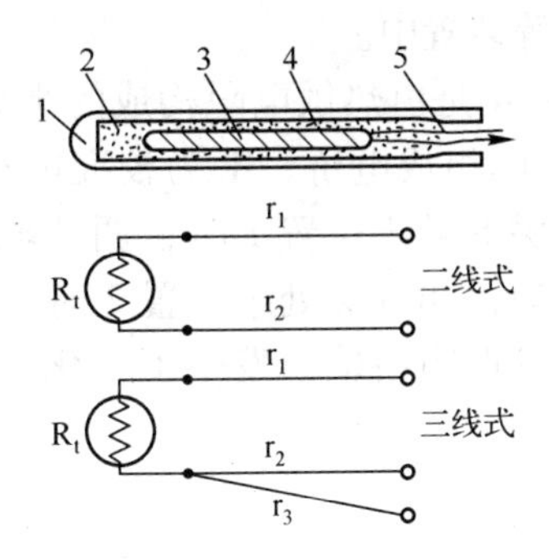

图 6-21　铂电阻丝式测温传感器

图 6-22 所示为电桥线路接法。当采用二线式接法时，引出导线 r_1、r_2接于电桥的一个臂上，但由于环境温度或通以电流引起导线温度变化时，将产生附加电阻，引起测量误差。采用三线式接法时，具有相同温度特性的导线 r_1、r_2接于相邻两桥臂上，此时由于附加电阻引起的电桥输出将自行补偿。

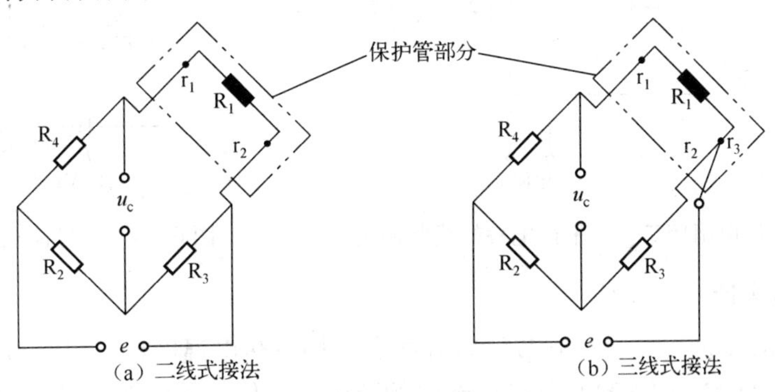

图 6-22　铂电阻电桥线路接法

图 6-23 所示为测温电阻用于自动平衡电桥的线路接法。当电阻 R 变化时引起电桥不平衡，将有电压 u_τ输给放大器，经放大后推动伺服电机转动，并带动电位器 R 的触针，直到电桥平衡，电动机停转。电位器触针位移量表示电阻 R_x的变化量。

2）热敏电阻

热敏电阻是由金属氧化物（NiO、MnO_2、CuO、TiO_3等）的粉末按一定比例混合烧结而成的半导体。与金属丝电阻一样，其电阻值随温度而变化，但热敏电阻具有负的电阻温度系数，即随温度上升而阻值下降。

热敏电阻与金属丝电阻比较，具有下述优点。

① 由于有较大的电阻温度系数，所以灵敏度很高，目前可测到 0.001℃～0.005℃微小温度变化。

② 热敏电阻元件可做成片状、柱状、珠状等，直径可达0.5 mm，由于体积小，热惯性小，响应速度快，时间常数可以小到毫秒级。

③ 热敏电阻元件的电阻值可达3 ～ 700 kΩ，当远距离测量时，导线电阻的影响可不考虑。

④ 在－50℃～350℃温度范围内具有较好的稳定性。热敏电阻的缺点是非线性严重，老化较快，对环境温度的敏感性大等。热敏电阻制成的元件被广泛用于测量仪器、自动控制和自动检测等装置中。

图6-24是由热敏电阻构成的半导体点温计的工作原理。热敏电阻R和三个固定电阻R_1、R_2和R_3组成电桥，R_4为校准电桥输出的固定电阻，电位器R_6可调节电桥的输入电压。当开关S处于位置1时，调节电位器R_6使电表指针指到满刻度，表示电桥处于正确的工作状态。当开关处于位置2时，电阻R_4被R_t代替，其阻值$R_t \neq R_4$，两者差值为温度的函数，此时电桥输出发生了变化，电表指示出相应读数表示电阻R_t的温度，即所要测量的温度。

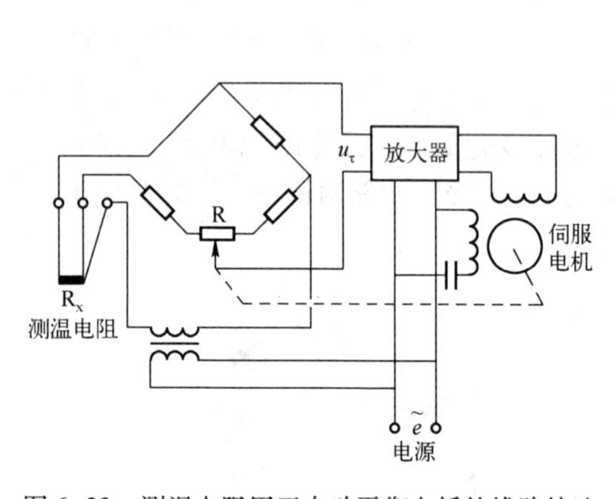

图6-23 测温电阻用于自动平衡电桥的线路接法

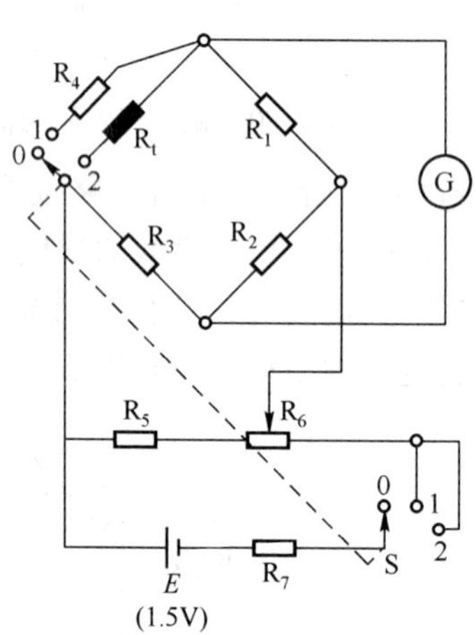

图6-24 半导体点温计工作原理

3. 热电偶温度计

热电偶与显示仪表或控制和调节仪表等配套，构成热电温度计，可直接测量、控制和调节各种生产过程中0℃～1 800℃温度范围内的液体、气体、蒸汽等介质及固体表面的温度。它具有精度高、测温范围广、远距离和多点测量方便等优点，是接触式温度计中应用最普遍的仪器。

1）热电势测量方法

测量热电势可用动圈式仪表、电位差计及电子电位差计等。采用动圈式仪表测量热电势时，由于线路中电阻的影响（如图6-25所示），将使仪表指示值e_t与实际热电势值E_t不一致，其关系为

$$E_t = e_t(R_i + R_o)/R_i \tag{6-10}$$

式中 R_i——仪表线圈电阻。

R_o——外部电阻，且

$$R_o = R_a + R_L + \frac{R_b}{2} + \frac{R_t}{2}$$

其中　R_a——仪表内可调电阻；

R_L——连接导线电阻；

R_b——热电偶 20℃时的电阻；

R_t——热电偶使用时的电阻。

以上分析表明，当外接线路电阻较大时，测量误差是不容忽视的。

用电位差计测量热电势时，采用标准电压来平衡热电势。因为标准电压与热电势方向相反，回路中没有电流，因此线路电阻对测量结果没有影响。图 6-26 所示为用电位差计测量热电势的工作原理。将开关 S_1 接通，调整电阻 R_0，使检流计 G_2 指零。此时获得恒定工作电流 $I=E_H/R_H$（即 a、c 两点间电压 IR_H 与标准电压 E_H 平衡）。断开 S_1，接通 S_2，调节电位器 R_P，使检流计 G_1 指零，此时测量电路电流为零。当温度变化时，将有电流通过 G_1，指针偏转，调节 R_P 使 G_1 重新指零，由电位器 R_P 的刻度即可读出所测热电势。

电子电位差计采用的是与电位差计相同原理的电路，通过自动平衡系统使其始终保持平衡状态。

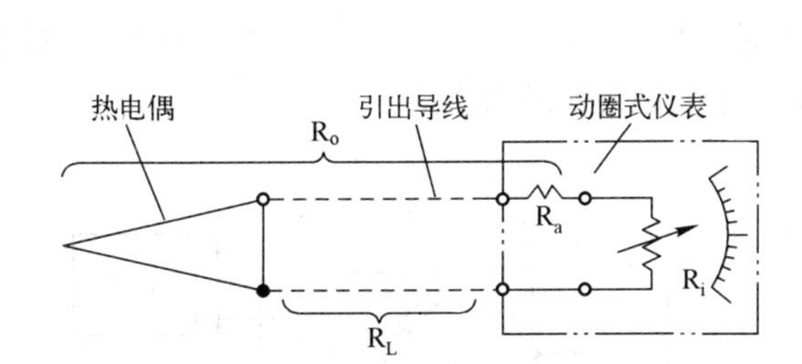

图 6-25　动圈式仪表测量热电势时的连接线路

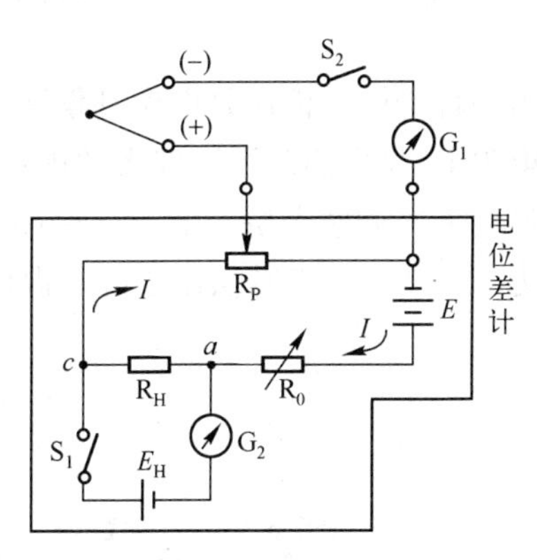

图 6-26　用电位差计测量热电势的原理

2）冷端补偿

用热电偶测温时，热电势大小决定于冷、热端温度之差，如果冷端温度固定不变，则决定于热端温度。如果热电偶冷端温度是变化的，将会引起测量误差。为此，常采用一些措施来消除冷端温度变化产生的影响。

（1）冷端恒温

一般热电偶定度时，冷端温度是以 0℃为基准，因此在实际应用中，常将热电偶冷端置于 0℃的冰水混合物之中（如图 6-27 所示）。如在某些情况下不能维持冷端 0℃时，则须保持恒温，如置于恒温室、恒温容器或埋入地下等。但这时须对测量结果进行修正计算。图 6-28 所示冷端温度为 0℃时的定标曲线。设冷端温度 t_n 时测得的热电势为 $E(t,t_n)$，若仍用此定标曲线求出实际温度，可做如下修正计算，从图中可知

$$E(t,0)=E(t,t_n)+E(t_n,0) \tag{6-11}$$

式中　$E(t,0)$——冷端 0℃，热端 t 时的热电势；

$E(t_n,0)$——冷端 0℃，热端 t_n 时的热电势。

式（6-11）表明，应当由 $E(t,t_n)+E(t_n,0)$ 来查表求得实际温度 t 值。

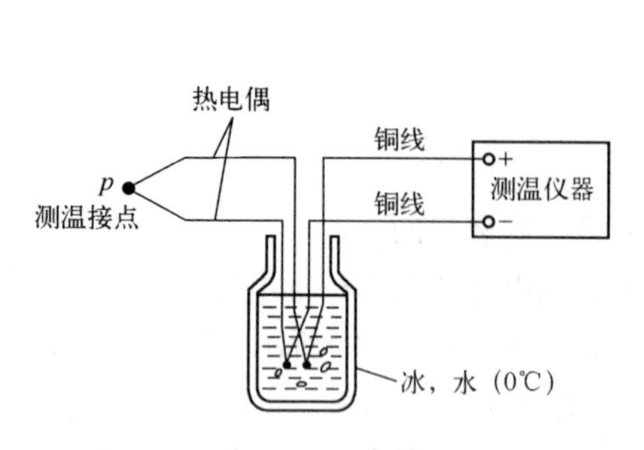

图 6-27 热电偶冷端置于冰水中

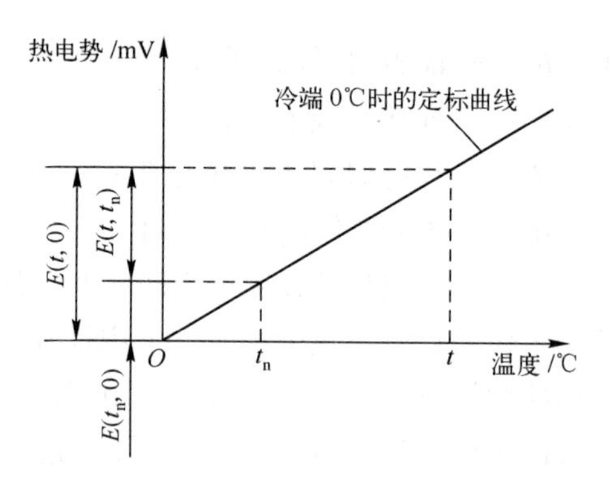

图 6-28 冷端温度为 t_n 时的修正计算

（2）冷端补偿

当测温点与冷端距离较长时，为了既能保持冷端温度的稳定，又不使用过多贵重的热电偶导线，往往采用价廉的导线来代替部分热电偶导线（如图 6-29 所示），这种廉价的导线称为补偿导线，在室温范围内，补偿导线的热电性质应与所用热电偶相同或接近。

另一种冷端补偿法是电桥补偿法，如图 6-30 所示。将热电偶冷端与电桥置于同一环境中，电阻 R_H是由温度系数较大的镍丝制成，而其余电阻则由温度系数很小的锰丝制成。在某一温度下，调整电桥平衡，当冷端温度变化时，R_H随温度改变，破坏了电桥平衡，电桥输出为 Δe，用 Δe 来补偿由于冷端温度改变而产生的热电势变化量。

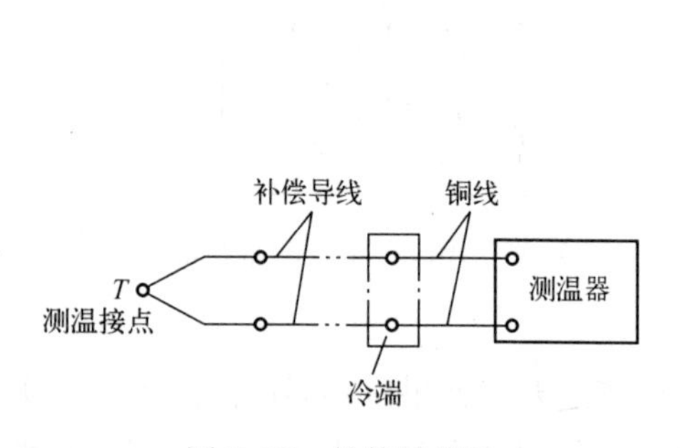

图 6-29 补偿导线法

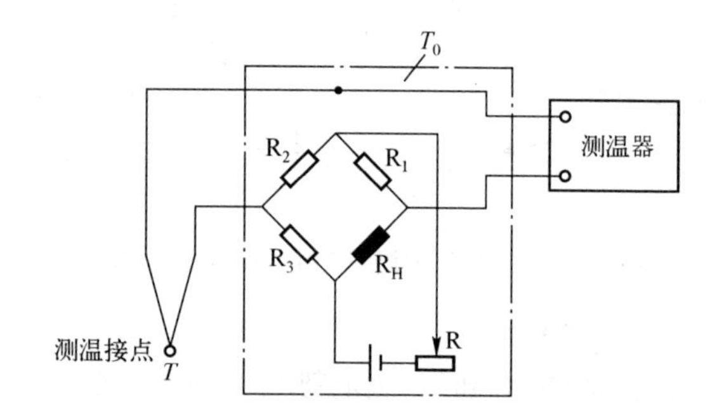

图 6-30 电桥补偿法

3）标定

热电偶标定的目的是核对标准热电偶的热电势 - 温度关系是否符合标准；确定非标准热电偶的热电势 - 温度定标曲线；也可以通过标定消除测量系统的系统误差。

标定方法有定点法与比较法，前者利用纯元素的沸点或凝固点作为温度标准，后者利用高一级精度的标准热电偶与被定标热电偶放在同一温度的介质中，并以标准热电偶温度计的读数为标准温度。一般工业检测中多用比较法。

4）测温方法的应用

（1）旋转体温度的测量

在工程中往往需要测量旋转部件的温度，测量的关键是如何从旋转部件上将热电势传输出来，解决这个问题有以下三种方法。一是采用旋转变压器，它有一个固定线圈和一个旋转线圈，从而将电信号从转动部件上传送到固定部件。二是采用无线电遥测计，它有一个旋转的发射器，通过调制、天线、接收器三个环节，将温度信号从旋转的感受部分发送到固定的指示器。三是采用滑环装置，利用旋转的滑环和固定的电刷，将电信号从旋转的热电偶传送到固定部件。图 6–31 列举了这三种方法。

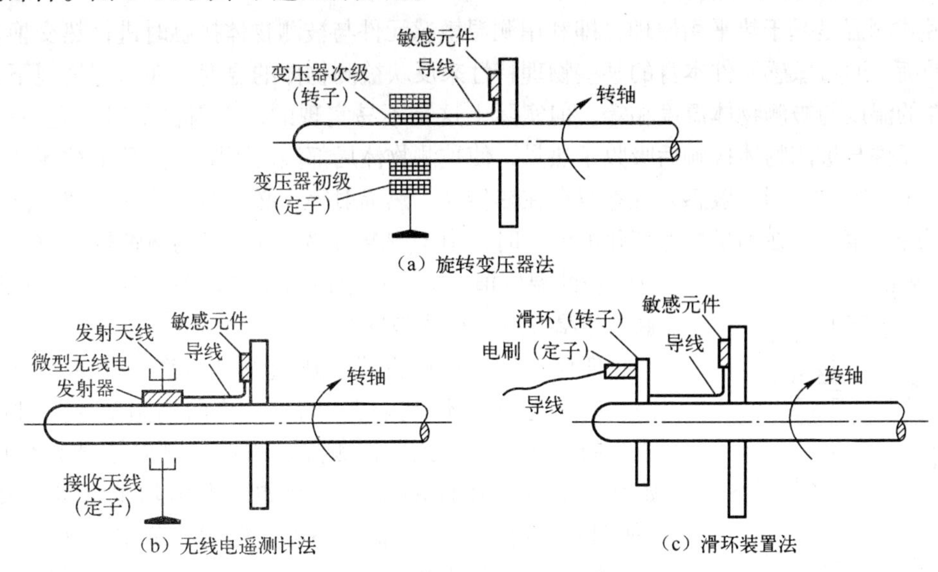

图 6–31　旋转体表面温度的测量

（2）固体表面温度的测量

在许多场合，为了研究机械构件工作状态下的温度变化情况，需要测定物体表面的温度。固体表面温度测量的难点是敏感元件（热电偶或热敏电阻）和表面之间的连接方法，即传感器必须能测出真实温度而又不干扰表面温度分布。图 6–32 介绍了热电偶和被测表面连接的几种方法。热电偶接点可通过软焊、铜焊、熔焊、绝缘泥或简单的加压等方法固定到被测表面上。绝缘的热电偶丝应与表面等温部分紧密接触。

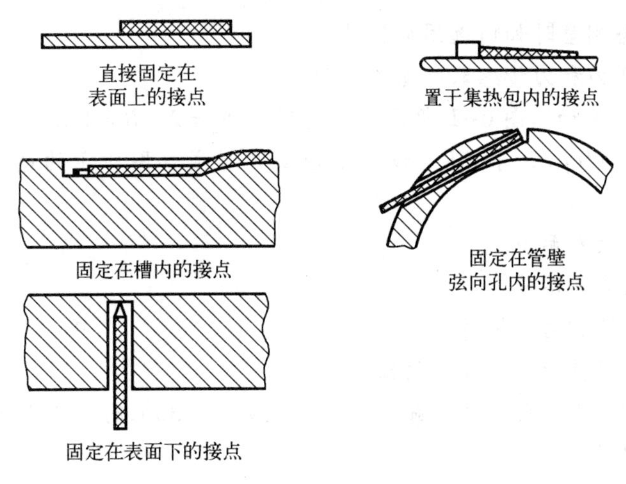

图 6–32　固体表面温度的测量

为减小表面温度测量误差，一般应注意保持安装尺寸尽可能小；保持热电偶丝在等温区的长度至少为偶丝直径的 20 倍，以避免在热电偶测量点附近出现陡峭的温度梯度；敏感元件位置应尽可能接近表面；敏感元件的安装应使表面环境干扰尽可能小；敏感元件和表面之间的热阻应尽可能小。

（3）接触式测温的误差

接触式测温是基于热平衡原理，即利用测温敏感元件与被测物体接触时进行热交换，最后达到热平衡，通过敏感元件本身的某些物理特性来反映被测物体的温度。在理想情况下，测温敏感元件的温度与被测物体温度相等。但实际上这是不易实现的，原因在于以下方面：第一，测温敏感元件与被测物体接触后吸收了热量，使被测物体局部温度下降，扰乱了被测物体的温度分布状态；第二，测温敏感元件本身存在热传导、热辐射等，必然散失热量，使测温敏感元件温度下降；第三，在测量快速变化的温度时，由于测温敏感元件本身的热惯性，故不能如实反映被测温度值，即存在幅值与相位误差。由于这些原因，接触式测温方法存在着测量误差。

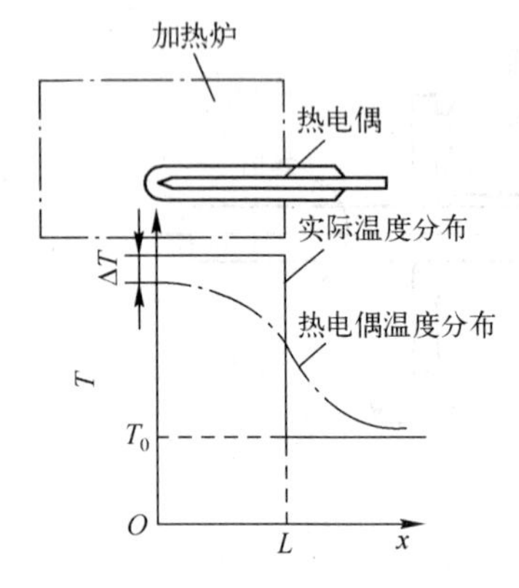

图 6-33　热电偶的测温误差

任何一种热传递方式，热量总是由高温向低温传输，都必须有一定温差才能实现，同时，流向测温敏感元件的热量还会向外逸出。因此，在测温过程中，测温敏感元件的温度始终低于被测物体的温度。例如，当用热电偶测量炉温时（如图 6-33 所示），炉温与室温呈阶梯状分布（实线），由于这一温度差，热电偶（及保护管）不断地从加热炉吸收热量，使其本身的温度逐渐接近于加热炉的温度。与此同时，热电偶与外部空间形成温差，因而也向外部空间发散热量。经过若干时间以后，直到吸收和发散的热量相等，其温度稳定下来，并与炉温存在一个稳定的温度差 ΔT，这便形成了一个不可忽视的测量误差。

复习参考题

1. 在静态和动态测量时如何选用应变片？

2. 说明应变式压力和力传感器的基本原理。

3. 有一电阻应变片如题图 6-1 所示，其灵敏度 $S_g=2$，$R=120\,\Omega$，设工作时其应变为 1 000 $\mu\varepsilon$，求 ΔR。设将此应变片接成如图所示的电路，试求

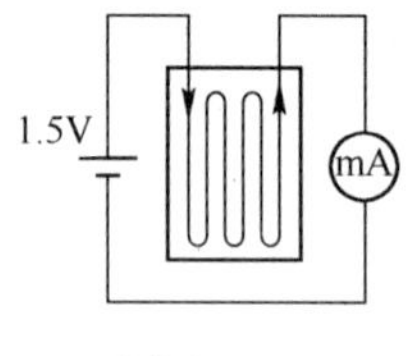

题图 6－1

（1）无应变时电流表示值。

（2）有应变时电流表示值。

（3）电流表指示值相对变化量。

（4）试分析这个变量能否从表中读出。

4. 用 Ni/Cr-Ni/Si 热电偶测量炉温，当冷端温度 $T_0=30$℃时，测得热电动势 $E(T,T_0)=39.17\text{ mV}$，求实际炉温。

5. 已知铜热电阻 Cu 在 100℃时的电阻 $W(100)=1.42$，当用此热电阻测量 50℃的温度时，其电阻为多少？若测温时的电阻为 92 Ω，被测温度是多少？

第7章 计算机测试系统与虚拟仪器

【本章内容概要】

本章主要介绍自动测试系统、智能仪器和虚拟仪器的构造及工作原理。

【本章学习重点与难点】

学习重点：智能仪器和虚拟仪器的构造及工作原理。

学习难点：虚拟仪器技术。

计算机技术与测试技术越来越紧密地结合在一起，并促进测试技术的不断发展。与传统的模拟或数字仪器相比，计算机化测试仪器最主要的优点有以下方面。

① 能对信号进行复杂的分析处理。

② 能实现高精度、高分辨率和高速实时的分析处理。

③ 性能可靠稳定，维修方便。

④ 能以多种形式输出信息。

⑤ 具有多种功能，使用者可扩充处理功能，以满足各种要求。

⑥ 可自动测试和故障监控。

因此，在测试分析的各个领域，计算机化测试仪器目前占主导地位。计算机化测试仪器由计算机加插卡式硬件和采集分析软件组成。其发展经历了以下几个阶段。

① 20 世纪 60 年代产生的计算机辅助测试（CAT），即在计算机扩展槽中插入 ACD 卡，或用集成有 ACD 的通用单片机，自编或调用采集、分析处理软件进行测试分析。

② 随着高性能 ADC、DAC 插卡，专用预处理模块和专用测试分析软件的出现，产生了以个人计算机为主的各种数据采集仪和分析仪。

③ 20 世纪 80 年代后期，计算机性能大大提高，面向测试分析的通用软件开发平台成功应用，虚拟仪器应运而生。在通用微机型测试分析仪中，通用微机是仪器的核心。虚拟仪器又称以个人计算机为核心的仪器。

本章将从自动测试系统、智能仪器和虚拟仪器等几个方面分别加以介绍。

7.1 自动测试系统

自动测试系统是用现成的个人计算机，配以一定的硬件及仪器测量部分组合而成的系统。通常将在最少人工参与的情况下能自动进行测量、数据处理并输出测试结果的系统称为自动测试系统（Automatic Test System，ATS）。一般来说，自动测试系统包括五个组成部分。

(1) 控制器

控制器主要是指计算机，如小型机、个人计算机、微处理机、单片机等，是系统的指挥、控制中心。

(2) 程控设备

程控设备包括各种程控仪器、激励源、程控开关、程控伺服系统、执行元件及显示、打印、存储记录等器件，能完成一定的具体测试和控制任务。

(3) 总线与接口

总线与接口是连接控制器与各种程控仪器、设备的通路，完成消息、命令和数据的传输与交换，包括机械接插件、插槽和电缆等。

(4) 测试软件

测试软件是指为了完成系统测试任务而编写的各种应用软件，如测试主程序、驱动程序和I/O软件等。

(5) 被测对象

被测对象随测试任务的不同而千差万别，由操作人员用非标准方式通过电缆、接插件和开关等与程控仪器及设备相连。

7.1.1 自动测试系统的发展

自动测试系统的发展大致经历了三代。

1. 总装阶段

将几种具有不同输入和输出电路的可程控仪器总装在一起形成一个组装系统。当系统关系比较复杂，需要程控的器件较多时，就会使得研制工作量大、费用高，而且系统的适应性差。

2. 接口标准化阶段

系统采用标准接口总线系统，将测试系统中的各器件按规定的形式连接在一起。这种系统组建方便，专门的通用接口电路更改、增加测试内容也很灵活，显示出很大的优越性。最具代表性并得到广泛应用的是IEEE-488标准接口系统。

3. 基于个人计算机的仪器阶段

这种新型的计算机化仪器做成插件式，需要与个人计算机配合才能工作，因此被称为个人仪器。在该阶段出现了所谓的“虚拟仪器”，给测试系统带来了革命性的冲击，对测试理论、测试方法的很多方面都产生了重大影响。虚拟仪器系统代表着当今自动测试系统的发展方向。

7.1.2 通用接口总线

国际公认并广泛使用的IEEE-488接口总线被称为通用接口总线，它的作用是实现仪器仪表、计算机、各种专用的仪器控制器和自动测控系统之间的快速双向通信。它的应用不但简化了自动测量过程，而且为设计和制造自动测试装置提供了有力的工具。

IEEE－488 接口是一种数字系统，在它支持下的每个主单元或控制器可控制多达 10 台以上的仪器或装置，使其相互之间能通过总线以并行方式进行通信，这种组合测试结构通常由个人计算机或专用总线控制器来监控，而监控软件可用 C 语言或 C++语言来编程。利用个人计算机平台界面及软件包等脱离硬件框架的模式很容易按给定应用要求构筑一个检测体系。

1. IEEE－488.1

IEEE－488.1 是一种数字式 8 位并行通信接口，其数据传输速率可达 1 Mbps。该总线支持一台系统控制器（通常是个人计算机）和多达 10 台以上的附加仪器。它的高速传输和 8 位并行接口使得它被广泛应用到其他领域，如计算机之间的通信和周边控制器等。

各有关器件之间通过一根含 24（或 25）芯的集装通信缆来联系，这根通信缆两端都有一个阳性和阴性连接器。这种设计使器件可按总线形或星形结构连接，如图 7－1 所示。GPIB（General Purpose Interface Bus，通用接口总线）使用负逻辑（标准 TTL 电平），任一根线上都以零逻辑代表“真”条件（即“低有效”条件），这样做的重要原因之一是负逻辑方式能提高对噪声的抗御能力。通信缆通过专用标准连接器与设备连接。

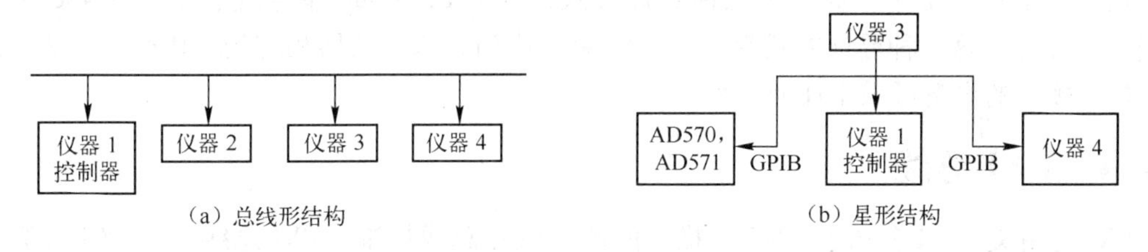

图 7－1　GPIB 系统结构

2. IEEE－488.2

IEEE－488.1 标准（ANSI/IEEE 标准 488/1975）没有定义信息的数据形式、状态报告、信息改变协议、通用设置命令或器件特定命令。而 IEEE－488.2 标准解决了这些问题，并对 IEEE－488.2 控制器和 IEEE－488.2 仪表做了明确定义，使之比前者更为可靠和有效，同时还与前者兼容。

在控制器方面，IEEE－488.2 标准降低了一些要求。为使编程简易，IEEE－488.2 标准还定义了高层控制协议，它发挥了若干个控制序列的作用。

在仪器方面，IEEE－488.2 定义了一套必要的通用命令，所有器件都必须遵照执行。SCPI 规范就是以这些统一命令为基础建立的。新标准也定义了状态报告，在 IEEE－488.1 仪表所使用的状态字节上做了扩展。统一命令允许控制者使用状态报告寄存器（4 个字节）。状态报告寄存器由串行查询返回。服务请求使能寄存器（SRE）将确定产生服务请求的条件，该寄存器能够由控制者设置。通过设置标准事件状态使能寄存器（ESE），就可确定应该允许这些事件中的哪一件产生一个服务申请。

7.1.3　VXI 总线

1987 年一些著名的测试和测量公司联合推出了 VXI 总线结构标准。它将测量仪器、主机架、固定装置、计算机及软件集为一体，是一种电子插入式工作平台。

VXI 总线来源于 VME 总线结构。VME 总线是一种非常好的计算机总线结构，和必要的通信协议相配合，数据传输速率可达 40 Mbps。用这样的总线结构来构成高吞吐量的仪器系统，是非常理想的。VXI 总线的消息基设备（Message Based Device，MBD）具有 IEEE－488 仪器容易使用的特点，如 ASCII 编程等。同时，VXI 总线和 VME 设备一样，有很高的吞吐量，可以直接用二进制的数据进行编程和通信，和这些 VME 设备相对应的是 VXI 寄存器基的设备。VXI 的构成如图 7-2 所示。

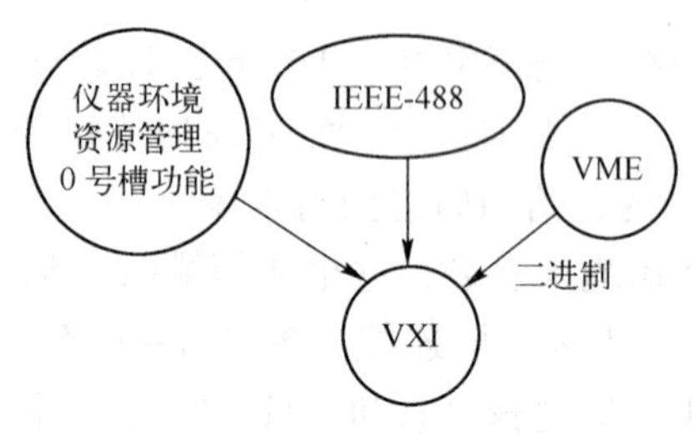

图 7-2 VXI 的构成

在每个 VXI 总线系统中，必须具有两个专门功能：第一个是 0 号槽功能，它负责管理底板结构；第二个是资源管理程序，每当系统加电或复位时，这个程序就对各个模块进行配置，以保证能正常工作。

VXI 总线设备共有四种类型：寄存器基的设备、消息基的设备、存储器设备和扩展存储器设备。这里主要介绍最常用的两种：寄存器基的设备和消息基的设备。

在 VXI 总线标准中，提供了三种寻址方式，即 IEEE－488 主寻址、IEEE－488 副寻址和嵌入式寻址。这三种寻址方式都是与 VXI 总线中消息基的仪器相容的，IEEE－488 总线到 VXI 总线接口的设备可采用任何一种。

7.1.4 PXI 总线

PXI 是由美国 NI 公司于 1997 年推出的测控仪器总线标准。PXI 总线是以 PCI 计算机局部总线（IEEE 1014：1987 标准）为基础的模块仪器结构，目标是在 PCI 总线基础上提供一种技术优良的模块仪器标准。

PXI 总线是 PCI 总线的增强与扩展，并与现有工业标准 Compact PCI 兼容，它在相同插件底板中提供不同厂商产品的互联与操作。作为一种开放的仪器结构，PXI 提供了在 VXI 以外的另一种选择，满足了希望以比较低的价格获得高性能模块仪器的用户需求。

PXI 最初只能使用内嵌式控制器，最近 NI 公司发布了 MXI－3 接口，扩展了 PXI 的系统控制，包括直接 PC 控制、多机箱扩展和更长的距离控制，扩大了 PXI 的应用范围。

可在一个 PXI 机架上插入 8 块插卡（1 个系统模块和 7 个仪器模块），而且可以通过 NI 公司的多系统扩展接口 MXI－3，以星形或菊花链连接多个 PXI 机箱。当然，此时星形触发总线就无法起作用了。

为了满足测控模块的需要，PXI 总线通过 J1 连接器提供了 33 MHz 的系统时钟，通过 J2 连接器提供了 10 MHz 的 TTL 参考时钟信号、TTL 触发总线和 12 引脚的局部总线。这样同步、触发和时钟等功能的信号线均可直接从 PXI 总线上获得，而不需要繁多的连线和电缆。PXI 也定义了一个星形触发系统，与 VXI 不同的是，它通过 1 槽传送精确的触发信号，用于模块间的精确定时。

与其他总线体系结构类似，PXI 定义了由不同厂商提供的硬件产品所遵守的标准，但 PXI 在硬件需求的基础上还定义了软件需求以简化系统集成。PXI 需要采用标准操作系统架构，如 Windows 2000/98（WIN32），同时还需要各种外部设备的设置信息和软件驱动程序。

PXI 与 VXI 的扩展性能比较见表 7-1。

表 7-1　PXI 与 VXI 的扩展性能比较

	参考时钟	触发线	星形总线	局部总线	连接器标准
VXI	10 MHz ECL	8TTL&6ECL	2（仅 D 尺寸）	12 线	DIN41612
PXI	10 MHz TTL	8TTL	1	13 线	IEC－1076

① PXI 系统产品的价格大约相当于 VXI 系统的 1/2 ～ 2/3。

② VXI 总线模块有 A、B、C、D 四种尺寸，但市场上大部分 VXI 模块是 C 尺寸，C 尺寸 VXI 卡的面积是 PXI 插卡的两倍，因而可提供更多的功能。

③ VXI 通过 P3 连接器定义了一个有两条星形线组成的星形触发系统，这意味着星形触发系统必须配置 D 尺寸机箱和 D 尺寸模块才能工作；PXI 也定义了一个星形触发系统，但不同的是它通过 1 槽传送精确的触发信号，用于模块间精确定时。

④ 一个 PXI 机箱最多只有 7 个插槽可插通用模块；与之相比，13 槽 C 尺寸 VXI 机箱能提供给设计者 12 槽位置，一般不用通过机箱级联就能满足实际需要了，而且，C 尺寸的 VXI 模块比模块尺寸为 3U 和 6U 的 PXI 模块能够集成更多的功能。

⑤ 如果从性能上考虑，PXI 不但传输速率较高，价格也相对较低，可以满足大多数的测试应用项目要求。但是在高端领域，VXI 仍然是很好的选择，它可以完成更复杂、更尖端的测试任务。

其实 VXI 和 PXI 之间的差别比较微妙，选择哪一种总线技术取决于具体应用、应用项目的复杂程度、要求的速度及用户的预算。

7.2　智能仪器

智能仪器是指含有微处理器、单片机或体积很小的微型机的新一代测量仪器，有时也称为内含微处理器的仪器或基于微型计算机的仪器。这类仪器仪表因为功能丰富又很灵巧，常被国外书刊简称为智能仪器。

智能仪器的出现，极大地扩充了传统仪器的应用范围。智能仪器凭借其体积小、功能强、功耗低等优势，迅速在家用电器行业、科研单位和工业企业中得到了广泛的应用。

7.2.1　智能仪器的工作原理

智能仪器的硬件基本结构如图 7-3 所示。传感器拾取被测参量的信息并转换成电信号，经滤波去除干扰后送入多路模拟开关；由单片机逐路选通模拟开关将各输入通道的信号逐一送入程控增益放大器，放大后的信号经 A/D 转换器转换成相应的脉冲信号后送入单片机中；单片机根据仪器所设定的初值进行相应的数据运算和处理（如非线性校正等）；运算的结果被转换为相应的数据进行显示和打印；同时单片机把运算结果与存储于芯片内 FlashROM（闪速存储器）或 EEPROM（可擦除电存储器）内的设定参数进行运算比较后，根据运算结果和控制要求，输出相应的控制信号（如报警装置触发、继电器触点等）。此外，智能仪器还可以与个人计算机组成分布式测控系统，由单片机作为下位机采集各种测量信号与数据，通过串行通信将信息传输给上位机——个人计算机，由个人计算机进行全局管理。

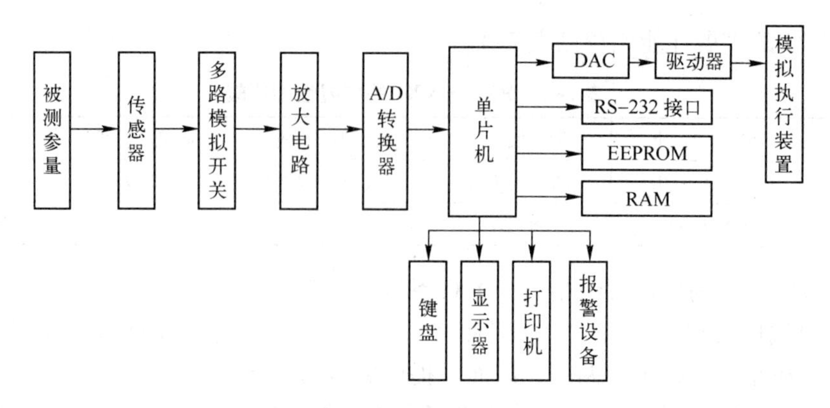

图 7-3　智能仪器硬件基本结构

7.2.2 智能仪器的功能特点

随着微电子技术的不断发展，集成了 CPU、存储器、定时器/计数器、并行和串行接口、把关（定时）器（俗称看门狗）、前置放大器甚至 A/D、D/A 转换器等电路在一块芯片上的超大规模集成电路芯片（即单片机）出现了。以单片机为主体，将计算机技术与测量控制技术结合在一起，又组成了所谓的"智能化测量控制系统"，也就是智能仪器。与传统仪器仪表相比，智能仪器具有以下的功能特点。

1. 操作自动化

仪器的整个测量过程，如键盘扫描、量程选择、开关起动闭合、数据采集、传输与处理及显示打印等都用单片机或微控制器来控制操作，实现测量过程的全部自动化。

2. 具有自测功能

包括自动调零、自动故障与状态检验、自动校准、自诊断及量程自动转换等，智能仪器能自动检测出故障的部位甚至故障的原因。这种自测可以在仪器起动时运行，同时也可在仪器工作中运行，极大地方便了仪器的维护。

3. 具有数据处理功能

这是智能仪器的主要优点之一。智能仪器由于采用了单片机或微控制器，使得许多原来用硬件逻辑难以解决或根本无法解决的问题，现在可以用软件非常灵活地加以解决。例如，传统的数字万用表只能测量电阻、交直流电压、电流等，而智能型的数字万用表不仅能进行上述测量，还具有对测量结果进行诸如零点平移、取平均值、求极值、统计分析等复杂的数据处理功能，不仅使用户从繁重的数据处理中解放出来，也有效地提高了仪器的测量精度。

4. 具有友好的人机对话能力

智能仪器使用键盘代替传统仪器的切换开关，操作人员只需通过键盘输入命令，就能实现某种测量功能。与此同时，智能仪器还通过显示屏将仪器的运行情况、工作状态及对测量数据的处理结果及时告诉操作人员，使仪器的操作更加方便直观。

5. 具有可程控操作能力

一般智能仪器都配有 GPIB、RS－232C、RS－485 等标准的通信接口，可以很方便地与个人计算机和其他仪器一起组成用户所需的多种功能的自动测量系统，来完成更复杂的测试任务。

7.2.3 智能仪器的发展概况

20 世纪 80 年代微处理器被用到仪器中，仪器前面板开始朝键盘化方向发展，测量系统常通过 IEEE－488 总线连接，使不同于传统独立仪器模式的个人仪器得到了发展。

20 世纪 90 年代，仪器仪表的智能化突出表现在以下几个方面：微电子技术的进步更深刻地影响仪器仪表的设计；DSP 芯片的问世使仪器仪表的数字信号处理功能大大加强；微型机的发展，使仪器仪表具有更强的数据处理能力；图像处理功能的增加十分普遍；VXI 总线得到广泛的应用。

近年来，智能化测量控制仪表的发展尤为迅速。国内市场上已经出现了多种多样智能化的测量控制仪表，例如能够自动进行差压补偿的智能节流式流量计、能够进行程序控温的智能多段温度控制仪、能够实现数字 PID 和各种复杂控制规律的智能式调节器及能够对各种谱图进行分析和数据处理的智能色谱仪等。

国际上智能化测量仪表更是品种繁多，如美国 HONEYWELL 公司生产的 DSTJ－3000 系列智能传感器，能进行差压值状态的复合测量，可对传感器本体的温度、静压等实现自动补偿，其精度可达 ±0.1%FS（满量程）；美国 RACA－DANA 公司的 9303 型超高电平表，利用微处理器消除电流流经电阻产生的热噪声，测量电平可低达 －77dB；美国 FLUKE 公司生产的超级多功能校准器 5520A，内部采用了三个微处理器，其短期稳定性达到 1×10^{-6}，线性度可达 0.5×10^{-6}；美国 FOXBORO 公司生产的数字化自整定调节器，采用了专家系统技术，能够像有经验的控制工程师那样，根据现场参数迅速整定调节器，这种调节器特别适合于对象变化频繁或非线性的控制系统，由于这种调节器能自动整定调节参数，可使整个系统在生产过程中始终保持最佳品质。

7.3 虚拟仪器

7.3.1 虚拟仪器的概念及特征

1. 虚拟仪器的概念

测试仪器主要由数据采集、数据分析和数据显示等三大部分组成。在虚拟仪器（Virtual Instrumentation，VI）系统中，数据分析和显示完全用计算机的软件来完成。因此，只要再提供一定的数据采集硬件，就可与计算机组成测试仪器。

这种基于计算机的测试仪器称为虚拟仪器。“虚拟”主要有两方面的含义：一方面，虚拟仪器的面板是虚拟的；另一方面，虚拟仪器的测量功能是由软件编程来实现的。

2. 虚拟仪器的特征

硬件功能的软件化，是虚拟仪器的一大特征。虚拟仪器在计算机的显示屏上虚拟传统仪器面板，并尽可能多地将原来由硬件电路完成的信号调理和信号处理功能，用计算机程序来完成。操作人员在计算机显示屏上用鼠标和键盘控制虚拟仪器程序的运行，就像操作真实的仪器一样，从而完成测量和分析任务。

与传统仪器相比，虚拟仪器最大的特点是其功能由软件定义，可由用户根据应用需要进行调整。在虚拟仪器中，用户使用同一个硬件系统，只要选择不同的软件就可以形成不同的虚拟仪器；或者只要通过自己改变软件，就可方便地改变仪器的功能，甚至构造出新的仪器，而不必重新购买新仪器。完全打破了传统仪器的功能由生产厂家事先定义好、用户无法改变的模式。

7.3.2 虚拟仪器的组成及分类

1. 虚拟仪器的组成

虚拟仪器是计算机化的仪器，一般由传感器、信号测量硬件和软件等组成，如图 7–4 所示。

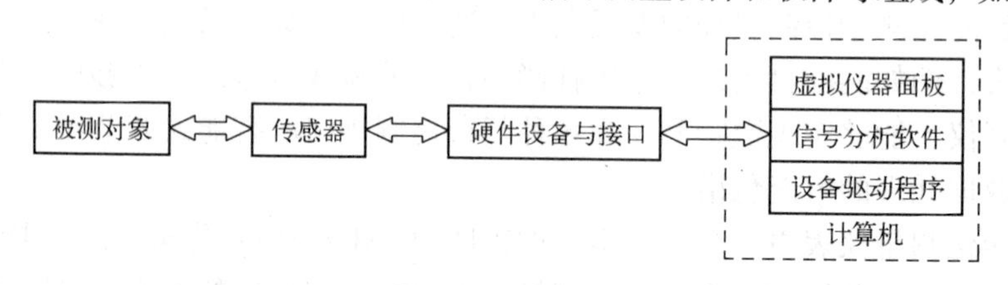

图 7–4 虚拟仪器的组成

硬件设备与接口通常是利用计算机扩展槽和外部接口，将信号测量硬件设计为计算机内置功能插卡（如 GPIB 卡和串行接口卡等）、VXI 总线仪器接口，或其他各种可程控的外置测试设备。将它们直接插接在计算机上，再配上相应的应用软件（包括虚拟仪器面板和信号分析软件）即可组成计算机虚拟仪器测试系统。

设备驱动程序是硬件功能模块与计算机之间进行通信的桥梁。在计算机中安装某硬件的驱动程序，如同在计算机中安装声卡、显卡和网卡的驱动程序，可使用户不必了解详细的硬件控制原理及了解 GPIB、VXI、DAQ 和 RS－232 等通信协议就可实现对特定仪器硬件的使用、控制与通信。驱动程序通常由硬件功能模块的生产商随硬件一起提供。

虚拟仪器面板和信号分析软件统称应用软件，是虚拟仪器的核心。硬件功能模块的生产商一般会提供虚拟仪器示波器、数字万用表、逻辑分析仪等常用仪器的虚拟面板应用程序。对用户的特殊应用要求，则可利用 LabVIEW、Agilent VEE 等虚拟仪器开发软件平台来开发。信号分析软件包括通用的用于数字信号处理的各种功能函数，如数字滤波；频域分析的功率谱估计、快速傅里叶变换；时域分析的相关分析、卷积运算，等等。这些功能函数为用户进一步扩展虚拟仪器的功能提供了基础。目前，LabVIEW、Matlab 和 HPVEE 等软件包中都提供了大量的这类信号处理模块，设计虚拟仪器程序时可直接选择；另外，在互联网上也能找到 Basic 和 C 语言的源代码，编程实现也不困难。

2. 虚拟仪器的分类

根据所采用的信号测量硬件功能模块的不同，虚拟仪器可分为如下几类。

1）PC－DAQ 测试系统

PC－DAQ 是以数据采集卡（DAQ 卡）、计算机和虚拟仪器软件构成的测试系统，这是目前应用得最为广泛的一种计算机虚拟仪器组成形式。

这种方式借助于插入式的数据采集卡与专用软件相结合完成测试任务，它充分利用计算机的总成、机箱、电源及软件的便利，但其关键技术取决于 A/D 转换技术。这种仪器的缺点是个人计算机机箱内部的噪声电平较高，插槽数量不多，插槽尺寸较小，机箱内无屏蔽，但因其价格便宜，且个人计算机数量庞大，因此应用非常广泛。

按计算机总线的类型和接口形式，这类系统所用的卡可分为 ISA 卡、EISA 卡、VESA 卡、PCI 卡、PCMCIA 卡、并口卡、串口卡和 USB 口卡等；按板卡的功能则可分为 A/D 卡、D/A 卡、数字 I/O 卡、信号调理卡、图像采集卡、运动控制卡等。

2）GPIB 系统

GPIB 系统是以 GPIB 标准总线仪器、计算机和虚拟仪器软件构成的测试系统。GPIB 技术是 IEEE－488 标准的虚拟仪器早期的发展阶段，它的出现使电子测量由独立的单台手工操作向大规模自动测试系统发展。典型的 GPIB 系统由一台个人计算机、一块 GPIB 接口和若干台 GPIB 形式的仪器通过 GPIB 电缆连接而成。通过 GPIB 总线，可以把具备 GPIB 总线接口的测量仪器与计算机连接起来，组成计算机虚拟仪器测试系统。GPIB 总线接口有 24 线（IEEE－488 标准）和 25 线（IEC－625 标准）两种形式，其中以 IEEE－488 的 24 线 GPIB 总线接口应用最多。在我国的国家标准中规定采用 24 线电缆及相应的插头插座，其接口的总线定义和机电特性如图 7-5 所示。

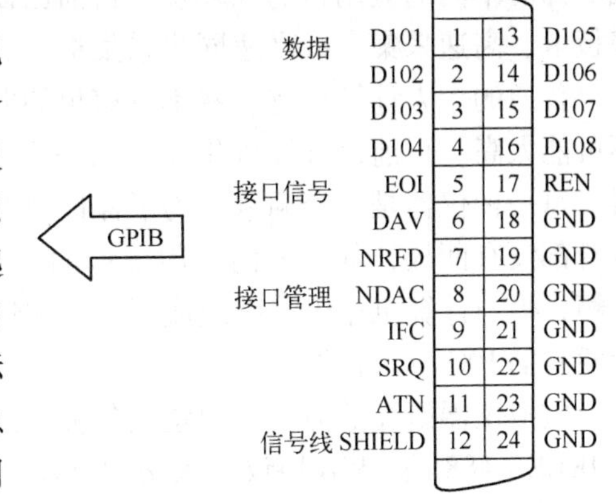

图 7-5　24 线电缆接口的总线定义和机电特性

GPIB 总线测试仪器通过 GPIB 接口和 GPIB 电缆与计算机相连，形成计算机测试仪器。与 DAQ 卡不同，GPIB 总线测试仪器是独立的设备，能单独使用。GPIB 总线测试仪器可以串接在一起使用，但系统中 GPIB 电缆的总长度不应超过 20m，过长的传输距离会使信噪比下降，对数据的传输质量有影响。

3）VXI 系统

VXI 系统是以 VXI 标准总线仪器、计算机和虚拟仪器软件构成的测试系统。VXI 总线模块是另一种新型的基于板卡式相对独立的模块化仪器。从物理结构看，一个 VXI 总线系统由一个能为嵌入模块提供安装环境与背板连接的主机箱和插接的 VXI 板卡组成。与 GPIB 仪器一样，该总线模块需要通过 VXI 总线的硬件接口才能与计算机相连。

4）串行接口系统

串行接口系统是以标准串行总线仪器、计算机和虚拟仪器软件构成的测试系统。RS－232、RS－422 和RS－485都是串行数据接口标准，最初都是由电子工业协会（EIA）制订并发布的。RS－232 于 1962 年发布，命名为 EIA－232－E，作为工业标准，以保证不同厂家产品之间的兼容。其传送距离最大约 15 m，最高传输速率为 20 kbps，并且 RS－232 是为点对点通信而设计的。所以，RS－232 只适合于本地通信使用。

为改进 RS－232 通信距离短、速率低的缺点，RS－422 定义了一种平衡通信接口，将传输速率提高到 10 Mbps，传输距离延长到 1 200 m（速率低于 100 kbps 时），并允许在一条平衡总线上连接最多 10 个接收器。为扩展应用范围，EIA 又于 1983 年在 RS－422 基础上制订了 RS－485 标准，增加了多点、双向通信能力，即允许多个发送器连接到同一条总线上，同时增加了发送器的驱动能力和冲突保护特性，扩展了总线共模范围，后命名为 TIA/EIA－485－A 标准。

5）现场总线系统

现场总线系统是以现场总线仪器、计算机和虚拟仪器软件构成的测试系统。现场总线模块是一种用于恶劣环境条件下的、抗干扰能力很强的总线仪器模块。与上述其他硬件功能模块类似，在计算机中安装了现场总线接口卡后，通过现场总线专用连接电缆，就可以构成计算机虚拟仪器测试系统，实现用计算机对现场总线模块进行控制。

在上述五种虚拟仪器中，PC－DAQ 测试系统是最常用的构成计算机虚拟仪器系统的形式。针对不同的应用目的和环境，目前已设计了多种性能和用途的数据采集卡，包括低速采集板卡、高速采集卡、高速同步采集板卡、图像采集卡和运动控制卡等。

普通的个人计算机有一些不可避免的弱点。用它构建的虚拟仪器或计算机测试系统性能不可能太高。目前，计算机化仪器的一个重要发展方向是 VXI 标准，这是一种插卡式的仪器，每一种仪器是一个插卡。为了保证仪器的性能，又采用了较多的硬件，但这些卡式仪器本身都没有面板，其面板仍然用虚拟的方式在计算机屏幕上出现。这些卡插入标准的 VXI 机箱，再与计算机相连，就组成了一个测试系统。VXI 仪器价格昂贵，目前又推出了一种较为便宜的 PXI 标准仪器。

虚拟仪器研究的另一个问题是各种标准仪器的互连及与计算机的连接，目前使用较多的是 IEEE－488 或 GPIB 协议，未来的仪器也应当是网络化的。

7.3.3 虚拟仪器开发系统

目前，市面上常用的虚拟仪器的应用软件开发平台有很多种，常用的有 LabVIEW、LabWindows/CVI、Agilent VEE 等，用的最多的是 LabVIEW。

LabVIEW（Laboratory Virtual Instrument Engineering Workbench）是一种图形化的编程语言，被工业界、学术界和研究实验室所广泛接受，视为一个标准的数据采集和仪器控制软件。LabVIEW 集成了满足 GPIB、VXI、RS－232 和 RS－485 协议的硬件及数据采集卡通信的全部功能。它还内置了便于应用 TCP/IP、Active X 等软件标准的库函数。

LabVIEW 是为那些对诸如 C 语言、C++、Visual Basic、Delphi 等编程语言不熟悉的测试领域的工作者开发的，它采用可视化的编程方式，设计者只需将虚拟仪器所需的显示窗口、按钮、数学运算方法等控件从 LabVIEW 工具箱内用鼠标拖到面板上布置好，然后在 Diagram 窗口将这些控件、工具按设计的虚拟仪器所需要的逻辑关系，用连线工具连接起来即可。

LabVIEW 是一个功能强大且灵活的软件。利用它可以方便地建立自己的虚拟仪器，其图形化的界面使得编程及使用过程都生动有趣。它可以增强构建科学和工程系统的能力，提供了实现仪器编程和数据采集的便捷途径。使用它进行原理研究、设计、测试并实现仪器系统时，可以大大提高工作效率。

7.3.4 虚拟仪器的应用

虚拟仪器技术的优势在于可由用户定义自己的专用仪器系统，且功能灵活，很容易构建，所以应用面极为广泛，尤其在科研、开发、测量、检测、计量、测控等领域更是不可多得的工具。虚拟仪器技术先进，十分符合国际上流行的“硬件软件化”的发展趋势，因而常被称为“软件仪器”。它功能强大，可实现示波器、逻辑分析仪、频谱仪、信号发生器等多种普通仪器的全部功能，配以专用探头和软件，还可检测特定系统的参数；它操作灵活，具有完全图形化界面，风格简约，符合传统设备的使用习惯，用户不经培训即可迅速掌握操作规程；它集成方便，不但可以和高速数据采集设备构成自动测量系统，还可以和控制设备构成自动控制系统。

在仪器计量系统方面，示波器、频谱仪、信号发生器、逻辑分析仪、电压电流表是科研机关、企业研发实验室、大专院所的必备测量设备。随着计算机技术在测绘系统中的广泛应用，传统的测量仪器设备由于缺乏相应的计算机接口，因而配合数据采集及数据处理十分困难。而且，传统仪器体积相对庞大，进行多种数据测量时很不方便。而集成的虚拟测量系统不但使测量人员从繁杂的“仪器堆”中解放出来，还可实现自动测量、自动记录、自动数据处理，不仅为工作带来极大便利，还可以大幅降低设备成本。虚拟仪器强大的功能和价格优势，使它在仪器计量领域中具有十分广阔的前景。

在专用测量系统方面，虚拟仪器的发展空间更为广阔。随着信息技术的发展，当今社会各行各业无不转向智能化、自动化和集成化，虚拟仪器的概念就是用专用的软硬件配合计算机实现专有设备的功能，并使其自动化和智能化，而无所不在的计算机应用为虚拟仪器的推广打下了良好的基础。虚拟仪器适合于一切需要计算机辅助进行数据存储、数据处理及数据传输的计量场合，测量与处理、结果与分析相互脱节的状况将大为改观，使得数据的拾取、存储、处理和分析的一条龙操作既有条不紊，又迅速便捷。因此，目前常见的计量系统只要技术上可行都可用虚拟仪器代替，虚拟仪器的应用空间非常广阔。

复习参考题

1. 什么是 PXI 总线和 VXI 总线？
2. 简述智能仪器的工作原理。
3. 简述虚拟仪器和智能仪器的特点以及二者之间的关系。

附录 A

模拟试题

A1 模拟试题一

一、填空题（每空 1 分，共 20 分）

1. 信号可分为________和________两大类。

2. 正弦函数只有________谱图。

3. 信号的有效值又称为________，有效值的平方称为________，它描述测试信号的强度（信号的平均功率）。

4. 描述测试装置动态特性的数学方法有________、________和________。

5. 线性系统中两个最重要的特性是________和________。

6. 电阻应变片的灵敏度表达式为 $S=1+2\nu+\lambda E$，对于金属应变片来说 $S=$________，而对于半导体应变片来说 $S=$________。

7. 可用于实现非接触式测量的传感器有电容式和________等。

8. 电容式传感器有变极距式、变面积式和变介质式等三种类型，其中________式的灵敏度最高。

9. 半导体传感器与结构型传感器相比，具有________、________、寿命长和易于实现集成化等优点。

10. 为了补偿温度变化给应变测量带来的误差，工作应变片与温度补偿应变片应接在________桥臂上。

11. 调幅过程在频域相当于“频率搬移”过程，调幅装置实际上是一个________。

12. 同频率的正弦信号和余弦信号，其互相关函数为 $R_{xy}(\tau)=$________。

13. 自相关函数能将淹没在噪声中的________信号提取出来，其频率保持不变，而丢失了相位信息。

二、选择题（每题 2 分，共 20 分）

1. 傅里叶级数中的各项系数是表示各谐波分量的________。

A. 相位　　B. 周期　　C. 振幅　　D. 频率

2. 描述周期信号的数学工具是________。

A. 相关函数　　B. 拉普拉斯变换　　C. 傅里叶变换　　D. 傅里叶级数

3. 下列函数表达式中，________是周期信号。

A. $x(t)=\begin{cases}1, t\geq 0\\ 6\sin 20\pi t, t<0\end{cases}$

B. $x(t)=20e^{|-at|}\cos 20\pi t(-\infty<t<+\infty)$

C. $x(t)=5\sin 20\pi t+10\cos 10\pi t(-\infty<t<+\infty)$

D. $x(t)=5\sin 3t+3\sin\sqrt{2}t$

4. 下列信号中，________的频谱是连续的。

A. $x(t)=A\sin(2\pi t+\varphi_1)+B\sin(6\pi t+\varphi_2)$

B. $x(t)=\sin 30t+\cos 50t$

C. $\begin{cases}x(t)=x(t+nT_0)\\ x(t)=\begin{cases}A, 0<t<\dfrac{T_0}{2},\\ -A, -\dfrac{T_0}{2}<t<0\end{cases}\end{cases}$

D. $x(t)=e^{-at}\sin\omega_0 t$

5. 若测试系统由两个环节串联而成，其传递函数分别为 $H_1(s)$、$H_2(s)$，则该系统总的传递函数为________。

A. $H_1(s)+H_2(s)$　　B. $H_1(s)\cdot H_2(s)$　　C. $\dfrac{H_1(s)\cdot H_2(s)}{H_1(s)+H_2(s)}$　　D. $\dfrac{H_1(s)+H_2(s)}{H_1(s)\cdot H_2(s)}$

6. 时间常数为 τ 的一阶装置，输入频率 $\omega=\dfrac{1}{\tau}$ 的正弦信号，其输出与输入间的相位差是________。

A. $-45°$　　B. $-60°$　　C. $-90°$　　D. $-180°$

7. 下列属于结构型传感器的有________。

A. 压电式传感器　　B. 磁敏式传感器　　C. 电容式传感器　　D. 热敏式传感器

8. 对某二阶系统输入周期信号 $x(t)=A_0\sin(\omega_0 t+\varphi_0)$，则其输出信号________。

A. 幅值不变，频率、相位改变　　B. 频率不变，幅值、相位改变

C. 相位不变，幅值、频率改变　　D. 幅值、频率和相位都不改变

9. 对于单向应力状态的测量，贴应变片时，应变片的方向与主应力方向应该相交成________。

A. 0°　　B. 45°　　C. 90°　　D. 30°

10. 已知 $x(t)$ 和 $y(t)$ 为两个周期信号，T 为共同周期，则其互相关函数的表达式为________。

A. $\dfrac{1}{2T}\int_0^T x(t)y(t+\tau)dt$　　B. $\dfrac{1}{T}\int_0^T x(t+\tau)y(t)dt$

C. $\dfrac{1}{T}\int_0^T x(t)y(t+\tau)dt$　　D. $\dfrac{1}{2T}\int_{-T}^T x(t)y(t-\tau)dt$

三、简答题（每题 8 分，共 32 分）

1. 信号的频域描述有什么意义？

2. 为什么变极距式的电容传感器有线性误差，如何解决？

3. 什么是信号的调制和解调？为什么要进行调制？

4. 智能仪器的功能特点有哪些？

四、计算题（每题14分，共28分）

1. 有一个电容测微仪，其传感器的圆形极板半径 $r=4$ mm，工作初始间隙 $\delta=0.5$ mm，试计算：

（1）当传感器与工件的间隙变化量 $\Delta\delta=\pm1$ μm 时，电容变化量是多少？

（2）若测量电路的灵敏度 $S_1=100$ mV/pF，读数仪表的灵敏度 $S_2=10$ 格/mV，当 $\Delta\delta=\pm1$ μm 时，读数仪表的指示值大约变化多少格？

2. 下图为电位器式位移传感器的检测电路。其中，$u_i=24$ V，$R_0=20$ kΩ，AB 为线性电位器，总长度为 120 mm，总电阻为 60 kΩ，C 点为电刷位置。试求：

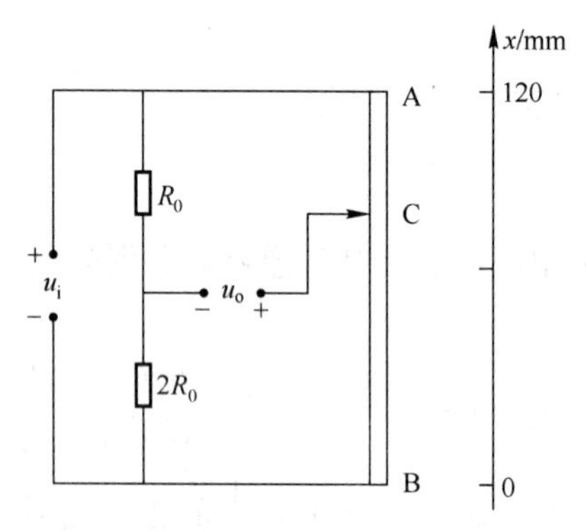

（1）当输出电压 $u_o=0$ 时，位移 x 的值为多少？

（2）当位移 x 的变化范围在 30 ~ 90 mm 时，输出电压 u_o 的变化范围为多少？

A2 模拟试题二

一、填空题（每空1分，共20分）

1. 傅里叶复指数级数中的 n 是从________到________展开的。

2. 余弦函数只有________谱图。

3. 两个时间函数 $x_1(t)$ 和 $x_2(t)$ 的卷积定义式是________。连续信号 $x(t)$ 与单位脉冲函数 $\delta(t-t_0)$ 进行卷积的结果是________。

4. 测试装置的静态特性指标有________、________和________。

5. 满足测试装置不失真测试的条件是________和________。

6. 测试装置的动态特性在时域中用________描述，在频域中用________描述。

7. 可用于实现非接触式测量的传感器有涡流式和________等。

8. 变极距式电容传感器存在非线性度，为了改善这一点及提高传感器的灵敏度，常常采用________的型式。

9. 虽然半导体传感器也存在线性范围窄、受温度影响大及性能参数离散度大等缺点，但这些都可用一定的________加以修正或补偿。

10. 集成式传感器既具有传感器的功能，又能完成________的部分功能。

11. 调制就是使一个信号的某些参数在另一信号的控制下发生变化。前一信号一般是较高频率的交变信号，称为________，后一信号（控制信号）称为________。

12. 频率混叠是由于________引起的。

13. 频率不同的两个正弦信号，其互相关函数为 $R_{xy}(\tau)=$________。

二、选择题（每题2分，共20分）

1. 描述非周期信号的数学工具是________。

A. 相关函数　B. 拉普拉斯变换　C. 傅里叶变换　D. 傅里叶级数

2. 下列函数表达式中，________是周期信号。

A. $x(t)=\begin{cases}5\cos 10\pi t, t\geqslant 0\\ 0, t<0\end{cases}$　B. $x(t)=20e^{|-at|}\cos 20\pi t(-\infty<t<+\infty)$

C. $x(t)=5\sin 20\pi t+10\cos 10\pi t(-\infty<t<+\infty)$　D. $x(t)=5\sin 4t+3\sin\sqrt{30}t$

3. 下列信号中，________的频谱是连续的。

A. $x(t)=A\sin(\omega t+\varphi_1)+B\sin(3\omega t+\varphi_2)$　B. $x(t)=A\sin 10t+B\cos 60t$

C. $x(t)=e^{-at}\cos\omega t$　D. $\begin{cases}x(t)=x(t+nT_0)\\ x(t)=\begin{cases}A, 0<t<\frac{T_0}{2}\\ -A, -\frac{T_0}{2}<t<0\end{cases}\end{cases}$

4. 若测试系统由两个环节并联而成，其传递函数分别为 $H_1(s)$、$H_2(s)$，则该系统总的传递函数为________。

A. $H_1(s)+H_2(s)$　B. $H_1(s)\cdot H_2(s)$　C. $\frac{H_1(s)\cdot H_2(s)}{H_1(s)+H_2(s)}$　D. $\frac{H_1(s)+H_2(s)}{H_1(s)\cdot H_2(s)}$

5. 时间常数为 τ 的一阶装置，输入频率 $\omega=\frac{1}{\tau}$ 的正弦信号，其输出与输入间的相位差是________。

A. $-45°$　B. $-60°$　C. $-90°$　D. $-180°$

6. 下列属于物性型传感器的有________。

A. 电阻式传感器　B. 光敏式传感器　C. 电容式传感器　D. 电感式传感器

7. 调制可以看成是调制信号与载波信号________。

A. 相除　B. 相乘　C. 相减　D. 相加

8. 时域信号的时间尺度压缩时，则其频带的变化为________。

A. 频带变窄、幅值增高　B. 频带变宽、幅值压低

C. 频带变窄、幅值压低　D. 频带变宽、幅值增高

9. 数字信号的特征是________。

A. 时间上离散、幅值上连续　B. 时间、幅值上都离散

C. 时间、幅值上都连续　D. 时间上连续、幅值上离散

10. 正弦信号 $x(t)=x_0\sin(\omega t+\varphi)$ 的自相关函数为________。

A. $x_0^2\sin\omega\tau$　B. $x_0^2\cos\omega\tau$　C. $\frac{x_0^2}{2}\sin\omega\tau$　D. $\frac{x_0^2}{2}\cos\omega\tau$

三、简答题（每题 8 分，共 32 分）

1. 减轻负载效应的措施有哪些？

2. 金属电阻应变片和与半导体应变片的工作效应有何不同？各自的特点是什么，如何进行选用？

3. 下面四个图分别是哪种滤波器的幅频特性？简述其各自的工作特征。

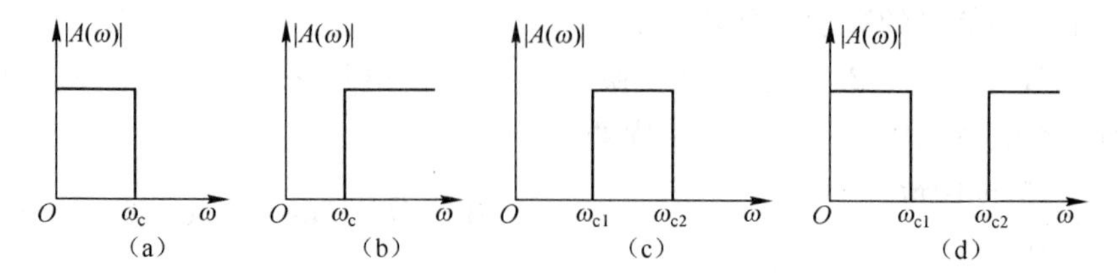

4. 与传统仪器相比，虚拟仪器的特点体现在哪里？

四、计算题（每题 14 分，共 28 分）

1. 以阻值 $R=120\,\Omega$、灵敏度 $S=2$ 的电阻应变片与阻值 $R=120\,\Omega$ 的固定电阻组成电桥，供电电压为 3 V，并假定负载为无穷大，当应变片的应变值分别为 2 $\mu\varepsilon$ 和 2000 $\mu\varepsilon$ 时，分别求出单臂、双臂电桥的输出电压，并比较两种情况下的电桥灵敏度。

2. 有一弹性模量为 $E=2\times10^{11}$ Pa 的钢板，使用阻值 $R=120\,\Omega$、灵敏度 $S=2$ 的应变片测出的拉伸应变为 300 $\mu\varepsilon$。试求：

（1）钢板所受的应力 σ，以及所引起的应变片电阻变化 ΔR。

（2）如要测出 1 $\mu\varepsilon$ 的应变，则相应的 $\Delta R/R$ 是多少？

参 考 文 献

[1] 熊诗波，黄长艺. 机械工程测试技术. 3版. 北京：机械工业出版社，2007.

[2] 许同乐. 机械工程测试技术. 北京：机械工业出版社，2010.

[3] 黄长艺，严普强. 机械工程测试技术基础. 北京：机械工业出版社，1995.

[4] 周生国. 机械工程测试技术. 北京：北京理工大学出版社，1993.

[5] 黄长艺，卢文祥，熊诗波. 机械工程测量与试验技术. 北京：机械工业出版社，2004.

[6] 吴正毅. 测试技术与测试信息处理. 北京：清华大学出版社，2000.

[7] 吴道悌. 非电量电测技术. 西安：西安交通大学出版社，1990.